Sie helfen dir beim Lösen der Hausaufgaben und beim selbstständigen Lernen. Viele Übungsaufgaben festigen die neu erlernten Inhalte. Hier findest du Routineaufgaben, aber auch schwierigere, die dich fordern.

Sichern

Auf vielen Seiten kannst du dein Wissen wiederholen und überprüfen. Das hilft dir bei der eigenen Selbsteinschätzung und zeigt dir eventuelle Lücken auf.

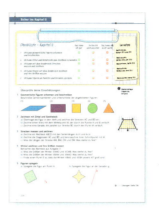

Die Seiten **Sicher ins Kapitel** helfen dir, das Wissen aufzufrischen, das du für den neuen Lernstoff benötigst.

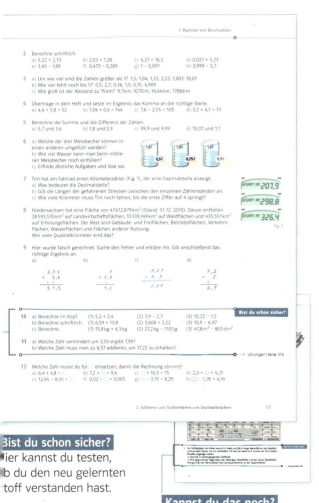

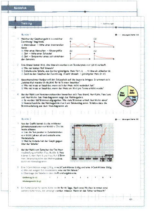

Die beste Vorbereitung für die Klassenarbeit:
Rückblick, eine Seite zum Nachschlagen,
Training, zwei Runden zum Üben.

Bist du schon sicher?
Hier kannst du testen, ob du den neu gelernten Stoff verstanden hast.

👥 Partnerarbeit
👥 Gruppenarbeit

Kannst du das noch?
Hier kannst du bereits Gelerntes wiederholen. Immer wieder findest du hier auf dem Rand auch Hinweise, wo du im Buch nachlesen kannst, wenn du etwas nicht mehr genau weißt.

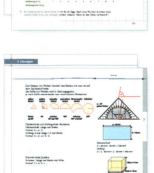

Im **Basiswissen** findest du früheren Lernstoff zum Nachschlagen und Wiederholen.

Lösungen findest du im Anhang am Ende des Buches, damit du dich bei den Aufgaben zur Selbstkontrolle überprüfen kannst.

1. Auflage   1 5 4 3 2 1 | 17 16 15 14 13

Alle Drucke dieser Auflage sind unverändert und können im Unterricht nebeneinander verwendet werden.
Die letzte Zahl bezeichnet das Jahr des Druckes.

Das Werk und seine Teile sind urheberrechtlich geschützt. Jede Nutzung in anderen als den gesetzlich zugelassenen Fällen bedarf der vorherigen schriftlichen Einwilligung des Verlages. Hinweis § 52 a UrhG: Weder das Werk noch seine Teile dürfen ohne eine solche Einwilligung eingescannt und in ein Netzwerk eingestellt werden. Dies gilt auch für Intranets von Schulen und sonstigen Bildungseinrichtungen. Fotomechanische oder andere Wiedergabeverfahren nur mit Genehmigung des Verlages.

© Ernst Klett Verlag GmbH, Stuttgart 2013. Alle Rechte vorbehalten. www.klett.de

Autorinnen und Autoren: Manfred Baum, Martin Bellstedt, Dr. Dieter Brandt, Heidi Buck, Dr. Detlef Dornieden, Christina Drüke-Noe, Prof. Rolf Dürr, Harald Eisfeld, Prof. Hans Freudigmann, Inga Giersemehl, Dieter Greulich, Prof. Dr. Heiko Harborth, Dr. Frieder Haug, Edmund Herd, Prof. Dr. Stephan Hußmann, Thomas Jörgens, Thorsten Jürgensen-Engl, Andreas König, Prof. Dr. Timo Leuders, Prof. Dr. Detlef Lind, Prof. Dr. Hinrich Lorenzen, Prof. Dr. Reinhard Oldenburg, Rolf Reimer, Dr. Günther Reinelt, Kathrin Richter, Dr. Wolfgang Riemer, Hartmut Schermuly (†), Reinhard Schmitt-Hartmann, Michael Schmitz, Ulrich Schönbach, Raphaela Sonntag, Andrea Stühler, Dr. Peter Zimmermann

Redaktion: Stefan Stöckle, Heike Thümmler
Unter redaktioneller Mitarbeit von: Marie Käding, Kiel
Mediengestaltung: Jörg Adrion

Layout: Petra Michel, Bamberg
Umschlaggestaltung: Petra Michel, Bamberg
Illustrationen: Uwe Alfer, Waldbreitbach
Satz: Satzkiste GmbH, Stuttgart
Druck: Firmengruppe APPL, aprinta druck, Wemding

Printed in Germany
ISBN 978-3-12-733561-3

Lambacher Schweizer

6

Mathematik für Gymnasien

Niedersachsen

bearbeitet von

Manfred Baum
Hinrich Lorenzen
Michael Schmitz

Ernst Klett Verlag
Stuttgart · Leipzig

Inhalt

I	**Rechnen mit Bruchzahlen**	**4**
	Erkundungen	6
	1 Addieren und Subtrahieren von Brüchen	8
	2 Addieren und Subtrahieren von Dezimalbrüchen	12
	3 Vervielfachen und Teilen von Brüchen	15
	4 Multiplizieren von Brüchen	19
	5 Dividieren durch Brüche	23
	6 Multiplizieren von Dezimalbrüchen	27
	7 Dividieren eines Dezimalbruches durch eine natürliche Zahl	30
	8 Dividieren von Dezimalbrüchen	33
	9 Vorteile beim Rechnen – Rechenregeln	37
	Vertiefen und Vernetzen	40
	Exkursion: Bruchrechnung ägyptisch	42
	Rückblick	44
	Training	45
II	**Winkelsummen, Abbildungen und Symmetrien**	**46**
	Erkundungen	48
	1 Winkelbeziehungen an Geraden	50
	2 Winkelsumme im Dreieck und Viereck	54
	3 Achsenspiegelungen	59
	4 Drehungen	62
	*5 Verschiebungen	66
	6 Eigenschaften von Dreiecken und Vierecken	69
	Vertiefen und Vernetzen	74
	Exkursion: DGS – Geometrie mit dem Computer	76
	Rückblick	78
	Training	79
III	**Rationale Zahlen**	**80**
	Erkundungen	82
	1 Negative Zahlen	84
	2 Anordnung	88
	3 Addieren und Subtrahieren einer positiven Zahl	91
	4 Addieren und Subtrahieren einer negativen Zahl	95
	5 Verbinden von Addition und Subtraktion	98
	6 Multiplizieren von rationalen Zahlen	101
	7 Dividieren von rationalen Zahlen	104
	8 Vorteile beim Rechnen – Rechenregeln	106
	Vertiefen und Vernetzen	110
	Exkursion: Rationale Zahlen im Koordinatensystem	112
	Rückblick	114
	Training	115
IV	**Daten**	**116**
	Erkundungen	118
	1 Relative Häufigkeiten und Kreisdiagramme	120
	2 Mittelwert, Modalwert und Spannweite	124
	3 Diagramme genauer betrachtet	127
	Vertiefen und Vernetzen	130
	Exkursion: Statistik mit dem Computer	131
	Rückblick	134
	Training	135

V	Zuordnungen	**136**
	Erkundungen	138
	1 Zuordnungen	140
	2 Graphen von Zuordnungen	143
	3 Zuordnungsvorschriften	147
	4 Proportionale Zuordnungen	151
	5 Antiproportionale Zuordnungen	155
	6 Drei Werte sind gegeben – Dreisatz	159
	Vertiefen und Vernetzen	164
	Exkursion: Uhren	166
	Rückblick	168
	Training	169
VI	Prozente und Zinsen	**170**
	Erkundungen	172
	1 Prozente – Vergleiche werden einfacher	174
	2 Prozentsatz – Prozentwert – Grundwert	177
	3 Grundaufgaben der Prozentrechnung	180
	4 Problemlösen am Beispiel der Prozentrechnung	186
	5 Prozente im Geldwesen – Zinsrechnung	190
	*6 Zinseszinsen	193
	Vertiefen und Vernetzen	196
	Exkursion: Von großen und kleinen Tieren	198
	Rückblick	200
	Training	201

Anhang

1 Sicher in die Kapitel	202
2 Basiswissen	210
3 Lösungen	216
Register	240
Text- und Bildquellen	242

*Dieser Inhalt geht über das Kerncurriculum hinaus.

I Rechnen mit Bruchzahlen

Packliste:

- Rucksack — 1,040 kg
- Isomatte — 0,440 kg
- Schlafsack — 1,800 kg
- Regenjacke — 0,369 kg
- Regenhose — 0,358 kg
- Fleece-Jacke — 0,650 kg
- Windstopper-Weste — 0,146 kg
- T-Shirt — 0,152 kg
- Mütze — 0,090 kg
- Handtuch — 0,380 kg
- Bikini — 0,173 kg
- Thermoskanne — 0,755 kg
- Camping-Becher — 0,340 kg

Der Mathematiker

Es war sehr kalt, der Winter dräute,
da trat – und außerdem war's glatt –
Professor Wurzel aus dem Hause,
weil er was einzukaufen hatt'.

Kaum tat er seine ersten Schritte,
als ihn das Gleichgewicht verließ,
er rutschte aus und fiel und brach sich
die Beine und noch das und dies.

Jetzt liegt er nun, völlig gebrochen,
im Krankenhaus in Gips und spricht:
„Ich rechnete schon oft mit Brüchen,
mit solchen Brüchen aber nicht!"

Heinz Erhard

Das kannst du schon

- Mit natürlichen Zahlen rechnen
- Brüche erweitern und kürzen
- Situationen mit Brüchen und Dezimalbrüchen beschreiben

→ Sicher ins Kapitel I
Seite 203

Das Lummerlandlied
Musik & Text: Hermann Amann, Manfred Jenning
© Discoton Musik Ed. GmbH, Macht Die Musik Musikverlag GmbH (Universal Music Publishing Group)
T hier: Ernst Klett Verlag mit Genehmigung von Universal Music Publishing Group Germany

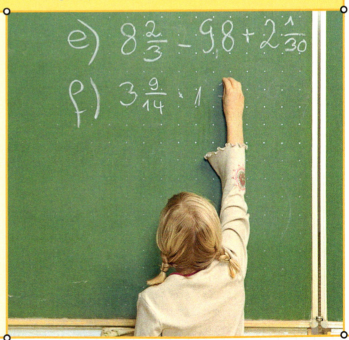

Das kannst du bald

- Mit Brüchen und Dezimalbrüchen rechnen
- Rechenvorteile bei Brüchen und Dezimalbrüchen nutzen

Erkundungen

Mit Kreisteilen rechnen

Vorbereitung
- Schneidet aus farbigem Papier vier verschiedenfarbige gleich große Kreise aus.
- Faltet die Kreise so über die Mitte, dass einmal zwei Hälften, einmal vier Viertel, einmal acht Achtel und einmal sechzehn Sechzehntel entstehen.
- Schneidet entlang der Faltlinien folgende Kreisausschnitte aus:

  $\frac{1}{2}; \frac{1}{2}$

  $\frac{1}{4}; \frac{1}{4}; \frac{2}{4}$

  $\frac{1}{8}; \frac{1}{8}; \frac{1}{8}; \frac{2}{8}; \frac{3}{8}$

  $\frac{1}{16}; \frac{1}{16}; \frac{2}{16}; \frac{2}{16}; \frac{3}{16}; \frac{3}{16}; \frac{4}{16}$

- Beschriftet jeden Kreisausschnitt mit dem dazugehörigen Anteil.

→ Lerneinheit 1, Seite 8

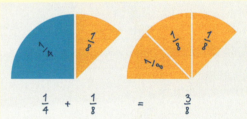

Fig. 1

Forschungsaufträge
- Versucht zu zweit, auf möglichst verschiedene Weisen einen ganzen Kreis zusammenzustellen. Schreibt euch jeweils die Brüche der Kreisstücke auf, mit denen euch dies gelungen ist (z. B. $\frac{1}{2} + \frac{1}{2}$). Könnt ihr Regelmäßigkeiten feststellen? Versucht danach in gleicher Weise, auf möglichst verschiedene Arten einen Halbkreis zu legen.
- Legt mithilfe der Kreisausschnitte wie in Fig. 1 verschiedene Additionsaufgaben mit jeweils zwei Brüchen und versucht, das Ergebnis abzulesen. Welche Aufgaben lassen sich leicht lösen? Welche Lösungen können nicht sofort abgelesen werden?
- Legt nun die Kreisausschnitte beiseite. Schreibt ähnliche Bruchaufgaben wie zuvor auf und versucht, sie ohne Kreisausschnitte zu lösen.
- Formuliert eine eigene Regel, wie man zwei Brüche addiert. Überprüft eure Regel mithilfe selbst gewählter Aufgaben und versucht, sie bei Bedarf zu verbessern. Vergleicht eure Regel anschließend mit der einer anderen Zweiergruppe.
- Versucht, gemeinsam mit der anderen Zweiergruppe ein Verfahren für die Subtraktion von Brüchen zu entwickeln. Schreibt eure Gedanken auf. Formuliert dann eine Regel, vergleicht sie mit einer anderen Vierergruppe und verbessert sie, wenn nötig.
- Arbeitet in der Vierergruppe einen kleinen Vortrag aus, bei dem die Addition und die Subtraktion von Brüchen erläutert wird.

I Rechnen mit Bruchzahlen

„$\frac{1}{3}$ von $\frac{1}{2}$ ist …" – Anteile von Anteilen sehen

→ Lerneinheit 4, Seite 19

Forschungsauftrag 1
Kira hat den Anteil $\frac{1}{3}$ von $\frac{1}{2}$ mithilfe eines Papierbogens dargestellt.
– Wie viel vom Ganzen ist der dritte Teil von einer Hälfte?
– Was hat sich Kira beim Falten des Bogens gedacht?

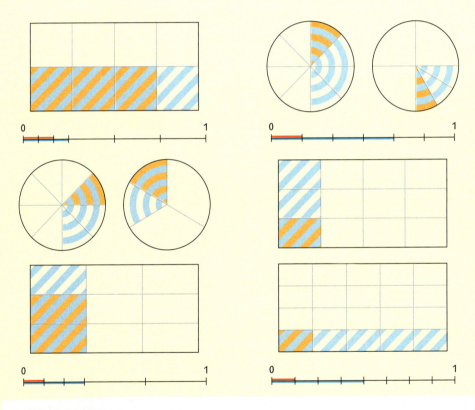

Der Anteil $\frac{1}{3}$ von $\frac{1}{4}$ kommt zweimal vor!

Forschungsauftrag 2
– Welche Anteile sind hier dargestellt? Schreibe in der Form „$\frac{1}{3}$ von $\frac{1}{2}$ ist gleich …"
– Welche Darstellungen beschreiben den gleichen Anteil?
– Stellt alle abgebildeten Anteile in den drei Darstellungen (Stab, Rechteck, Kreis) dar.
– Erfindet in Partnerarbeit selbst Aufgaben der Form „$\frac{1}{3}$ von $\frac{1}{2}$" und stellt die Lösungen dar.
– Wie kann man $\frac{1}{12}$ darstellen? Versucht, selbst gewählte Anteile darzustellen.
– Versucht, andere eigene Darstellungen für Anteile zu finden.

Man kann alle drei Darstellungen auch aus Papier falten!

Erkundungen

1 Addieren und Subtrahieren von Brüchen

Kerstin will für ihre Freundinnen einen Obstsalat machen. Auf dem Markt hat sie sich verschiedene Obstsorten abwiegen lassen. Der Verkäufer bietet Papiertüten zu 10 ct an, die jeweils bis zu einem Gewicht von 2 kg halten.
Wie viele Tüten wird sie wohl nehmen?

Addieren und Subtrahieren von Brüchen ist leicht, wenn die Brüche **gleiche Nenner** haben.

Addieren von Brüchen mit gleichem Nenner:

Subtrahieren von Brüchen mit gleichem Nenner:

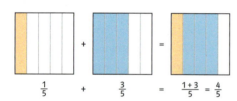
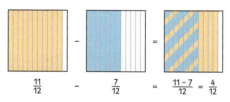

Brüche mit **verschiedenen Nennern** kann man addieren, wenn man sie durch Erweitern zunächst auf gleiche Nenner bringt, sie also gleichnamig macht.

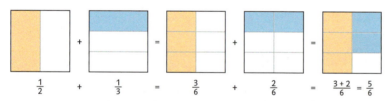

Entsprechend geht man bei der Subtraktion vor: $\frac{5}{6} - \frac{4}{9} = \frac{15}{18} - \frac{8}{18} = \frac{15-8}{18} = \frac{7}{18}$.

Addieren bzw. Subtrahieren von Brüchen
1. Man bringt die Brüche auf gleiche Nenner.
2. Man schreibt die Brüche auf einen gemeinsamen Bruchstrich.
3. Man addiert bzw. subtrahiert die Zähler.

Im Ergebnis kürzen nicht vergessen!

Beispiel 1 Gleiche Nenner
Berechne und gib das Ergebnis mit einem vollständig gekürzten Bruch an.

a) $\frac{3}{8} + \frac{1}{8}$
b) $\frac{3}{7} - \frac{1}{7}$

Lösung

a) $\frac{3}{8} + \frac{1}{8} = \frac{3+1}{8} = \frac{4}{8} = \frac{1}{2}$
b) $\frac{3}{7} - \frac{1}{7} = \frac{3-1}{7} = \frac{2}{7}$

I Rechnen mit Bruchzahlen

Beispiel 2 Verschiedene Nenner
Berechne und gib das Ergebnis in gemischter Schreibweise an.

a) $2\frac{1}{3} + 4\frac{1}{2}$

b) $3\frac{3}{4} - 2\frac{1}{2}$

Lösung

a) $2\frac{1}{3} + 4\frac{1}{2} = \frac{7}{3} + \frac{9}{2} = \frac{14}{6} + \frac{27}{6} = \frac{14+27}{6}$
$= \frac{41}{6} = 6\frac{5}{6}$

b) $3\frac{3}{4} - 2\frac{1}{2} = \frac{15}{4} - \frac{5}{2} = \frac{15}{4} - \frac{10}{4} = \frac{15-10}{4}$
$= \frac{5}{4} = 1\frac{1}{4}$

Aufgaben

1 Berechne und gib das Ergebnis mit einem vollständig gekürzten Bruch an. Die Lösungen findest du auf dem Rand.

a) $\frac{9}{4} - \frac{3}{4}$
b) $\frac{4}{3} - \frac{2}{3}$
c) $\frac{12}{19} + \frac{20}{19}$
d) $3\frac{6}{13} - \frac{6}{13}$
e) $\frac{7}{8} + 2\frac{1}{2}$
f) $\frac{4}{14} + \frac{5}{7}$
g) $\frac{5}{4} - \frac{1}{3}$
h) $\frac{6}{4} - \frac{4}{6}$

2 Welche Addition ist durch die gefärbten Flächen dargestellt?
Welcher Anteil der Fläche ist ungefärbt?

a)   b)   c)   d)

3 Schreibe in dein Heft und setze für △ die passende Zahl ein.

a) $\frac{△}{14} + \frac{3}{14} = \frac{9}{14}$
b) $\frac{11}{6} - \frac{△}{6} = \frac{5}{6}$
c) $\frac{6}{17} + \frac{5}{△} = \frac{11}{17}$
d) $\frac{△}{22} - \frac{5}{22} = \frac{22}{22}$

4 Überlegt euch zu zweit jeweils zwei Additionsaufgaben und zwei Subtraktionsaufgaben, deren Ergebnis der angegebene Bruch ist.

a) $\frac{3}{4}$
b) $\frac{7}{8}$
c) $\frac{1}{8}$
d) $\frac{13}{10}$

5 Vor dem Rechnen kann Kürzen nützlich sein.

a) $\frac{45}{60} + \frac{9}{72}$
b) $\frac{30}{36} - \frac{32}{80}$
c) $\frac{105}{150} + \frac{24}{144}$
d) $\frac{190}{240} - \frac{96}{256}$

6 Formuliere mit deinem Partner fünf Additionsaufgaben und fünf Subtraktionsaufgaben mit Brüchen wie in Aufgabe 1 oder 2. Tauscht die Aufgaben mit einer anderen Gruppe. Kontrolliert eure Ergebnisse anschließend gemeinsam.

7 Wohin geht die Reise?

8 Berechne und gib das Ergebnis als vollständig gekürzten Bruch an.

a) $\frac{1}{3} + \frac{3}{4} + \frac{3}{2}$
b) $\frac{8}{3} - \frac{1}{6} - \frac{2}{1}$
c) $\frac{30}{4} + \frac{20}{30} - \frac{10}{6}$
d) $\frac{11}{8} + \frac{11}{5} + \frac{1}{20}$
e) $\frac{6}{25} + \frac{7}{10} + \frac{4}{5}$
f) $\frac{11}{12} - \frac{2}{9} - \frac{5}{9}$
g) $\frac{1}{2} - \frac{5}{12} + \frac{8}{8}$
h) $4 - \frac{9}{7} + \frac{7}{9}$

9 Anja spart ein Drittel ihres Taschengeldes, ein Fünftel gibt sie für eine Jugendzeitschrift aus. Welcher Teil ihres Taschengeldes bleibt ihr für Sonstiges übrig?

1 Addieren und Subtrahieren von Brüchen

10 Findest du den Fehler? Erkläre.

a) $\frac{1}{6} + \frac{3}{5} = \frac{4}{11}$
b) $\frac{5}{6} - \frac{1}{3} = \frac{4}{3}$
c) $\frac{7}{8} + \frac{2}{3} = \frac{14}{37}$
d) $\frac{3}{4} + \frac{8}{3} = 3$

11 a) In der Zahlenmauer steht über zwei Zahlen stets deren Summe. Übertrage die Figur in dein Heft und ergänze die fehlenden Zahlen.
b) Gehe so durch das Labyrinth, dass du eine möglichst große Summe erhältst.

Interaktives Üben
Pyramidenrechnen mit Brüchen
5n3ir4

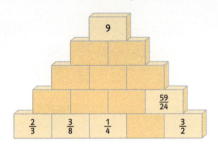
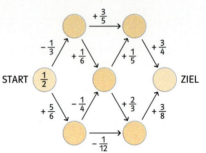

12 Für ein Klassenfest mischen Schülerinnen und Schüler der Klasse 6 c ein Erfrischungsgetränk aus $3\frac{1}{2}$ l Orangensaft, $\frac{3}{4}$ l Limonade und 2 Flaschen Grapefruitsaft zu je $\frac{7}{10}$ l zusammen. Welche Gesamtmenge erhalten sie?

Bist du schon sicher?

13 Berechne und gib das Ergebnis mit einem vollständig gekürzten Bruch an.

a) $\frac{7}{8} + \frac{5}{12}$
b) $\frac{17}{5} - \frac{9}{20}$
c) $3 - \frac{4}{9} + \frac{7}{6}$
d) $\frac{24}{27} - \frac{20}{24}$
e) $\frac{7}{8} - \frac{5}{12}$
f) $\frac{11}{15} + \frac{13}{20}$
g) $\frac{7}{6} - \frac{4}{9} + 3$
h) $\frac{36}{36} - \frac{25}{30}$

14 a) Subtrahiere ein Achtel von einem Fünftel.
b) Wie viel liegt zwischen einem Hundertstel und einem Zehntel?

15 Frau Mall berichtet: „Von meinem Monatslohn brauche ich ein Drittel für die Miete und ein Achtel für mein Auto. Dann ist bereits mehr als die Hälfte weg." Stimmt das?

Lösungen | Seite 216

16 Übertrage die Rechenkette ins Heft und vervollständige sie.

a)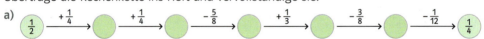

b)

c)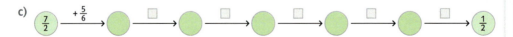

$\frac{1}{2}$ l Mineralwasser
$\frac{3}{4}$ l Apfelsaft naturtrüb
$\frac{1}{8}$ l Orangensaft
$\frac{1}{4}$ l Ananassaft
Zutaten mischen – FERTIG!

2 l

17 Jan mixt ein Getränk nach einem neuen Rezept (Fig. 1). Hat er den richtigen Krug gewählt?

18 a) Vermindere dreizehn Zehntel um zwei Drittel.
b) Wie viel liegt zwischen einem Fünftel und einundzwanzig Hundertstel?
c) Wie viel muss man von zweiunddreißig abziehen, um hundert Sechstel zu erhalten?

Fig. 1

19 Die Summe der Zahlen in jeder Zeile, Spalte und Diagonale eines magischen Quadrats ist immer gleich.
a) In den ersten beiden Quadraten soll die Summe der Zahlen in jeder Zeile, Spalte und Diagonale 1 betragen. Finde die fehlenden Zahlen.
b) Finde die fehlenden Zahlen der letzten beiden Quadrate, sodass sie „magisch" sind.

	$\frac{1}{3}$	
$\frac{2}{5}$		$\frac{2}{15}$

	$\frac{4}{9}$	
		$\frac{1}{3}$
$\frac{1}{2}$		

	$\frac{5}{42}$		$\frac{5}{14}$
$\frac{7}{42}$		$\frac{13}{42}$	$\frac{5}{21}$
	$\frac{4}{21}$	$\frac{3}{14}$	
$\frac{1}{7}$			$\frac{1}{14}$

$\frac{1}{12}$	$\frac{7}{12}$		
		$\frac{1}{6}$	
		$\frac{5}{8}$	$\frac{1}{2}$
$\frac{17}{24}$	$\frac{5}{24}$	$\frac{1}{4}$	$\frac{5}{12}$

20 Welcher Term gehört zu welcher Geschichte? Erfinde zu den beiden Termen, die übrig bleiben, jeweils eine passende Geschichte und berechne anschließend die fünf Terme.

(A) $4 - 1\frac{1}{2} + \frac{3}{4}$ (B) $4 - \left(1\frac{1}{2} + \frac{3}{4}\right)$ (C) $\frac{3}{4} + 1\frac{1}{2} + 4$ (D) $1\frac{1}{2} + 4 - \frac{3}{4}$ (E) $4 - \left(1\frac{1}{2} + \left(1\frac{1}{2} - \frac{3}{4}\right)\right)$

① Irene hat am Montag $1\frac{1}{2}$ Stunden ferngesehen. Einen Tag später waren es sogar 4 Stunden. Allerdings hat sie davon auch eine $\frac{3}{4}$ Stunde Pause gemacht. Wie viele Stunden saß sie also an den beiden Tagen insgesamt vor dem Fernseher?

② Ein Vierliterkanister wird mit $1\frac{1}{2}$ l Wasser gefüllt. Wie viel Wasser lässt sich noch nachfüllen, nachdem man einen $\frac{3}{4}$ Liter in eine Flasche abgefüllt hat?

③ Tobias möchte in seinem Zimmer zwei Regale nebeneinanderstellen. Das größere ist $1\frac{1}{2}$ m breit, das kleinere ist $\frac{3}{4}$ m kürzer. Wie viel Platz bleibt noch, wenn die Wand insgesamt 4 m lang ist?

21 Zum Knobeln
Ein alter Araber bestimmte vor seinem Tod, dass der erste seiner Freunde die Hälfte, der zweite den vierten und der dritte den fünften Teil seiner Kamele erben sollte. Da der Alte 19 Kamele hinterließ, konnten sich die drei Freunde nicht einigen.
Sie wandten sich an einen Derwisch, der auf einem alten Kamel dahergeritten kam, und baten ihn um Hilfe. Dieser sagte: „Ich will euch mein Kamel leihen." Nun nahm sich der Erste die Hälfte von den 20 Kamelen heraus, der Zweite ein Viertel und der Dritte ein Fünftel. Zum Schluss blieb das Kamel des Derwischs übrig. Der Derwisch bestieg es wieder und ritt davon. Alle waren zufrieden. Rechne nach.
a) Warum konnten sich die Freunde zunächst nicht einigen?
b) Hat der Derwisch die 19 Kamele gerecht auf die drei Freunde aufgeteilt?

22 Berechne schriftlich.
a) 3128 + 2016 **b)** 7916 + 3125 **c)** 25 318 − 16 409 **d)** 7526 − 3817

2 Addieren und Subtrahieren von Dezimalbrüchen

GARMISCH-PARTENKIRCHEN GAP2011 FIS ALPINE SKI WM	Ergebnisliste Slalom der Damen	
Läuferin	1. Durchgang	2. Durchgang
Tina Maze	54,26 s	53,29 s
Manuela Mölgg	54,37 s	53,28 s
Maria Pietilä-Holmner	53,48 s	52,96 s
Maria Riesch	53,49 s	53,64 s
Marlies Schild	52,69 s	53,10 s
Kathrin Zettel	53,30 s	52,83 s

Wer belegte beim Slalom der Damen die ersten drei Plätze?

Wie man Dezimalbrüche addiert und subtrahiert, kann man sich herleiten, wenn man die Dezimalbrüche als Brüche schreibt. Es ist

$3,541 + 0,64 = \frac{3541}{1000} + \frac{64}{100} = \frac{3541}{1000} + \frac{640}{1000} = \frac{3541 + 640}{1000} = \frac{4181}{1000} = 4,181$ und

$2,7 - 0,41 = \frac{27}{10} - \frac{41}{100} = \frac{270}{100} - \frac{41}{100} = \frac{270 - 41}{100} = \frac{229}{100} = 2,29.$

Wie bei den natürlichen Zahlen addiert und subtrahiert man auch Dezimalbrüche stellenweise. Dies gilt ebenso, wenn die Anzahl der Nachkommastellen unterschiedlich ist.

Man kann die einzelnen Dezimalbrüche in eine Stellenwerttafel eintragen und sie wie bei natürlichen Zahlen stellenweise addieren.

E	,	z	h	t
3	,	5	4	1
+ 0	,	6	4	0
4	,	1	8	1

Fehler vermeiden – Nullen ergänzen!

> Man **addiert** oder **subtrahiert** Dezimalbrüche, indem man sie so untereinanderschreibt, dass Komma unter Komma steht. Dann addiert bzw. subtrahiert man stellenweise.

	1	2	,	5	3	4
+		8	,	9	1	0
	2	1	,	4	4	4

	1	2	,	5	3	4
−		8	,	9	1	0
		3	,	6	2	4

Beispiel Schriftliches Rechnen

Berechne.

a) 30,125 + 1,279   b) 12,5 + 0,487   c) 2,342 − 1,4   d) 7 − 2,83

Lösung

a)
```
  30,125
+  1,279
  1 1
  31,404
```

b)
```
  12,500
+  0,487
  12,987
```

c)
```
  2,342
− 1,400
    1
  0,942
```

d)
```
  7,00
− 2,83
  1 1
  4,17
```

Aufgaben

1 Berechne im Kopf.

a) 1,4 + 0,6   b) 6,3 + 2,9   c) 3,7 + 1,7   d) 0,8 + 2,1

e) 7,8 − 5,6   f) 2,9 + 4,3   g) 67,7 − 15,2   h) 45,7 + 13,8

2 Berechne schriftlich.
a) 5,22 + 2,73
b) 2,03 + 1,28
c) 4,27 + 16,2
d) 0,021 + 5,23
e) 3,45 − 1,89
f) 0,473 − 0,289
g) 1 − 0,097
h) 3,999 − 3,7

3 a) Um wie viel sind die Zahlen größer als 1? 1,5; 1,04; 1,33; 2,22; 1,001; 10,01
b) Wie viel fehlt noch bis 5? 0,5; 2,7; 0,36; 1,5; 0,15; 4,909
c) Wie groß ist der Abstand zu 15 km? 9,7 km; 9270 m; 16,64 km; 17866 m

4 Übertrage in dein Heft und setze im Ergebnis das Komma an die richtige Stelle.
a) 4,4 + 0,8 = 52
b) 1,04 + 0,4 = 144
c) 7,6 − 2,55 = 505
d) 3,2 + 4,1 = 73

5 Berechne die Summe und die Differenz der Zahlen.
a) 5,7 und 3,6
b) 1,8 und 0,9
c) 99,9 und 9,99
d) 10,01 und 1,1

6 a) Welche der drei Messbecher können in einen anderen umgefüllt werden?
b) Wie viel Wasser kann man beim mittleren Messbecher noch einfüllen?
c) Erfinde ähnliche Aufgaben und löse sie.

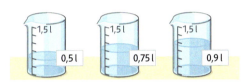

7 Tim hat am Fahrrad einen Kilometerzähler (Fig. 1), der eine Dezimalstelle anzeigt.
a) Was bedeutet die Dezimalstelle?
b) Gib die Längen der gefahrenen Strecken zwischen den einzelnen Zählerständen an.
c) Wie viele Kilometer muss Tim noch fahren, bis die erste Ziffer auf 4 springt?

Fig. 1

8 Niedersachsen hat eine Fläche von 47 612,879 km^2 (Stand: 31.12. 2010). Davon entfallen 28 593,535 km^2 auf Landwirtschaftsflächen, 10 339,149 km^2 auf Waldflächen und 435,551 km^2 auf Erholungsflächen. Der Rest sind Gebäude- und Freiflächen, Betriebsflächen, Verkehrsflächen, Wasserflächen und Flächen anderer Nutzung.
Wie viele Quadratkilometer sind das?

9 Hier wurde falsch gerechnet. Suche den Fehler und erkläre ihn. Gib anschließend das richtige Ergebnis an.

a)
```
   2,75
+  3,8
  1 1
  31,3
```

b)
```
   7
+  0,8
   1
   1,5
```

c)
```
   9,87
−  4,3
   5,84
```

d)
```
   7,2
−  5
   1
   6,7
```

Bist du schon sicher?

10 a) Berechne im Kopf.
(1) 5,2 + 2,4
(2) 3,9 − 2,7
(3) 10,22 − 1,5
b) Berechne schriftlich.
(1) 6,59 + 13,8
(2) 3,608 + 2,22
(3) 10,5 − 6,97
c) Berechne.
(1) 15,8 kg + 6,3 kg
(2) 27,2 kg − 1100 g
(3) 47,8 m^3 − 800 dm^3

11 a) Welche Zahl vermindert um 3,55 ergibt 7,99?
b) Welche Zahl muss man zu 6,57 addieren, um 17,22 zu erhalten?

Lösungen | Seite 216

12 Welche Zahl musst du für ▫ einsetzen, damit die Rechnung stimmt?
a) 6,4 + 4,8 = ▫
b) 7,2 + ▫ = 9,6
c) ▫ + 10,5 = 15
d) 2,3 + ▫ = 4,21
e) 12,45 − 8,05 = ▫
f) 0,02 − ▫ = 0,005
g) ▫ − 3,15 = 8,25
h) ▫ − 1,05 = 4,16

13 Frau Hinz erledigt noch ein paar Ostereinkäufe. Rechts siehst du ihren Einkaufsbon.
a) Wie viel hat Frau Hinz für Süßigkeiten und Osterdekor ausgegeben? Überschlage erst und berechne anschließend genau.
b) Das Wildlachsfilet und die Margarine hat Frau Hinz für ihre Nachbarin mitgebracht. Wie viel Geld bekommt sie von der Nachbarin, und wie viel hat ihr eigener Einkauf gekostet?
c) 👥 Sammelt selbst Kassenzettel und überlegt euch ähnliche Aufgaben, die ihr dann in der Gruppe löst.

14 a) Die Entfernung Erde–Sonne beträgt bei Sonnenferne 152,099 Mio. km, bei Sonnennähe 147,096 Mio. km. Wie groß ist der Unterschied? Woher kommt er?
b) Der Erdumfang über die Pole gemessen beträgt 40 008,006 km und entlang des Äquators 40 075,161 km. Wie groß ist der Unterschied? Woran liegt das?

15 Ergänze in deinem Heft die magischen Quadrate (Fig. 1 und Fig. 2). In jeder Zeile, jeder Spalte und jeder Diagonale beträgt die Summe 4,5.

16 a) Subtrahiere 0,045 von der Summe der Zahlen 0,5 und 0,0032.
b) Um wie viel ist die Summe der Zahlen 367,83 und 209,061 größer als ihre Differenz?
c) Um wie viel ist die Differenz der Zahlen 703,4 und 123,29 größer als die Summe der Zahlen 234,9 und 344,21?
d) Welche Zahl muss man zu 9,065 addieren, um 13,65 zu erhalten?

17 👥 Karl Schmidt soll mit seinem Auto verschiedene Kisten zu einem Kunden fahren. Die Maße für den Laderaum betragen 3,30 × 1,70 × 1,70 (jeweils in Metern). Die Maße der acht Kisten stehen in der Tabelle. Überlegt euch eine Empfehlung, wie Herr Schmidt seinen Transporter beladen sollte. Vergleicht eure Empfehlung mit der einer anderen Gruppe.

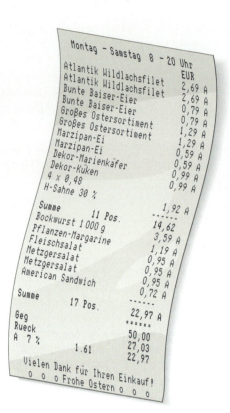

Fig. 1

Fig. 2

Kistenmaße (Länge × Breite × Höhe; in m)	
1,76 × 0,65 × 1,14	1,51 × 0,29 × 0,75
1,76 × 0,92 × 1,14	1,49 × 1,38 × 0,75
0,76 × 1,65 × 0,51	1,48 × 0,68 × 0,89
0,98 × 1,65 × 0,51	1,48 × 1,00 × 0,89

Kannst du das noch?

18 Wandle in die nächstkleinere Einheit um.
a) 12 cm^2 b) 125 dm^2 c) 508 m^2 d) 45 km^2

→ vgl. Seite 214
Lösung | Seite 216

3 Vervielfachen und Teilen von Brüchen

Bei einem Zeitfahren beteiligen sich 61 Radfahrer. Die Teilnehmer starten um 10 Uhr im Abstand von $2\frac{1}{4}$ Minuten. Der langsamste Fahrer benötigt für die Rennstrecke ca. eine $\frac{3}{4}$ Stunde.
Der Fernsehredaktion Sport wurden $2\frac{1}{2}$ Stunden für die Übertragung des Rennens genehmigt.

Tom hat vier Freunde eingeladen. Zum Abendessen soll es selbst gemachte Pizza geben. Jeder der fünf Jungen behauptet, dass er allein drei Viertel einer ganzen Pizza isst. Toms Mutter fragt sich nun, wie viele Pizzen sie mindestens backen soll.
Um diese Frage zu beantworten, muss man fünf Dreiviertel-Pizzen addieren; man vervielfacht also den Bruch $\frac{3}{4}$ mit 5. Anschaulich kann man diese Rechnung so darstellen:

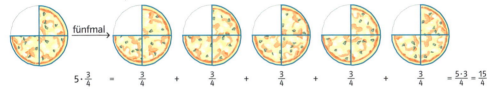

Multiplizieren eines Bruches mit einer natürlichen Zahl
Man multipliziert einen Bruch mit einer natürlichen Zahl, indem man den Zähler mit der Zahl multipliziert und den Nenner beibehält.

Beispiel: $3 \cdot \frac{2}{7} = \frac{3 \cdot 2}{7} = \frac{6}{7}$

Achtung:
Beachte den Unterschied von $3\frac{1}{2}$ und $3 \cdot \frac{1}{2}$.

Will man beispielsweise den Rest einer Tafel Schokolade (hier acht Neuntel) gerecht aufteilen, so muss man den Bruch durch die Anzahl der Personen dividieren. Bei vier Personen muss man also acht Neuntel durch 4 teilen und erhält zwei Neuntel, wie am Rechteckbild veranschaulicht ist.

Will man den Rest auf drei Personen aufteilen, ist es etwas schwieriger, da man 8 nicht ohne Rest durch 3 teilen kann. Hier muss zunächst jedes der acht Neuntel gedrittelt werden. Man erhält also acht Siebenundzwanzigstel, wie am Rechteckbild veranschaulicht ist.

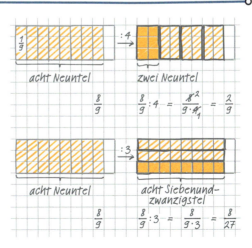

Dividieren eines Bruches durch eine natürliche Zahl
Man dividiert einen Bruch durch eine natürliche Zahl, indem man den Nenner mit dieser Zahl multipliziert und den Zähler beibehält.

Beispiel: $\frac{4}{11} : 3 = \frac{4}{11 \cdot 3} = \frac{4}{33}$

Beispiel Vervielfachen und Teilen von Brüchen
Berechne.

a) $\frac{8}{27} \cdot 18$ b) $\frac{2}{3} \cdot 5$ c) $\frac{3}{7} : 5$ d) $\frac{8}{11} : 4$

Lösung

a) $\frac{8}{27} \cdot 18 = \frac{8 \cdot \cancel{18}^2}{\cancel{27}_3} = \frac{8 \cdot 2}{3} = \frac{16}{3}$ a) $\frac{2}{3} \cdot 5 = \frac{2 \cdot 5}{3} = \frac{10}{3}$ b) $\frac{3}{7} : 5 = \frac{3}{7 \cdot 5} = \frac{3}{35}$ c) $\frac{8}{11} : 4 = \frac{\cancel{8}^2}{11 \cdot \cancel{4}_1} = \frac{2}{11}$

Aufgaben

1 Übertrage in dein Heft, vervollständige die Darstellung und berechne.

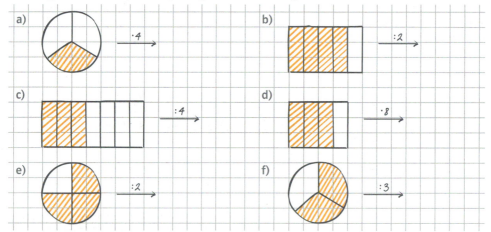

2 Stelle anschaulich, beispielsweise mithilfe von Kreis- oder Rechteckbildern, dar und berechne.

a) $6 \cdot \frac{2}{3}$ b) $5 \cdot \frac{5}{6}$ c) $\frac{8}{11} : 4$ d) $\frac{7}{9} : 3$

e) $\frac{6}{7} \cdot 70$ f) $\frac{15}{7} : 5$ g) $\frac{23}{8} : 7$ h) $\frac{73}{4} : 11$

3 Rechne im Kopf. Die Ergebnisse findest du auf dem Rand.

a) $4 \cdot \frac{1}{9}$ b) $7 \cdot \frac{1}{12}$ c) $\frac{2}{11} \cdot 5$ d) $28 \cdot \frac{2}{7}$

e) $\frac{1}{5} : 2$ f) $\frac{1}{2} : 3$ g) $\frac{9}{5} : 3$ h) $\frac{15}{7} : 5$

4 Achte auf das Kürzen. Die Ergebnisse ergeben ein Lösungswort.

a) $4 \cdot \frac{1}{2}$ b) $15 \cdot \frac{1}{30}$ c) $64 \cdot \frac{3}{4}$ d) $320 \cdot \frac{1}{660}$

e) $\frac{4}{31} : 4$ f) $\frac{25}{27} : 5$ g) $\frac{56}{59} : 7$ h) $\frac{68}{11} : 102$

5 Setze für ■ die passende Zahl ein.

a) $5 \cdot \frac{\blacksquare}{7} = \frac{10}{7}$ b) $\frac{\blacksquare}{20} \cdot 7 = \frac{49}{20}$ c) $\frac{2}{3} : \blacksquare = \frac{2}{9}$ d) $\blacksquare : 9 = \frac{2}{117}$

zu Aufgabe 3:

zu Aufgabe 4:

I Rechnen mit Bruchzahlen

6 Ergänze. Es gibt mehrere Möglichkeiten.
a) $7 \cdot \frac{\triangle}{\square} = \frac{56}{11}$ 　 b) $11 \cdot \frac{\square}{12} = \frac{77}{\triangle}$ 　 c) $\frac{6}{\triangle} \cdot 8 = \frac{\square}{7}$ 　 d) $\triangle \cdot \frac{13}{15} = \frac{78}{\square}$ 　 e) $\frac{\square}{14} \cdot 20 = \frac{90}{\triangle}$

7 Setze die Zahlen 2, 5 und 12 in die Kästchen so ein, dass
a) eine natürliche Zahl,
b) eine Zahl kleiner als 1,
c) eine Zahl größer als 1
entsteht.

8 Nach dem Training stürzen sich alle auf den Wasser-Kasten ($\frac{3}{4}$-l-Flaschen).
a) Wie viele Liter enthält der Kasten insgesamt?
b) Gerd und seine Freunde trinken nach dem Sport fünf Flaschen. Wie viele Liter haben sie zusammen getrunken?

9 Dennis trainiert in der Woche dreimal eineinhalb Stunden Tennis, Karin fünfmal eine Dreiviertelstunde Tischtennis und Susanne viermal eineinviertel Stunden Badminton. Wer macht in der Woche am längsten Sport?

10 Wer läuft schneller? Sebastian läuft $3\frac{1}{2}$ km in 15 min, Thomas $5\frac{1}{4}$ km in 21 min.

11 Berechne die Unterrichtszeit in Stunden und Minuten für
a) einen Unterrichtstag mit sechs Schulstunden,
b) eine Unterrichtswoche mit drei Tagen zu sechs und zwei Tagen zu sieben Schulstunden.

Bist du schon sicher?

12 Berechne.
a) $4 \cdot \frac{2}{11}$ 　 b) $\frac{5}{46} \cdot 23$ 　 c) $\frac{15}{23} : 5$ 　 d) $\frac{3}{4} : 51$ 　 e) $\frac{2}{21} \cdot 7$

13 In einem Kasten sind sechs Flaschen Apfelsaft. Jede Flasche enthält $\frac{3}{4}$ l Saft. Wie viele Liter Apfelsaft sind dies insgesamt?

14 Anika möchte die Karamellcremesoße mit ihrer Freundin Janine ausprobieren. Welche Mengen benötigt sie, wenn das Rezept für vier Personen ist?

Karamellcremesoße
180 g Zucker
$\frac{1}{4}$ l Wasser
$\frac{1}{2}$ Teelöffel Vanillezucker
$\frac{3}{8}$ l Milch
20 g Cremepulver
2 Eigelb

Lösungen | Seite 216

15 Falte ein Blatt Papier so, dass du ein Viertel des Blattes blau färben kannst. Falte das Blatt anschließend weiter, sodass du die blaue Fläche nun in acht gleich große Teile zerlegst. Färbe einen dieser Teile schwarz.
a) Wie groß ist der Anteil der schwarzen Fläche bezogen auf die Fläche des Blattes?
b) Erläutere den Zusammenhang zwischen dem Falten des Blattes und der Rechnung.
c) Wie oft musst du jeweils falten? Begründe.
d) Denke dir weitere Divisionsaufgaben aus und falte sie.

3 Vervielfachen und Teilen von Brüchen

16 In der Fleischerei werden aus $1\frac{3}{4}$ kg Schweinefleisch 14 etwa gleich große Schnitzel geschnitten.
a) Wie viel wiegt ein Schnitzel im Durchschnitt?
b) Annes Vater kauft sechs dieser Schnitzel. Wie viel wiegen sie zusammen?
c) 1 kg Schnitzelfleisch kostet 10,80 €. Wie viel hat Annes Vater ungefähr zu zahlen?

17 Piet betrachtet unter einem Mikroskop winzige Pflanzenzellen, zunächst mit 20-facher, dann mit 25-facher und schließlich mit 75-facher Vergrößerung. Wie groß erscheinen die Zellen jeweils unter dem Mikroskop, wenn sie in Wirklichkeit $\frac{1}{5}$ mm, $\frac{1}{10}$ mm und $\frac{1}{15}$ mm groß sind?

18 a) Teile folgende Brüche durch 5 bzw. kürze mit 5. Vergleiche.
$\frac{5}{45}, \frac{25}{90}, \frac{100}{35}, \frac{185}{10}$

b) Erläutere den Unterschied zwischen Kürzen mit 4 und Teilen durch 4.

19 Setze die Zahlen 3, 5 und 15 so in die Kästchen ein, dass
a) das größtmögliche Ergebnis,
b) das kleinstmögliche Ergebnis
entsteht.

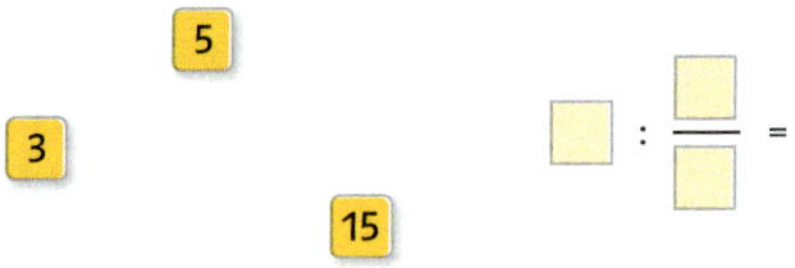

20 In Fig. 1 ist oben der Bruch $\frac{2}{6}$ dargestellt. Welche Rechnungen werden durch die unteren Kreisbilder veranschaulicht? Begründe.

21 Finde drei verschiedene mögliche Rechnungen.
a)  $\cdot \bigcirc = \frac{2}{5}$ b) $\triangle \cdot \frac{\square}{\bigcirc} = \frac{7}{9}$
c) $\frac{\triangle}{\bigcirc} : \square = 4$ d) $\frac{\bigcirc}{\square} : \triangle = \frac{1}{12}$

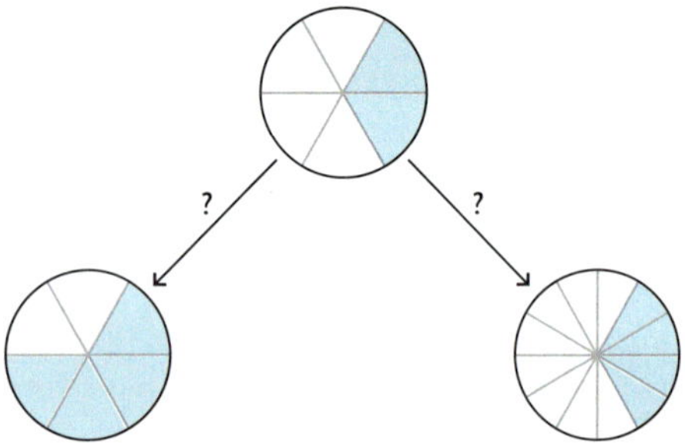

Fig. 1

22 a) Wie viel Gramm sind die Hälfte von $\frac{3}{4}$ kg?
b) Wie viel Minuten sind ein Viertel von einer halben Stunde?
c) Wie viel Meter sind ein Zehntel von einem halben Kilometer?
d) Wie viel Milliliter sind der achte Teil von $\frac{1}{5}$ l?

23 Ein Stapel Druckerpapier mit 500 Blatt (Größe DIN A4) wiegt $2\frac{1}{2}$ kg.
a) Wie viel wiegt ein einzelnes Blatt? Wie viel wiegt ein einzelnes Blatt der nächstkleineren Größe DIN A5, deren Blätter halb so groß sind?
b) Der Stapel ist $4\frac{1}{2}$ cm dick. Wie dick ist ein einzelnes Blatt?

Kannst du das noch?

24 a) Multipliziere und überschlage zur Kontrolle.
(1) 28 · 52   (2) 152 · 703   (3) 5989 · 204   (4) 2104 · 22 753
b) Multipliziere und schreibe in der nächstgrößeren Einheit.
(1) 10 cm · 100   (2) 25 g · 10 000   (3) 25 mm · 1 000 000   (4) 12 kg · 1000

vgl. Seite 214
Lösung | Seite 216

4 Multiplizieren von Brüchen

Der Schulgarten wird neu angelegt. Von der Gesamtfläche soll $\frac{3}{4}$ bepflanzt werden. Die Klasse 6 a soll $\frac{2}{3}$ der Beete pflegen. Die Klasse möchte auf der Hälfte ihrer Fläche Radieschen und Bohnen und auf der restlichen Fläche Erdbeeren pflanzen. Erstellt eine Skizze.

Um bei einer Fläche den Anteil $\frac{2}{3}$ von $\frac{4}{5}$ zu bestimmen, kann man wie folgt vorgehen:

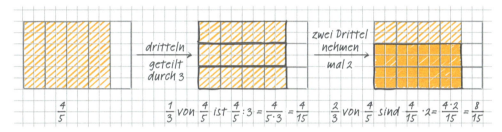

Berechnet man **Anteile von Anteilen**, so werden Zähler mit Zähler und Nenner mit Nenner multipliziert.

Multiplizieren von Brüchen
Man multipliziert zwei Brüche miteinander, indem man die Zähler und Nenner jeweils miteinander multipliziert.

Beispiel: $\frac{1}{3}$ von $\frac{4}{5}$ bedeutet $\frac{1}{3} \cdot \frac{4}{5} = \frac{1 \cdot 4}{3 \cdot 5} = \frac{4}{15}$.

Bei vielen Rechnungen lässt sich der Rechenaufwand verringern, indem man so früh wie möglich kürzt. $\frac{2}{5}$ von $\frac{15}{16}$ berechnet man so: $\frac{2}{5} \cdot \frac{15}{16} = \frac{\cancel{2}^1 \cdot \cancel{15}^3}{\cancel{5}_1 \cdot \cancel{16}_8} = \frac{3}{8}$.

Tritt bei einem Produkt mehrfach derselbe Faktor auf, so lässt sich dies kürzer als Potenz schreiben:
$\frac{3}{4} \cdot \frac{3}{4} \cdot \frac{3}{4} = \left(\frac{3}{4}\right)^3$.

Beispiel 1 Multiplizieren von Brüchen
Berechne.
a) $\frac{2}{3} \cdot \frac{5}{7}$
b) $\frac{5}{12} \cdot \frac{8}{25}$
c) $2\frac{3}{4} \cdot \frac{2}{3}$
d) $\left(\frac{2}{5}\right)^2$

Lösung
a) $\frac{2}{3} \cdot \frac{5}{7} = \frac{2 \cdot 5}{3 \cdot 7} = \frac{10}{21}$

b) $\frac{5}{12} \cdot \frac{8}{25} = \frac{\cancel{5}^1 \cdot \cancel{8}^2}{\cancel{12}_3 \cdot \cancel{25}_5}$
$= \frac{1 \cdot 2}{3 \cdot 5} = \frac{2}{15}$

c) $2\frac{3}{4} \cdot \frac{2}{3} = \frac{11}{4} \cdot \frac{2}{3}$
$= \frac{11 \cdot \cancel{2}^1}{\cancel{4}_2 \cdot 3} = \frac{11}{6} = 1\frac{5}{6}$

d) $\left(\frac{2}{5}\right)^2 = \frac{2}{5} \cdot \frac{2}{5} = \frac{2 \cdot 2}{5 \cdot 5}$
$= \frac{4}{25}$

Beispiel 2 Anteile von Größen

Berechne $\frac{2}{5}$ von $\frac{3}{4}$ kg.

Lösung

$\frac{2}{5}$ von $\frac{3}{4}$ kg bedeutet: $\frac{2}{5} \cdot \frac{3}{4}$ kg $= \left(\frac{2}{5} \cdot \frac{3}{4}\right)$ kg $= \frac{2 \cdot 3}{5 \cdot 4}$ kg $= \frac{3}{10}$ kg $= 300$ g.

Aufgaben

1 Berechne und kürze wenn möglich.

a) $\frac{1}{3} \cdot \frac{1}{2}$ b) $\frac{4}{5} \cdot \frac{3}{7}$ c) $\frac{5}{8} \cdot \frac{1}{6}$ d) $\frac{2}{7} \cdot \frac{2}{5}$
e) $\frac{3}{4} \cdot \frac{8}{9}$ f) $\frac{3}{7} \cdot \frac{9}{8}$ g) $\frac{2}{5} \cdot \frac{7}{3}$ h) $\frac{1}{2} \cdot \frac{5}{6}$
i) $\frac{4}{7} \cdot \frac{5}{3}$ j) $\frac{4}{5} \cdot \frac{1}{3}$ k) $\frac{6}{21} \cdot \frac{14}{12}$ l) $\frac{24}{27} \cdot \frac{18}{12}$

2 a) $\frac{5}{8} \cdot \frac{44}{25}$ b) $\frac{3}{8} \cdot \frac{48}{51}$ c) $\frac{13}{14} \cdot \frac{56}{65}$ d) $\frac{48}{51} \cdot \frac{45}{64}$
e) $3\frac{1}{3} \cdot \frac{7}{10}$ f) $5 \cdot \frac{8}{15}$ g) $2\frac{1}{2} \cdot \frac{1}{3}$ h) $4\frac{1}{6} \cdot \frac{2}{5}$

3 Berechne.

a) $\frac{2}{5}$ von $\frac{5}{3}$ kg b) $\frac{1}{4}$ von $\frac{2}{3}$ km c) $\frac{1}{2}$ von $\frac{1}{4}$ h d) $\frac{3}{4}$ von $2\frac{1}{2}$ l
e) $\frac{3}{4}$ von $2\frac{1}{3}$ m f) $\frac{2}{3}$ von $1\frac{3}{4}$ m² g) $\frac{1}{6}$ von $4\frac{1}{2}$ l h) $\frac{5}{6}$ von $1\frac{1}{2}$ h

In welcher Stadt liegt diese Kirche?

4 Natalie hat mit einem Blatt die Multiplikation $\frac{1}{3} \cdot \frac{1}{4}$ dargestellt.
a) Erläutere, wie Natalie vorgegangen ist, und gib das Ergebnis an.
b) Falte die Multiplikationen $\frac{3}{4} \cdot \frac{1}{3}$ und $\frac{5}{8} \cdot \frac{3}{4}$.
c) Denke dir eigene Multiplikationen von Brüchen aus und falte sie.

Ordne dazu die Ergebnisse von Aufgabe 2.

5 Welche Multiplikation ist dargestellt?
a)
b)

6 Veranschauliche mit einem Rechteckbild wie in Aufgabe 4 und einem Kreisbild wie in Aufgabe 5.

a) $\frac{3}{4}$ von $\frac{4}{9}$ b) $\frac{1}{6}$ von $\frac{2}{3}$ c) $\frac{5}{4}$ von $\frac{2}{5}$ d) $\frac{2}{3}$ von $\frac{5}{8}$

7 a) Wie viel sind zwei Drittel von einem halben Liter?
b) Wie viel sind drei Viertel von einem halben Liter?
c) Wie viel sind vier Fünftel von einem Dreiviertelkilometer?
d) Wie viel sind zwei Drittel von einer Dreiviertelstunde?

8 a) In einer Klasse ist ein Drittel der Schülerinnen und Schüler erkrankt, die Hälfte davon an einer Grippe. Wie hoch ist der Anteil der an Grippe Erkrankten in der Klasse?
b) Wie viele Kinder sind dies, wenn in der Klasse 30 Kinder sind?

20

9 Ergänze die Zahlenmauer. Über zwei Zahlen steht immer deren Produkt.

a) 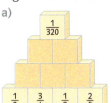 b) 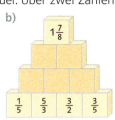 c) 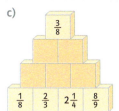 d)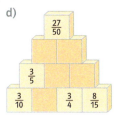

10 In Michaels Heft steht diese Rechnung. Zeige durch eine Überschlagsrechnung, dass er nicht richtig gerechnet haben kann. Beschreibe, welchen Fehler er gemacht hat und bestimme das richtige Ergebnis.

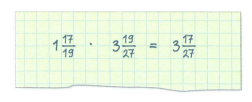

11 a) Setze die Zahlen 1, 2, 5, 6, 8 und 9 so in die Lücken der Bruchaufgabe in Fig. 1 ein, dass das Ergebnis eine möglichst große bzw. kleine Zahl ist.
b) Worauf muss man beim Einsetzen von sechs beliebigen Zahlen achten, damit das Ergebnis möglichst groß wird?

Fig. 1

Bist du schon sicher?

12 Berechne die Anteile.

a) $\frac{2}{3}$ von $\frac{1}{2}$ kg b) $\frac{2}{5}$ von $\frac{7}{8}$ t c) $\frac{3}{2}$ von $\frac{3}{4}$ km d) $\frac{5}{6}$ von 9 m^3

13 Berechne.

a) $\frac{4}{3} \cdot \frac{2}{3}$ b) $\frac{6}{3} \cdot \frac{10}{3}$ c) $\frac{98}{68} \cdot \frac{51}{21}$ d) $\frac{7}{9} \cdot 2\frac{7}{8}$

14 Die Ernte eines Bauernhofes besteht zu drei Fünfteln aus Getreide, davon sind zwei Drittel Weizen. Welchen Anteil hat der Weizen an der gesamten Ernte?

Lösungen | Seite 216

15 **Rechenspiel mit vier Würfeln**
Würfle, bilde aus den vier Augenzahlen zwei Brüche und multipliziere sie.
a) Wer hat ein Ergebnis, das am nächsten an der Zahl 1 liegt?
b) Wer hat das größte, wer das kleinste Ergebnis?

  Beispiel:

16 Berechne.

a) 10 % von 12 b) 50 % von $\frac{3}{4}$ c) 75 % von $2\frac{1}{8}$ d) 40 % von $6\frac{1}{8}$

e) 80 % von $\frac{8}{13}$ f) 62 % von 120 g) 17 % von $\frac{25}{34}$ h) 119 % von 76

17 Hier siehst du ein Bruchbild, das nach Berechnungen konstruiert wurde.
a) Handelt es sich bei dem Bruchbild um ein Quadrat?
b) Überprüfe, ob die blauen Flächen einen Anteil von $\frac{5}{36}$ an der Gesamtfläche haben.
c) Welche Farbe bedeckt insgesamt den größten Teil der gesamten Fläche?

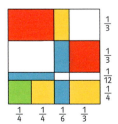

18 Wie groß, wie lang und wie schwer waren die sechs Dinosaurier? Lege eine Tabelle an.
1. Der Tyrannosaurus war $4\frac{3}{4}$-mal so groß wie der Velociraptor, 12 m lang und $6\frac{1}{2}$ t schwer.
2. Der Brontosaurus war 9 m groß, $1\frac{2}{3}$-mal so lang und $3\frac{1}{13}$-mal so schwer wie der Tyrannosaurus.
3. Der Stegosaurus besaß $\frac{40}{43}$ der Größe des Tyrannosaurus, $\frac{3}{4}$ seiner Länge und $\frac{17}{65}$ seines Gewichtes.
4. Der Coelophysis besaß $\frac{8}{45}$ der Größe des Brontosaurus, $\frac{1}{4}$ der Länge des Tyrannosaurus und $\frac{4}{85}$ des Gewichtes des Stegosaurus.
5. Der Velociraptor war 1 m groß, besaß $\frac{3}{5}$ der Länge und $\frac{3}{4}$ des Gewichtes des Coelophysis.
6. Der Archaeopteryx besaß $\frac{5}{16}$ der Größe des Coelophysis, $\frac{5}{9}$ der Länge des Velociraptors und $\frac{3}{4}$ des Gewichtes des Coelophysis.

19 a) Die Erdoberfläche ist zu etwa $\frac{7}{10}$ mit Meeren bedeckt. Davon entfallen $\frac{3}{10}$ auf den Atlantischen Ozean, $\frac{1}{5}$ auf den Indischen Ozean und der Rest auf den Pazifischen Ozean. Welchen Anteil der Erdoberfläche nehmen die drei Meere jeweils ein? Gib jeweils auch in Prozent an.
b) Der Rest der Erdoberfläche ist Festland, das sich wie folgt auf die Kontinente verteilt: $\frac{1}{5}$ Afrika, $\frac{4}{25}$ Nordamerika, $\frac{3}{25}$ Südamerika, $\frac{7}{10}$ Antarktis, $\frac{3}{10}$ Asien, $\frac{3}{50}$ Ozeanien und $\frac{1}{15}$ Europa. Welchen Anteil der Erdoberfläche nehmen die Kontinente jeweils ein?
c) Der afrikanische Kontinent ist zu $\frac{3}{5}$ mit Wüsten oder Halbwüsten bedeckt. Die Wüste Sahara nimmt $\frac{5}{12}$ davon ein. Welcher Teil des Kontinents entfällt auf die Sahara?

20 Max, Bettina und Kim teilen sich eine Schale Reis so, dass jeder gleich viel erhält. Als Malte hinzukommt, geben ihm Max und Bettina jeweils ein Drittel ab. Kim gibt ihm von ihrem Reis ein Viertel. Welchen Anteil an der ursprünglichen Menge Reis hat jetzt jedes der Kinder? Wer hat die größte, wer hat die kleinste Portion?

21 Zum Knobeln
Zwei Kerzen sind verschieden lang und dick. Die kürzere Kerze ist nach zwölf Stunden heruntergebrannt, die andere schon nach sechs Stunden. Nach drei Stunden sind beide gleich lang. Wie viel kürzer war die eine Kerze zu Beginn?

22 Welcher der beiden Terme ist größer?

a) $\frac{1}{2} + \frac{1}{3}$ oder $\frac{3}{5} + \frac{1}{4}$ b) $\frac{5}{8} + \frac{1}{10}$ oder $\frac{2}{5} + \frac{3}{10}$ c) $\frac{3}{5} + \frac{1}{2}$ oder $\frac{3}{4} + \frac{1}{3}$ d) $\frac{7}{3} + \frac{6}{5}$ oder $\frac{26}{9} + \frac{4}{5}$

e) $\frac{1}{2} - \frac{1}{3}$ oder $\frac{3}{5} - \frac{1}{4}$ f) $\frac{5}{8} - \frac{1}{10}$ oder $\frac{2}{5} - \frac{3}{10}$ g) $\frac{3}{5} - \frac{1}{2}$ oder $\frac{3}{4} - \frac{1}{3}$ h) $\frac{7}{3} - \frac{6}{5}$ oder $\frac{26}{9} - \frac{4}{5}$

Kannst du das noch?

vgl. Merkkasten, Seite
Lösung | Seite 216

5 Dividieren durch Brüche

Nach den Ferien unterhalten sich Petra und Peter über die Fahrt zum Urlaubsort und diskutieren, wer schneller gefahren ist. „Mein Vater hat für die Strecke von 400 km $3\frac{1}{2}$ Stunden benötigt", sagt Peter stolz. „Meine Mutter ist in $4\frac{1}{4}$ Stunden die Strecke von 550 km gefahren, sie war also schneller", erwidert Petra. Hat sie recht?

Verteilt man 12 l Wasser gleichmäßig auf mehrere Gefäße, so hängt die Anzahl der benötigten Gefäße von deren Fassungsvermögen ab. In der Tabelle sind verschiedene Möglichkeiten notiert:

Gefäßinhalt	Anzahl Gefäße	
2 l	6	
1 l	12	
$\frac{1}{2}$ l	24	
$\frac{1}{4}$ l	48	
$\frac{3}{4}$ l	?	?

Rechnerisch erhält man die Anzahl der Gefäße, indem man den Gesamtinhalt von 12 l durch das Fassungsvermögen eines Gefäßes teilt (beide Male in der Einheit Liter):
12 : 2 = 6, 12 : 1 = 12, 12 : $\frac{1}{2}$ = 24 und 12 : $\frac{1}{4}$ = 48.
Man kann erkennen, dass beispielsweise die Division durch den Bruch $\frac{1}{2}$ gleichbedeutend mit der Multiplikation mit 2 ist. Die Rechnung ist demnach 12 : $\frac{1}{2}$ = 12 · 2 = 24.
Wenn man nun wissen möchte, wie häufig die Menge $\frac{3}{4}$ l in 12 l passt, kann man dies in zwei Schritten berechnen:
1. Schritt: $\frac{1}{4}$ l passt 48-mal in 12 l, denn 12 : $\frac{1}{4}$ = 12 · 4 = 48.
2. Schritt: $\frac{3}{4}$ l ist 3-mal so viel wie $\frac{1}{4}$ l, deshalb passen $\frac{3}{4}$ l nur $\frac{1}{3}$-mal so oft in 12 l, also 16-mal (48 : 3 = 16).
Insgesamt erhält man als Rechnung 12 : $\frac{3}{4}$ = 12 · 4 : 3 = 12 · $\frac{4}{3}$ = 16 (Gefäße).
Anstatt durch $\frac{3}{4}$ zu dividieren, kann man also auch mit $\frac{4}{3}$ multiplizieren. $\frac{4}{3}$ nennt man auch den **Kehrwert** von $\frac{3}{4}$, weil hier Zähler und Nenner vertauscht (umgekehrt) wurden.

Zur Erinnerung:
Das Ergebnis der Division 4 : 3 ist gleichbedeutend mit dem Bruch $\frac{4}{3}$.

Dividieren durch einen Bruch
Man dividiert durch einen Bruch, indem man mit dem **Kehrwert** multipliziert.
Beispiel: $\frac{5}{6} : \frac{2}{7} = \frac{5}{6} \cdot \frac{7}{2} = \frac{5 \cdot 7}{6 \cdot 2} = \frac{35}{12}$

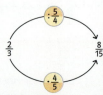

$: \frac{5}{4}$ und $\cdot \frac{4}{5}$ führen zum selben Ergebnis.

Beispiel Dividieren von Brüchen
Berechne.

a) $\frac{3}{5} : \frac{7}{8}$ b) $\frac{6}{5} : \frac{9}{20}$ c) $2 : \frac{3}{8}$ d) $3\frac{1}{2} : 1\frac{3}{8}$

Lösung

a) $\frac{3}{5} : \frac{7}{8} = \frac{3}{5} \cdot \frac{8}{7} = \frac{3 \cdot 8}{5 \cdot 7}$
$= \frac{24}{35}$

b) $\frac{6}{5} : \frac{9}{20} = \frac{6}{5} \cdot \frac{20}{9}$
$= \frac{6 \cdot 20}{5 \cdot 9} = \frac{2 \cdot 4}{1 \cdot 3} = \frac{8}{3}$

c) $2 : \frac{3}{8} = 2 \cdot \frac{8}{3} = \frac{2 \cdot 8}{3}$
$= \frac{16}{3}$

d) $3\frac{1}{2} : 1\frac{3}{8} = \frac{7}{2} : \frac{11}{8}$
$= \frac{7}{2} \cdot \frac{8}{11} = \frac{7 \cdot 8}{2 \cdot 11}$
$= \frac{7 \cdot 4}{1 \cdot 11} = \frac{28}{11}$

Aufgaben

1 Rechne im Kopf.

a) $\frac{1}{2} : \frac{1}{8}$ b) $\frac{1}{2} : \frac{1}{3}$ c) $\frac{1}{5} : \frac{1}{2}$ d) $\frac{4}{5} : \frac{1}{10}$

e) $\frac{2}{3} : \frac{1}{4}$ f) $\frac{3}{5} : \frac{6}{10}$ g) $\frac{5}{7} : \frac{7}{15}$ h) $\frac{15}{21} : \frac{5}{7}$

2 Berechne und kürze wenn möglich vor dem Multiplizieren.

a) $\frac{5}{12} : \frac{15}{8}$ b) $\frac{10}{21} : \frac{15}{14}$ c) $\frac{22}{21} : \frac{11}{28}$ d) $\frac{24}{49} : \frac{36}{56}$

e) $\frac{95}{24} : \frac{25}{36}$ f) $\frac{36}{45} : \frac{24}{27}$ g) $\frac{33}{84} : \frac{11}{48}$ h) $\frac{18}{17} : \frac{90}{34}$

3 Welcher Bruch steht für ▢ ?

a) $\frac{7}{5} : ▢ = \frac{14}{25}$ b) $\frac{8}{9} : ▢ = \frac{4}{9}$ c) $▢ : \frac{1}{4} = \frac{1}{2}$ d) $▢ : 2\frac{7}{8} = \frac{8}{23}$

4 Übertrage ins Heft und fülle aus.

a) 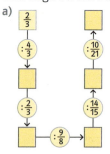   b) 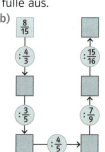   c) 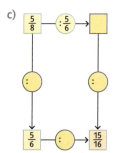   d)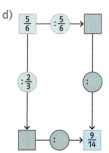

5 Ein rechteckiges Grundstück hat einen Flächeninhalt von 730 m² und eine Seite mit der Länge $18\frac{1}{4}$ m. Berechne die Länge der anderen Seite.

6 Von einem Rechteck sind der Flächeninhalt A und die Länge der Seite a gegeben. Berechne die Länge der fehlenden Seite b.

a) $A = \frac{13}{4}$ cm² und $a = \frac{3}{4}$ cm   b) $A = \frac{8}{9}$ m² und $a = \frac{1}{3}$ m

c) $A = 8$ dm² und $a = \frac{2}{3}$ dm   d) $A = \frac{15}{32}$ m² und $a = \frac{5}{8}$ m

7 Der Inhalt eines 12-l-Gefäßes soll auf mehrere Gefäße mit einem Fassungsvermögen von jeweils $\frac{3}{8}$ l verteilt werden. Wie viele Gefäße benötigt man? Begründe.

I Rechnen mit Bruchzahlen

Bist du schon sicher?

8 Berechne.
a) $\frac{3}{4} : \frac{6}{5}$
b) $\frac{21}{16} : \frac{7}{24}$
c) $\frac{35}{36} : \frac{25}{54}$
d) $\frac{5}{7} : 2\frac{2}{5}$
e) $\frac{4}{9} : \frac{3}{4}$
f) $9\frac{1}{2} : 2\frac{1}{9}$

9 Ein Imker füllt seine Ernte von $77\frac{1}{2}$ kg Honig in Dosen zu $2\frac{1}{2}$ kg ab. Wie viele Dosen Honig erhält er?

10 Kann man 5 so durch eine andere Zahl dividieren, dass das Ergebnis größer als 5 ist?

→ Lösungen | Seite 216

11 Die Zettel sollen in die Felder eingefügt werden. Gibt es mehrere Möglichkeiten?
a)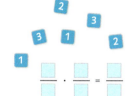
b)
c)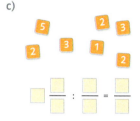

12 Wie muss man die Zahlen 3, 4, 5 und 6 auf die Brüche verteilen, damit das Ergebnis möglichst groß bzw. möglichst klein ist?

13 In Fig. 1 und Fig. 2 soll in jedem gelben Dreieck das Produkt der Zahlen in den danebenstehenden grünen Dreiecken stehen (vgl. Fig. 3). In grünen und gelben Dreiecken, die wie in Fig. 3 übereinanderliegen, sollen die Kehrwerte stehen.
Übertrage Fig. 1 und Fig. 2 in dein Heft und ergänze sie.

14 Die Bodenfläche eines Schwimmbeckens hat die Maße 20 m × 40 m und soll mit quadratischen Fliesen der Seitenlänge $\frac{1}{4}$ m ausgelegt werden. Berechne die Materialkosten, wenn eine Fliese 12,50 € kostet.

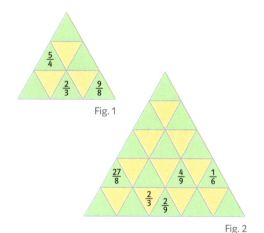

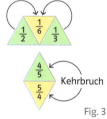

15 Bei der Rückgabe einer Klassenarbeit werden häufig gemachte Fehler besprochen. Beschreibe den Fehler und korrigiere ihn in deinem Heft.
(1) $\frac{2}{5} : 5 = \frac{2}{1}$
(2) $\frac{4}{5} : \frac{3}{2} = \frac{12}{10}$
(3) $\frac{7}{10} : \frac{2}{3} = \frac{20}{21}$
(4) $9\frac{1}{10} : \frac{1}{5} = 9\frac{1}{2}$
(5) $\frac{2}{9} : \frac{5}{3} : \frac{5}{6} = \frac{2}{9} : 2 = \frac{1}{9}$
(6) $4\frac{1}{6} : 2\frac{5}{12} = 2\frac{2}{5}$

16 Setze, falls nötig, eine Klammer so, dass die Rechnung stimmt.
a) $\frac{3}{4} : \frac{9}{16} : \frac{5}{3} = \frac{4}{5}$
b) $\frac{15}{28} \cdot \frac{49}{9} : \frac{28}{27} = \frac{45}{16}$
c) $\frac{26}{3} : \frac{52}{27} : \frac{36}{11} = \frac{11}{8}$
d) $\frac{36}{35} : \frac{18}{49} \cdot \frac{27}{28} = \frac{27}{10}$
e) $\frac{1}{12} \cdot \frac{54}{5} : \frac{28}{15} = \frac{27}{56}$
f) $\frac{8}{21} : \frac{16}{35} : \frac{25}{8} = \frac{125}{48}$

17 Linus und Rufus kaufen zusammen eine 100-g-Tafel Schokolade. Linus zahlt 21 ct und Rufus 49 ct. Rufus isst sofort die halbe Tafel. Welcher Anteil der anderen Hälfte steht ihm noch zu?

18 Anika erhält $2\frac{1}{4}$-mal so viel Taschengeld wie ihr jüngerer Bruder Sebastian. Anika bekommt monatlich 9 Euro. Wie viel Taschengeld erhält Sebastian?

19 Ein Dominospiel besteht aus verschiedenen Steinen, auf denen je zwei Zahlen zwischen 0 und 9 dargestellt sind. Entfernt alle Steine, die die Zahl 0 oder zweimal die gleiche Zahl zeigen. Dreht dann alle verbleibenden Steine so, dass oben die kleinere Zahl steht. Gebt einige Divisionsaufgaben an, die ihr mit den verbleibenden Steinen legen könnt, und berechnet sie.

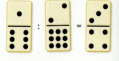

20 **Rechenspiel mit vier Würfeln**
Würfle, bilde aus den vier Augenzahlen zwei Brüche und dividiere sie.
a) Wer hat ein Ergebnis, das am nächsten an der Zahl 1 liegt?
b) Wer hat das größte, wer das kleinste Ergebnis?

Beispiel:

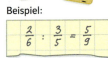

21 Nach Auskunft eines Autohändlers verliert ein fabrikneues Auto im ersten Jahr ein Viertel, im zweiten Jahr ein Sechstel und im dritten Jahr ein Achtel seines Neupreises an Wert.
a) Welchen Wert hat ein Auto nach drei Jahren, wenn der Neupreis 14 400 € beträgt?
b) Welcher Anteil vom Neupreis ist der Wert nach drei Jahren?
c) Was kostete ein Auto fabrikneu, das drei Jahre alt ist und noch 8800 € wert ist?
d) Welchen Anteil seines Wertes zu Beginn des zweiten Jahres verliert das Auto im zweiten Jahr?

22 Ein Kolibri wiegt nur $\frac{1}{500}$ kg.
a) Wievielmal schwerer als ein Kolibri sind die folgenden Tiere?
Uhu: $\frac{16}{5}$ kg; Taube: $\frac{3}{10}$ kg;
Seeadler: $6\frac{7}{10}$ kg; Zwergwachtel: 45 g
b) Ein Buntspecht wiegt 47-mal so viel wie ein Kolibri, ein Kaiserpinguin das $\frac{21500}{47}$-Fache eines Buntspechts. Wie viel Kilogramm wiegt ein Kaiserpinguin?

23 Katharina erzählt ärgerlich: „Heute habe ich die halbe Arbeit in der doppelten Zeit erledigt." Wie viel mehr Arbeit hat sie sonst in der gleichen Zeit geschafft?

24 Pflaumen sind auf dem Wochenmarkt im Angebot: „Dreifache Menge fürs halbe Geld." Wievielmal mehr kosteten die Pflaumen zuvor?

25 **Zum Knobeln**
Kann man mit zwei Gefäßen, die $\frac{3}{4}$ l und $\frac{2}{3}$ l fassen, eine Flüssigkeitsmenge von 5 l abmessen? Begründe.

Kannst du das noch?

26 Zeichne ein Quadrat mit der Seitenlänge 5 cm und markiere die gegebenen Anteile farbig.
a) $\frac{1}{4}$ b) 50 % c) $\frac{1}{5}$ d) 10 % e) $\frac{3}{4}$

27 Schreibe die Brüche als Dezimalbrüche.
a) $\frac{1}{10}$ b) $\frac{2}{5}$ c) $\frac{3}{4}$ d) $\frac{1}{8}$ e) $\frac{1}{20}$

vgl. Seite 211
Lösungen | Seite 217

6 Multiplizieren von Dezimalbrüchen

Rebecca, Max und Bettina schauen sich die nebenstehende Aufstellung an. Plötzlich fängt Rebecca an zu lachen. Als die anderen verwundert schauen, sagt sie: „Ich stelle mir gerade vor, aus wie vielen Flaschen Wasser, Eiern und Paketen Butter ich ungefähr bestehe."

Aus der Medizin
„1 kg Mensch" besteht aus ca.
0,65 kg Wasser
0,1 kg Fett
0,15 kg Eiweiß
0,05 kg Mineralien
0,05 kg Kohlenhydrate

Um die Dezimalbrüche 2,3 und 1,34 miteinander zu multiplizieren, kann man sie als Bruch schreiben: $2{,}3 \cdot 1{,}34 = \frac{23}{10} \cdot \frac{134}{100} = \frac{23 \cdot 134}{10 \cdot 100} = \frac{3082}{1000} = 3{,}082$.

Der Zähler 3082 des Bruches $\frac{3082}{1000}$ ist das Produkt der Dezimalbrüche, wenn man das Komma nicht berücksichtigt.
Am Nenner 1000 kann man erkennen, dass das Ergebnis maximal drei Stellen nach dem Komma hat. Das Ergebnis hat also so viele Nachkommastellen wie die beiden Faktoren zusammen.

Wenn nach dem Komma nur Nullen stehen, kann man Komma und Nullen weglassen:
$0{,}08 \cdot 12{,}5 = \frac{8}{100} \cdot \frac{125}{10}$
$= \frac{8 \cdot 125}{100 \cdot 10} = \frac{1000}{1000}$
$= 1{,}000 = 1$.

Multiplizieren von Dezimalbrüchen

1. Man multipliziert zuerst, ohne auf das Komma zu achten.
2. Man setzt das Komma so, dass das Ergebnis genauso viele Stellen nach dem Komma hat wie beide Faktoren zusammen.

Berechnung von $1{,}3 \cdot 2{,}06$
$13 \cdot 206 = 2678$

1,3 hat eine Nachkommastelle.
2,06 hat zwei Nachkommastellen.
Das Ergebnis hat also drei Nachkommastellen: $1{,}3 \cdot 2{,}06 = 2{,}678$.

Zur Kontrolle und um Fehler zu vermeiden, ist es sinnvoll, vor der genauen Berechnung eine Überschlagsrechnung durchzuführen. Dazu rundet man die Werte so, dass man die Rechnung im Kopf durchführen kann.
$2{,}3 \cdot 1{,}34$ kann überschlagen werden mit $2 \cdot 1{,}5 = 3$. Das genaue Ergebnis ist 3,082.

Beispiel Dezimalbrüche multiplizieren
a) Berechne das Produkt $0{,}436 \cdot 0{,}35$.
b) Bestimme die Produkte $4{,}36 \cdot 0{,}035$ und $43{,}6 \cdot 0{,}0035$ ohne weitere Rechnung.
Lösung
a) $\underline{436 \cdot 35}$ 0,436 hat drei Nachkommastellen. 0,35 hat zwei Nachkommastel-
   1308   len. Also hat das Ergebnis fünf Nachkommastellen.
   $\underline{2180}$ Um das Komma an die richtige Stelle setzen zu können, muss man
   15260   im Ergebnis die vordere Null ergänzen.
$0{,}436 \cdot 0{,}35 = 0{,}15260$
b) Die Ergebnisse stimmen mit dem aus Teilaufgabe a) überein, da die Ziffernfolgen und die Anzahl der Nachkommastellen übereinstimmen.

Aufgaben

1 Berechne schriftlich.
a) 3,2 · 1,4
b) 5,25 · 4,4
c) 12,7 · 5,5
d) 0,25 · 14,5
e) 1,52 · 0,75
f) 0,3 · 0,84
g) 0,82 · 0,37
h) 24,8 · 17,3

2 Ordne Zahlen und Buchstaben mit gleichen Ergebnissen einander zu. Wie heißt das Lösungswort?

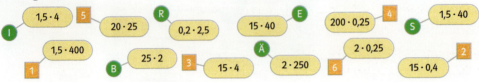

3 Multipliziere im Kopf.
a) 0,2 · 4
   0,02 · 4
   0,002 · 4
b) 0,3 · 6
   0,03 · 6
   6 · 0,003
c) 1,2 · 3
   3 · 0,12
   0,012 · 3
d) 2,1 · 8
   8 · 0,21
   0,021 · 8

4 a) 0,05 · 90
   900 · 0,005
   9 · 0,5
b) 0,24 · 20
   24 · 0,2
   2 · 2,4
c) 22 · 0,05
   0,05 · 220
   2,2 · 0,5
d) 0,32 · 0,5
   0,032 · 5
   320 · 0,0005

5 Berechne schriftlich.
a) 9,3 · 2,5
b) 11,25 · 7,2
c) 0,25 · 14,75
d) 13,3 · 4,44
e) 5,36 · 1,25
f) 4,84 · 0,64
g) 0,05 · 0,01
h) 18,4 · 9,25

Die Lösungen von Aufgabe 5 ergeben eine Sportart.
59,052 I   6,7 G
23,25 M   3,0976 O
170,2 F   81 I
3,6875 N   0,0005 L

6 a) In jeder Zeile fehlt bei einer der drei Zahlen das Komma. Wo musst du das Komma setzen, damit das Ergebnis stimmt?
b) 👥 Wie bist du vorgegangen? Vergleiche deine Strategie mit der deines Partners.

	1. Faktor		2. Faktor	Ergebnis
(1)	8,3	·	25	20,75
(2)	24	·	3,2	7,68
(3)	9,5	·	34,3	32 685
(4)	432	·	2,3	9,936
(5)	175	·	3,6	63
(6)	0,065	·	48	312
(7)	0,03	·	0,004	12

7 Führe zunächst eine Überschlagsrechnung durch und berechne dann.
a) 18,48 · 5
b) 8,368 · 204
c) 64,38 · 1,003
d) 0,091 · 0,015

8 In Fig. 1 wurde einige Male falsch gerechnet. Suche die Fehler und schreibe die Rechnung richtig in dein Heft.

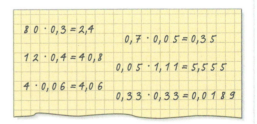

Fig. 1

9 Gib drei Multiplikationsaufgaben an, die das Ergebnis
a) 32,6,
b) 96,4
haben.

10 Berechne den Flächeninhalt und den Umfang des Rechtecks (Fig. 2).

11 Berechne den Flächeninhalt und den Umfang der grün gefärbten Fläche in Fig. 3.

	a)	b)	c)	d)
Länge	3,2 m	4,6 dm	17,9 cm	1,1 m
Breite	0,5 m	4,2 dm	17,9 cm	7,2 dm

Fig. 2

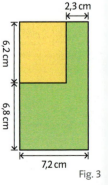

Fig. 3

28

12 Zwei Dezimalbrüche werden multipliziert. Wie ändert sich das Ergebnis, wenn man
a) bei einem der Dezimalbrüche das Komma um eine Stelle nach links verschiebt,
b) bei beiden Dezimalbrüchen das Komma um eine Stelle nach rechts verschiebt?

Bist du schon sicher?

13 Berechne.
a) 0,03 · 5   b) 0,02 · 0,06   c) 0,8 · 0,8   d) 1,2 · 0,005

14 Führe zuerst eine Überschlagsrechnung durch und berechne dann das Ergebnis.
a) 82,5 · 0,29   b) 832 · 3,03   c) 0,045 · 485   d) 0,049 · 65,4

15 Ein rechteckiges Grundstück ist 15,5 m lang und 9,80 m breit. Die Kosten für einen Quadratmeter betragen 132,70 €. Wie viel Euro muss der Käufer bezahlen?

Lösungen | Seite 217

16 In manchen Bereichen wird noch immer das Längenmaß Zoll verwendet, das mit ″ abgekürzt wird. 1 Zoll ist 2,54 cm lang. Welche Länge hat die Diagonale des Monitors in Fig. 1 in Zentimetern?

17 Jeans werden häufig in Inch-Größen (1 Inch = 2,54 cm) angeboten.
a) Ines findet in ihrer Jeans die Größenangabe 25/26. Passt ihre Messung von 63 cm/66 cm?
b) In den Badehosen von Tim und Patrick steht W 27 und W 29. Berechne den Taillenumfang von Tim und Patrick.

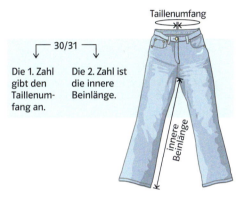

Fig. 1

Der Zoll ist ein altes Längenmaß. Es wird heute noch im englischen Sprachraum verwendet und heißt dort Inch.
1 Zoll = 1 Inch = 2,54 cm

18 Der Aufzug in einem Hochhaus steigt durchschnittlich 2,6 m in einer Sekunde.
a) Wie viele Meter steigt er in einer Minute?
b) Wie lange dauert die Fahrt von der 12. in die 25. Etage, wenn die Stockwerkshöhe 4,2 m beträgt?

19 Die Space-Shuttle-Raumfähre hatte zwei Minuten nach dem Start eine Höhe von 45 km und eine Geschwindigkeit von 1,34 km pro Sekunde. Nach weiteren 6,5 Minuten wurden die Triebwerke abgeschaltet. Die Geschwindigkeit hatte sich auf das Sechsfache gesteigert und blieb von da an konstant. Wie viele Kilometer legte die Raumfähre dann in einer Stunde zurück?

20 Ein Liter Luft wiegt 1,29 g.
a) Wie viel wiegt die Luft in einem 8,75 m langen, 6,84 m breiten und 2,5 m hohen Zimmer?
b) Schätze und überschlage, wie viel die Luft in deinem Klassenzimmer wiegt.

21 Franka behauptet: „Die Rechnung 0,2 · 0,3 drückt aus, dass 20% von 30% genau 6% sind." Hat Franka recht? Begründe.

Kannst du das noch?

22 Berechne und kürze wenn möglich.
a) $\frac{1}{4} \cdot \frac{1}{5}$ b) $\frac{1}{2} \cdot \frac{3}{5}$ c) $\frac{2}{3} \cdot \frac{4}{9}$ d) $\frac{1}{3} \cdot \frac{6}{11}$
e) $\frac{5}{11} \cdot \frac{22}{45}$ f) $\frac{15}{16} \cdot \frac{48}{5}$ g) $\frac{25}{42} \cdot \frac{14}{55}$ h) $3\frac{2}{3} \cdot \frac{1}{4}$

vgl. Merkkasten, Seite 19
Lösung | Seite 217

7 Dividieren eines Dezimalbruches durch eine natürliche Zahl

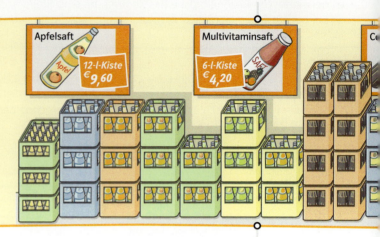

Die Klasse 6c plant für das nächste Schulfest einen Saftstand, und Petra und Felix sollen dafür die Preisschilder entwerfen. Die Klasse hat sich darauf verständigt, dass pro 0,1-l-Glas ein Gewinn von 10 ct für die Klassenkasse erzielt werden soll.

Die Zahl 71 ist nicht ohne Rest durch 4 teilbar. Die natürliche Zahl 71 lässt sich aber auch als Dezimalbruch mit Nullen hinter dem Komma schreiben. Dadurch wird es möglich, die Division über die Einer hinaus fortzusetzen und so den Rest auch noch zu teilen.

```
Z E, z h       Z E, z h
7 1, 0 0 : 4 = 1 7, 7 5
- 4
  3 1
- 2 8
    3 0
  - 2 8
    2 0
  - 2 0
      0
```

Z: Zehner
E: Einer
z: Zehntel
h: Hundertstel
t: Tausendstel

Das Anhängen einer Null an den Rest 3 bedeutet die Umwandlung von 3 Einern in **30** Zehntel.
Beim Dividieren der **30** Zehntel entstehen im Ergebnis ebenfalls Zehntel. Deshalb muss im Ergebnis vorher ein Komma gesetzt werden.

Mit diesem Verfahren lassen sich Divisionen von beliebigen Dezimalbrüchen durch natürliche Zahlen durchführen.

```
Z E, z h      Z E, z h
1 9, 7 6 : 4 = 4, 9 4
- 1 6
    3 7
  - 3 6
    1 6
  - 1 6
      0
```

Rechnung so lange weiterführen, bis der Rest 0 wird, falls möglich.

Der Rest 3 Einer wird in 30 Zehntel umgewandelt. Zusammen mit den 7 Zehnteln aus 19,76 müssen also **37** Zehntel durch 4 geteilt werden. Vor dem Teilen wird im Ergebnis ein Komma gesetzt.

> Die **Division eines Dezimalbruches durch eine natürliche Zahl** wird genauso durchgeführt wie die Division zweier natürlicher Zahlen.
> Beim Überschreiten des Kommas der ersten Zahl wird im Ergebnis ein Komma gesetzt.

Bei der Division eines Dezimalbruches durch eine natürliche Zahl kann es sehr lange dauern, bis der Rest 0 erscheint. Manchmal ist dies auch gar nicht der Fall! Dann sollte man die Rechnung abbrechen und sinnvoll runden, zum Beispiel:
25,5 m : 13 = 1,961… m ≈ 1,96 m.

I Rechnen mit Bruchzahlen

Beispiel **Schriftlich dividieren**
Berechne.
a) 3 : 4   b) 42,7 : 7   c) 9,2 : 8   d) 0,24 : 6

Lösung
a) 3 : 4 = 0,75
```
 − 0        ↑
   30  →  Komma
 − 28       setzen
   20
 − 20
    0
```

b) 42,7 : 7 = 6,1
```
 − 42       ↑
   07  →  Komma
  − 7       setzen
    0
```

c) 9,2 : 8 = 1,15
```
 − 8        ↑
   12  →  Komma
  − 8       setzen
   40
 − 40
    0
```

d) 0,24 : 6 = 0,04
```
 − 0        ↑
   02  →  Komma
  − 0       setzen
   24
 − 24
    0
```

Aufgaben

1 Berechne im Kopf.
a) 0,9 : 3   b) 0,08 : 4   c) 9,0 : 3   d) 12,6 : 6
e) 3,6 : 9   f) 0,12 : 6   g) 0,025 : 5   h) 0,77 : 7
i) 25,5 : 5   j) 0,36 : 9   k) 0,039 : 13   l) 0,084 : 12

2 Berechne schriftlich.
a) 40,3 : 8   b) 127,5 : 4   c) 4,32 : 16   d) 1016,6 : 13
e) 40,5 : 110   f) 6,05 : 5   g) 322,8 : 5   h) 54,3 : 12
i) 623,9 : 17   j) 325,6 : 120   k) 1698,6 : 19   l) 11,04 : 9

3 Dividiere und runde auf Zehntel.
a) 7,5 : 8   b) 6,36 : 24   c) 0,98 : 14   d) 15,2 : 16
e) 28,3 : 8   f) 3,815 : 7   g) 22,5 : 12   h) 132,4 : 6

4 Hier wurde einige Male falsch gerechnet.
Suche die Fehler und korrigiere sie.

```
0,5 : 5 = 0,01          0,21 : 7 = 0,3
6,06 : 6 = 1,1              5,6 : 8 = 7
0,99 : 9 = 11          0,144 : 12 = 1,2
```

5 Schreibe als Dezimalbruch.

a) $\frac{1}{5}$ b) $\frac{3}{8}$

c) $\frac{2}{3}$ d) $\frac{7}{40}$

e) $\frac{51}{12}$ f) $\frac{91}{52}$

6 Die Bismarckschule erhält zur Ausstattung der neuen Sporthalle die nebenstehende Lieferung von Bällen.
a) Für welche der genannten Sportarten verwendet man die leichtesten Bälle?
b) Bei welcher Sportart sind die Bälle am schwersten?
c) Gibt es verschiedene Sportarten, die mit gleich schweren Bällen gespielt werden?

Ballsorte	Menge	Gesamtgewicht
Fußball	25	10,500 kg
Handball	12	4,200 kg
Volleyball	15	4,050 kg
Basketball	16	9,792 kg
Gymnastikball	30	5,400 kg
Tischtennisball	144	0,144 kg
Badminton	72	0,252 kg
American Football	4	1,680 kg

7 Marion will ihr Zimmer streichen. Sie vergleicht die Preise für Wandfarben. Ein 12-Liter-Eimer kostet 23,40 €, ein 5-Liter-Eimer 8,95 €. Wie groß ist der Preisunterschied pro Liter?

8 Fünf Freunde wollen mit dem Zug in die Stadt fahren. Ein Einzelfahrschein kostet 2,30 €, eine Fünferkarte 9,40 €. Wie viel spart jeder der Freunde, wenn sie die Fünferkarte wählen?

7 Dividieren eines Dezimalbruches durch eine natürliche Zahl

9 Berechne.
a) $0{,}25:5$ b) $9{,}6:12$ c) $0{,}301:7$ d) $19:5$ e) $0{,}55:4$

10 Schreibe als Dezimalbruch.
a) $\frac{1}{8}$ b) $\frac{9}{20}$ c) $\frac{7}{16}$ d) $\frac{9}{40}$ e) $\frac{21}{12}$

11 a) Dividiere die Summe der Zahlen 6,4 und 27,2 durch 3.
b) Dividiere das Produkt der Zahlen 20,2 und 3,6 durch 30.
c) Dividiere den Quotienten aus 470,4 und 7 durch 24.

12 a) Welche Zahl muss man mit 3 multiplizieren, um 24,96 zu erhalten?
b) Welche Zahl muss man durch 24 dividieren, um 0,36 zu erhalten

13 Achmed vergleicht die Angebote für Hundefutter. Ein 8-kg-Beutel kostet 7,54 €, ein 5-kg-Beutel 4,49 €. Welche Packungsgröße sollte er kaufen?

14 a) Dana will wissen, wie schwer ein 1-Cent-Stück ist. Dazu wiegt sie vierzehn 1-Cent-Münzen. Sie wiegen zusammen genau 32,2 g. Wie viel Gramm wiegt ein 1-Cent-Stück?
b) Dana misst auch noch die Höhe des Stapels ihrer vierzehn 1-Cent-Münzen. Er ist 19,04 mm hoch. Wie dick ist eine Münze?
c) Finde auf ähnliche Weise heraus, wie hoch ein Stapel aus lauter 10-Cent-Münzen wird, wenn du Münzen im Wert von 10 € aufstapelst.

15 Im 19. Jahrhundert wurden in Deutschland 10-Mark- und 20-Mark-Münzen aus Gold geprägt. Dabei hatten 500 g Gold den Wert von 1395 Mark.
a) Wie viel Gramm Gold entsprachen einer Mark? Runde auf hundertstel Gramm.
b) Wie viel Gramm reines Gold enthielten das 10-Mark- und das 20-Mark-Stück?
c) 1 g Gold hatte 1999 einen Wert von ungefähr 20 DM. Berechne den Materialwert der beiden abgebildeten 20-Mark-Goldmünzen in Euro (1 € = 1,955 83 DM).

16 Das Leergewicht einer Boeing 747-400 beträgt 180 890 kg, das maximale Startgewicht 412 775 kg. Die maximale Sitzplatzanzahl beträgt 660.
Wie viel Kilogramm Nutzlast und Treibstoff könnte eine vollbesetzte Maschine noch mitnehmen, wenn man für das Gewicht eines Passagiers mit durchschnittlich 75,5 kg und einem Gepäck pro Passagier von durchschnittlich 18,3 kg rechnet?

17 Gegeben ist das Viereck ABCD mit A(1|1), B(3,5|1), C(3,5|3) und D(1,5|4).
a) Übertrage das Viereck in dein Heft.
b) Ergänze das Viereck zu einer achsensymmetrischen Figur, indem du es an der Seite $\overline{BC}$ spiegelst.
c) Gib die Koordinaten der Bildpunkte A', B', C' und D' an.

8 Dividieren von Dezimalbrüchen

„Jetzt müssten wir ohne zu tanken nach Hause kommen. Ich habe immerhin 68,81 € ausgegeben."
„Klar, mit dem vollen Tank kommen wir locker nach Hause."

Der Wert eines Bruches ändert sich beim Erweitern oder Kürzen nicht. Dies gilt insbesondere, wenn man Zähler und Nenner mit 10, 100, 1000 ... multipliziert oder Zähler und Nenner durch 10, 100, 1000 ... dividiert:

$123 : 17 = \frac{123}{17} = \frac{123 \cdot 100}{17 \cdot 100} = \frac{12\,300}{1700} = 12\,300 : 1700$, $130 : 120 = \frac{130}{120} = \frac{130 : 10}{120 : 10} = \frac{13}{12} = 13 : 12$.

Bei Dezimalbrüchen bedeutet die Multiplikation mit 10, 100, 1000 ... eine **Kommaverschiebung** um 1, 2, 3 ... Stellen nach rechts. Die Division bewirkt eine Kommaverschiebung nach links.
Die folgende Rechnung zeigt, dass sich der Wert des Quotienten zweier Dezimalbrüche nicht ändert, wenn man das Komma bei beiden Zahlen um gleich viele Stellen nach rechts verschiebt.

$0,32 \cdot 10 = \frac{32}{100} \cdot 10 = \frac{32}{10}$
$= 3,2$

$792,4 : 100 = \frac{7924}{10} : 100$
$= \frac{7924}{10 \cdot 100} = \frac{7924}{1000} = 7,924$

$0,641 : 3,21 = \frac{641}{1000} : \frac{321}{100} = \frac{641}{1000} \cdot \frac{100}{321} = \frac{641 \cdot 100}{1000 \cdot 321} = \frac{641 \cdot 1}{10 \cdot 321} = \frac{641}{3210} = 641 : 3210$

Eine Verschiebung des Kommas bei beiden Zahlen um gleich viele Stellen nach links ändert den Wert des Quotienten ebenfalls nicht. Durch die Kommaverschiebung nach rechts kann man immer erreichen, dass die Zahl, durch die geteilt wird, eine natürliche Zahl ist.

> **Division durch Dezimalbrüche**
> Man verschiebt das Komma der beiden Zahlen um gleich viele Stellen nach rechts, sodass die Zahl, durch die dividiert wird, eine natürliche Zahl ist.
> Beispiel: $6,32 : 1,5 = 63,2 : 15$

Hat die Zahl, durch die geteilt wird, mehr Nachkommastellen als die zu teilende Zahl, so muss man Nullen anhängen: $4,62 : 0,028 = 4620 : 28$.

Bei der Division von Dezimalbrüchen kann eine Überschlagsrechnung nützlich sein:
1. Verschiebe das Komma so, dass die Zahl, durch die geteilt wird, nur eine Stelle vor dem Komma hat.
2. Runde die Zahl, durch die geteilt wird, auf die Einerstelle. „Runde" nun die zu teilende Zahl so, dass du die Division im Kopf ausführen kannst.

$4,42 : 0,73$
$= 44,2 : 7,3$
$\approx 42 : 7$
$= 6$

Beispiel 1 Kommaverschiebung vor der Division
Berechne.
a) $5,78 : 1,7$
b) $15 : 1,25$
Lösung
a) $57,8 : 17 = 3,4$
   -51
     68
   -68
      0

b) $1500 : 125 = 12$
   -125
     250
   -250
      0

Beispiel 2 Überschlagen durch Kommaverschiebung und Runden
Überschlage zuerst und überprüfe dann: 1,9404 : 0,462.
Lösung

Überschlag: Rechnung:
1,9404 : 0,462 = 19,404 : 4,62 ≈ 20 : 5 = 4   1,9404 : 0,462 = 4,2

Zuerst wird die Zahl, durch die geteilt wird, auf eine Stelle vor dem Komma gerundet: 5.

Anschließend wird so gerundet, dass man eine durch 5 teilbare Zahl erhält: 20.

Aufgaben

1 Berechne im Kopf.
   a) 10 : 0,2   b) 18 : 0,1   c) 36 : 0,6   d) 0,8 : 0,2
   e) 0,75 : 0,05   f) 21 : 0,3   g) 0,9 : 0,3   h) 1,6 : 0,04

2 Überschlage und berechne dann schriftlich.
   a) 3,24 : 1,2   b) 13,84 : 0,4   c) 9,216 : 3,6   d) 1,695 : 0,03
   e) 3,08 : 1,1   f) 25,89 : 0,3   g) 29,148 : 8,4 h) 13,6956 : 0,303
   i) 6,89 : 1,3   j) 31,71 : 0,7   k) 19,012 : 9,7 l) 16,968 : 30,3

3 Klaus hat teilweise falsch gerechnet. Suche die Fehler und korrigiere sie.

   0,48 : 0,06 = 0,8   1,44 : 1,2 = 1,2
          3 : 0,6 = 1,8   124 : 0,02 = 620

4 Ein Tunnel von 1,175 km Länge soll alle 30,5 m eine Lampe erhalten.
Wie viele Lampen werden benötigt? Deute dein Ergebnis.

5 Ein Obstbauer hat 100 Liter Apfelsaft gepresst und will ihn in 0,7-Liter-Flaschen abfüllen.
Wie viele Flaschen kann er damit abfüllen? Wie viele Liter Apfelsaft bleiben übrig?

6 Kunststofffolien für die Küche sind etwa 0,05 mm dick.
Bestimme die Anzahl der Lagen auf einer Rolle, die 8 mm dick gewickelt ist (Fig. 1).

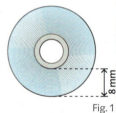

Fig. 1

7 Rechne geschickt, indem du nur eine Rechnung schriftlich durchführst.
   a) 1,792 : 0,7   b) 15,12 : 3,6   c) 30,858 : 111   d) 540,1 : 49,1
      1,792 : 0,07   151,2 : 36   30,858 : 11,1   54,01 : 49,1
      179,2 : 0,7   1,512 : 3,6   308,58 : 0,111   5,401 : 0,491
      17,92 : 0,07   1,512 : 0,36   3,0858 : 0,0111   0,5401 : 4,91

8 Zwei Dezimalbrüche werden dividiert. Wie ändert sich das Ergebnis, wenn man
a) bei einem Dezimalbruch das Komma um eine Stelle nach rechts verschiebt,
b) bei dem zu teilenden Dezimalbruch das Komma um eine Stelle nach rechts verschiebt und bei dem anderen um eine Stelle nach links,
c) bei beiden Dezimalbrüchen das Komma um eine Stelle nach links verschiebt?

I Rechnen mit Bruchzahlen

Bist du schon sicher?

9 Berechne im Kopf.
 a) 5 : 0,2   b) 4,5 : 0,5   c) 9,9 : 3,3   d) 0,14 : 0,07

10 Überschlage zuerst und berechne dann schriftlich.
 a) 156,96 : 0,24   b) 27,318 : 0,087   c) 0,742 : 0,7   d) 3,95 : 0,32

11 Auf einer Baustelle werden 15,5 m³ Kies benötigt. Wie oft muss ein Lkw, der 2,1 m³ Kies laden kann, fahren?

Lösungen | Seite 217

12 Setze bei den Ergebnissen das Komma an die richtige Stelle. Manchmal musst du Nullen ergänzen. Notiere auch deine Überschlagsrechnung.
 a) 26,292 : 4,2 = 626   b) 4,3296 : 0,82 = 528   c) 0,84 : 0,24 = 35   d) 518,49 : 4,2 = 12 345

13 a) Herr Lind tankt 35,1 l Benzin für 56,16 €. Wie viel kostet 1 l?
 b) Seitdem Herr Lind das letzte Mal getankt hat, ist er 450 km gefahren und hat 35,1 l Benzin verbraucht. Wie viele Liter Benzin hat er im Durchschnitt für 100 km gebraucht?

14 Der Rasen des Fußballfeldes in der AWD-Arena in Hannover ist 105 m lang und 68 m breit. Die Schnittbreite des Rasenmähers des Platzwarts ist 1,30 m. Wie oft muss der Platzwart beim Rasenmähen mindestens hin- und herfahren? Welche Strecke legt er dabei zurück?

15 a) Wie oft passen die Körperlängen der Waldmaus und des Löwen in ihre Sprungweite?
 b) Finde heraus, wie das beim Grashüpfer, beim Grauen Riesenkänguru und beim Tiger ist. Recherchiere dazu im Internet.
 c) Wie weit könnte ein 1,55 m großes Kind jeweils springen, wenn es die Sprungkraft von Löwe, Maus usw. hätte?

🔍 sprungwei

Die Waldmaus
kleine-graue-viecher.de/kgv/
kommt bis auf die nördlichsten Gebiete in ganz Europa und Asien vor.
Körperlänge: 9 cm
Sprungweite: 0,7 m

Der Löwe
nat-fact.de/rekord/sprungkraft/
ist das imposanteste Raubtier Afrikas und kann im Rudel fast jedes Wild erbeuten.
Körperlänge: 1,8 m
Sprungweite: 4,5 m

16 a) Wer ist im Mittel schneller: ein Eissprinter, der 500 m in 34,42 s läuft, oder ein Radfahrer, der in einer Stunde 45 km fährt?
 b) Vergleiche einen Sprinter, der 100 m in 9,85 s läuft, und eine Eisschnellläuferin, die 3000 m in 3 min 57,7 s läuft.

17 Frau Cremer fährt mit einer Tankfüllung von 40 l einmal 700 km, das andere Mal 650 km. Vergleiche mit den Angaben im Prospekt.

18 Ein Obsthändler bekommt eine Lieferung mit 250 kg Äpfeln. Sie kostet 164,70 €. Beim Umpacken der Äpfel in 12,5-kg-Kisten stellt er fest, dass etwa 25 kg Äpfel angefault sind. Wie teuer muss der Händler eine Kiste mindestens verkaufen, damit er pro Kiste mindestens 4 € Gewinn macht?

8 Dividieren von Dezimalbrüchen

19 Daniela war in den Sommerferien 2012 in der Schweiz. Ein Schweizer Franken (SFr.) hatte einen Wert von 1,2012 €.
a) Wie viele Franken erhielt sie für 180 €? Runde sinnvoll.
b) Nach dem Urlaub hatte sie noch 17,5 SFr. übrig. Wie viele Euro waren das?

20 a) Wie oft passt die Höhe einer Tipp-Kick-Spielfigur in die Körpergröße eines 1,80 m großen Spielers?
b) Das Tipp-Kick-Tor ist innen 9 cm breit und 6,5 cm hoch. Wie oft passen die Höhe und die Breite des Tors in ein richtiges Fußballtor, das 7,32 m breit und 2,44 m hoch ist? Vergleiche mit dem Verhältnis von Tipp-Kick-Spielfigur zu dem echten Spieler aus Teilaufgabe a).
c) Wie lang bzw. breit müsste ein Tipp-Kick-Spielfeld mindestens bzw. höchstens sein, sodass es im gleichen Maßstab verkleinert wurde wie eine Tipp-Kick-Spielfigur im Verhältnis zu einem 1,80 m großen Mann? Vergleiche mit den Angaben in Fig 1.

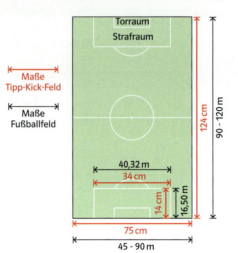

Fig. 1

21 a) Wie viele Gläser zu 0,2 l können mit dem Inhalt der Flasche gefüllt werden?
b) Wie viel bekäme jeder, wenn der Flascheninhalt auf acht Gläser verteilt werden würde?
c) Wie viele 0,1-l-, 0,2-l-, ..., 0,5-l-Gläser könnte man mit dem Inhalt dreier Flaschen füllen?

22 Für die Herstellung von Goldfolien werden Goldbarren ausgewalzt. Es soll ein 4,5 cm langer, 3,4 cm breiter und 2,8 cm hoher Goldbarren zu einer rechteckigen Folie ausgewalzt werden. Die Folie ist 1,2 m lang und 75 cm breit. Wie dick ist die Folie geworden?

23 Der Kork, der für Fußböden verwendet wird, wird als Rinde von Bäumen geschält. Ein Zimmer von 3,2 m Breite und 6,3 m Länge wird mit 0,5 cm dicken Korkplatten ausgelegt.
Die Rechnung des Handwerkers lautet: 573,50 € für 20,16 kg Korkfußboden.
a) Wie viel wiegt 1 m^2 des Bodenbelages?
b) Wie viel kostet 1 m^2 des Bodenbelages?

24 Berechne möglichst geschickt.
a) 5 · 23 · 2 · 20
b) 3,9 · 7
c) (19 · 125) · 8
d) 5 · (4 · 13)
e) (20 − 3) · 8
f) 50 · 29 − 19 · 50
g) 7 · 13 + 7 · 47
h) 8 · 75 − 8 · 69

Kannst du das noch?

vgl. Seite 210
Lösung | Seite 217

9 Vorteile beim Rechnen – Rechenregeln

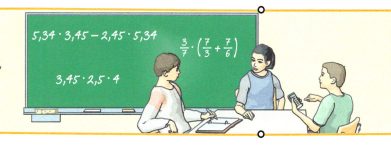

„Ich bin schneller als dein Taschenrechner."
„Bei solchen Aufgaben benötige ich noch nicht mal einen Stift."
„Das werden wir ja gleich sehen!"

Wie bei den natürlichen Zahlen darf man auch bei Bruchzahlen in einer Addition die Summanden oder in einer Multiplikation die Faktoren vertauschen. Außerdem darf man bei einer Addition mit mehreren Summanden oder bei einer Multiplikation mit mehreren Faktoren beliebig Klammern setzen oder weglassen. Durch diese Umformungen können Rechenvorteile entstehen.

von links nach rechts: $\frac{51}{19} \cdot \frac{75}{67} \cdot \frac{38}{51} = \frac{3825}{1273} \cdot \frac{38}{51} = \frac{3825 \cdot 38}{1273 \cdot 51} = \frac{145350}{64923}$

Faktoren vertauschen: $\frac{51}{19} \cdot \frac{75}{67} \cdot \frac{38}{51} = \frac{51}{19} \cdot \frac{38}{51} \cdot \frac{75}{67} = \frac{51 \cdot 38}{19 \cdot 51} \cdot \frac{75}{67} = 2 \cdot \frac{75}{67} = \frac{150}{67}$

von links nach rechts: $3{,}22 \cdot 1{,}25 \cdot 8 = 4{,}025 \cdot 8 = 32{,}2$

Klammern setzen: $3{,}22 \cdot 1{,}25 \cdot 8 = 3{,}22 \cdot (1{,}25 \cdot 8) = 3{,}22 \cdot 10 = 32{,}2$

Sowohl durch Ausklammern als auch durch Ausmultiplizieren können ebenfalls Rechenvorteile entstehen.

Ausmultiplizieren: $\frac{2}{5} \cdot \left(\frac{15}{4} + 15\right) = \frac{2}{5} \cdot \frac{15}{4} + \frac{2}{5} \cdot 15 = \frac{3}{2} + 6 = \frac{15}{2}$

Ausklammern: $\frac{1}{7} \cdot \frac{2}{5} + \frac{1}{7} \cdot \frac{3}{5} = \frac{1}{7} \cdot \left(\frac{2}{5} + \frac{3}{5}\right) = \frac{1}{7} \cdot \frac{5}{5} = \frac{1}{7}$

Für alle Bruchzahlen gelten die **Rechenregeln**.

Summanden bzw. Faktoren vertauschen: $\quad 0{,}2 + 7 = 7 + 0{,}2 \qquad 4 \cdot \frac{1}{3} = \frac{1}{3} \cdot 4$

(Kommutativgesetz)

In Summen bzw. Produkten beliebig Klammern setzen:

$\left(4 + \frac{2}{5}\right) + 1{,}6 = 4 + \left(\frac{2}{5} + 1{,}6\right) = 4 + \frac{2}{5} + 1{,}6$

$\left(5 \cdot \frac{2}{3}\right) \cdot 4 = 5 \cdot \left(\frac{2}{3} \cdot 4\right) = 5 \cdot \frac{2}{3} \cdot 4$

(Assoziativgesetz)

Ausmultiplizieren:

$0{,}6 \cdot (3{,}4 - 1{,}2)$
$= 0{,}6 \cdot 3{,}4 - 0{,}6 \cdot 1{,}2$

Ausklammern:

$\frac{2}{3} \cdot \frac{3}{4} + \frac{1}{4} \cdot \frac{2}{3} = \frac{2}{3} \cdot \left(\frac{3}{4} + \frac{1}{4}\right)$

(Distributivgesetz)

Beim Teilen einer Summe durch eine Bruchzahl darf man jeden Summanden durch die Bruchzahl teilen und dann die Ergebnisse addieren:
Es ist $(12{,}45 + 8{,}3) : 4{,}15 = 20{,}75 : 4{,}15 = 5$ und $12{,}45 : 4{,}15 + 8{,}3 : 4{,}15 = 3 + 2 = 5$.

Die anderen Rechenregeln gelten nicht für die Division.

Es ist $\frac{1}{2} : \frac{1}{3} = \frac{3}{2}$, aber $\frac{1}{3} : \frac{1}{2} = \frac{2}{3}$.

Es ist $\left(\frac{1}{2} : \frac{1}{3}\right) : \frac{1}{4} = \frac{3}{2} : \frac{1}{4} = \frac{12}{2} = 6$, aber $\frac{1}{2} : \left(\frac{1}{3} : \frac{1}{4}\right) = \frac{1}{2} : \frac{4}{3} = \frac{3}{8}$.

Es ist $\frac{1}{2} : \left(\frac{1}{3} + \frac{1}{4}\right) = \frac{1}{2} : \left(\frac{4}{12} + \frac{3}{12}\right) = \frac{1}{2} : \frac{7}{12} = \frac{1}{2} \cdot \frac{12}{7} = \frac{6}{7}$, aber $\frac{1}{2} : \frac{1}{3} + \frac{1}{2} : \frac{1}{4} = \frac{1}{2} \cdot \frac{3}{1} + \frac{1}{2} \cdot \frac{4}{1} = \frac{3}{2} + \frac{4}{2} = \frac{7}{2}$.

Beispiel 1 Ausklammern und Ausmultiplizieren

Berechne.

a) $3,7 : 2,2 + 2,9 : 2,2$

b) $(4,2 + 2,4) \cdot 2$

Lösung

a) $3,7 : 2,2 + 2,9 : 2,2 = (3,7 + 2,9) : 2,2$
  $= 6,6 : 2,2 = 3$ *(ausgeklammert)*

b) $(4,2 + 2,4) \cdot 2 = 4,2 \cdot 2 + 2,4 \cdot 2$
  $= 8,4 + 4,8 = 13,2$ *(ausmultipliziert)*

Beispiel 2 Rechenvorteile erkennen

Rechne $\frac{13}{19} \cdot \frac{5}{12} + \frac{13}{19} \cdot \frac{7}{12}$ auf zwei Arten. Welche ist vorteilhafter?

Lösung

1. Art

$\frac{13}{19} \cdot \frac{5}{12} + \frac{13}{19} \cdot \frac{7}{12} = \frac{13 \cdot 5}{19 \cdot 12} + \frac{13 \cdot 7}{19 \cdot 12} = \frac{65}{228} + \frac{91}{228}$
$= \frac{156}{228} = \frac{13}{19}$

2. Art

$\frac{13}{19} \cdot \frac{5}{12} + \frac{13}{19} \cdot \frac{7}{12} = \frac{13}{19} \cdot \left(\frac{5}{12} + \frac{7}{12}\right) = \frac{13}{19} \cdot 1 = \frac{13}{19}$

Die zweite Art ist vorteilhafter.

Aufgaben

1 Vertausche die Faktoren geschickt und berechne.

a) $\frac{3}{7} \cdot \frac{12}{5} \cdot \frac{14}{21} \cdot \frac{5}{6}$

b) $\frac{8}{9} \cdot \frac{5}{7} \cdot \frac{2}{5} \cdot \frac{3}{4}$

c) $9\frac{1}{2} \cdot \frac{7}{8} \cdot 2 \cdot \frac{6}{19}$

d) $7\frac{1}{3} \cdot \frac{3}{5} \cdot \frac{10}{11} \cdot \frac{2}{9}$

2 Berechne durch Ausrechnen der Klammer oder durch Ausmultiplizieren.

a) $4,2 \cdot (7 + 3)$

b) $12 \cdot (30 + 5)$

c) $12 \cdot \left(4 - \frac{7}{2}\right)$

d) $(60 - 4) \cdot 4$

e) $0,4 \cdot (20 - 5)$

f) $\left(\frac{2}{3} - \frac{1}{6}\right) \cdot 4$

g) $1,2 \cdot (1,4 + 3,6)$

h) $\left(\frac{3}{200} - 0,005\right) \cdot 200$

3 Berechne direkt oder durch Ausklammern.

a) $4,2 \cdot 6 + 4,2 \cdot 4$

b) $15 \cdot 20 + 8 \cdot 15$

c) $3 \cdot 1,2 + 1,2 \cdot 2$

d) $56 \cdot 8 - 4 \cdot 56$

e) $\frac{2}{3} \cdot 6 + 3 \cdot \frac{2}{3}$

f) $0,5 \cdot 11 - 7 \cdot 0,5$

g) $120 \cdot 3 + 120 \cdot 0,5$

h) $1,2 \cdot 6,4 - 1,2 \cdot 1,4$

4 Ergeben sich durch Ausmultiplizieren bzw. Ausklammern Vorteile? Berechne?

a) $6 \cdot \left(\frac{1}{2} + \frac{2}{3} - \frac{1}{4}\right)$

b) $\frac{1}{4} \cdot (24 + 72 - 60)$

c) $\left(\frac{1}{12} + \frac{7}{3} - \frac{7}{8}\right) \cdot 24$

d) $5,2 \cdot 10 - 10 \cdot 4,7$

e) $4,7 \cdot 5,5 + 5,3 \cdot 5,5$

f) $18 \cdot \frac{4}{5} - \frac{4}{5} \cdot 18$

g) $\frac{3}{5} \cdot \frac{7}{4} + \frac{3}{4} \cdot \frac{1}{5}$

h) $\frac{4}{9} \cdot \frac{2}{3} + \frac{4}{3} \cdot \frac{2}{3}$

5 Rechne geschickt.

a) $\frac{11}{47} \cdot \frac{3}{8} \cdot \frac{94}{11} \cdot \frac{8}{6}$

b) $\frac{169}{109} \cdot \frac{15}{17} \cdot \frac{109}{13} \cdot \frac{17}{225}$

c) $\frac{27}{39} \cdot 18 + \frac{51}{39} \cdot 18$

d) $2\frac{1}{3} \cdot 3\frac{2}{5} \cdot 3 \cdot 5$

6 Berechne möglichst geschickt.

a) $\frac{7}{2} \cdot 5,3 \cdot \frac{4}{14}$

b) $\frac{3}{2} \cdot \frac{7}{5} - \frac{3}{2} \cdot \frac{1}{5}$

c) $5 \cdot (400 - 20)$

d) $\frac{1}{7} \cdot \frac{2}{3} + \frac{6}{7} \cdot \frac{2}{3}$

7 Suche die Fehler und rechne richtig.

a)
$2,8 : (2 \cdot 0,5)$
$= 2,8 : 2 \cdot 0,5$
$= 1,4 \cdot 0,5$
$= 0,7$

b)
$5 \cdot \left(2 - \frac{1}{5}\right)$
$= 5 \cdot 2 + 5 \cdot \frac{1}{5}$
$= 10 + 1$
$= 11$

c)
$1,5 \cdot \left(2 \cdot \frac{1}{3}\right)$
$= 1,5 \cdot 2 \cdot 1,5 \cdot \frac{1}{3}$
$= 3 \cdot 0,5$
$= 1,5$

d)
$\frac{1}{5} : \left(\frac{2}{3} + \frac{4}{7}\right)$
$= \frac{1}{5} : \frac{2}{3} + \frac{1}{5} : \frac{4}{7}$
$= \frac{3}{10} + \frac{7}{20}$
$= \frac{10}{30} = \frac{1}{3}$

In den Aufgaben 2 und 3 kannst du die Lösungen mit der Tabelle durch Buchstaben ersetzen und erhältst jeweils ein Lösungswort.

Lösung	Buchstabe
224	V
420	L
6	E
2	R
42	C

Bist du schon sicher

Lösungen | Seite 218

38

I Rechnen mit Bruchzahlen

8 Ein Wasserschloss ist von einem 7,5 m breiten und 3,5 m tiefen Graben umgeben.
a) Wie viele Hektar ist die gesamte Schlossanlage (einschließlich Wassergraben) groß?
b) Wie viele Quadratmeter Grundfläche hat das Schlossgebäude?

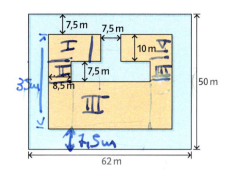

Bei den Aufgaben 8 bis 13 solltest du zuerst einen Term aufstellen und diesen dann möglichst geschickt berechnen.

9 a) Subtrahiere das Produkt von 12 und 14 vom Produkt aus 24 und 12.
b) Multipliziere 1,4 mit der Differenz aus 20 und 5.
c) Subtrahiere die Differenz aus 8,9 und 6,6 von der Differenz aus 8,9 und 3,4.
d) Multipliziere die Differenz aus 12,4 und 7,8 mit 6 und addiere zum Ergebnis die Summe aus 12 und 3,8.

10 Wie groß ist der Gesamtflächeninhalt der beiden Rechtecke?

11 Ein Kasten Wasser enthält sechs Flaschen mit je 1,5 l Wasser. Eine leere Kunststoffflasche hat ein Gewicht von 0,1 kg, ein Liter Wasser hat ein Gewicht von 1 kg. Der Kunststoffkasten allein wiegt 1,25 kg. Berechne das Gesamtgewicht eines vollen Wasserkastens.

12 Pia kann beim Kauf ihres neuen Computers zwischen zwei Angeboten wählen. Entweder bezahlt sie den Gesamtpreis von 998 € in bar oder sie zahlt erst eine Anzahlung von 198 € und dann im ersten Jahr 27,20 € monatlich, im zweiten Jahr 24,90 € monatlich und im dritten Jahr 17,90 € monatlich. Wie viel spart Pia bei der Barzahlung?

13 Robert geht zum Einkaufen. Er hat genau 20 € dabei und will vor der Kasse ausrechnen, ob sein Geld reicht. Die folgenden Artikel liegen in seinem Einkaufskorb: fünf Äpfel für je 59 ct, drei Liter Milch für je 70 ct, Aufschnitt für 2,79 €, Käse für 4,21 €, sechs Flaschen Wasser für je 39 ct, drei Zitronen für je 30 ct und ein Shampoo für 2,66 €.
a) Reichen die 20 €? Überschlage zunächst.
b) Berechne nun die exakte Summe.

Kannst du das noch?

14 Berechne den Flächeninhalt des Rechtecks mit den angegebenen Seitenlängen.
a) a = 2 cm, b = 1,5 cm
b) a = 3,5 dm, b = 3 cm
c) a = 7 dm, b = 1,2 m
d) a = 2,5 m, b = 8 mm

15 Entscheide ohne Geodreieck: Welche der Gradzahlen 30°, 150°, 200° oder 90° kommt der Winkelgröße am nächsten?
a)   b)   c)    d)

16 Zeichne einen Winkel mit der angegebenen Größe. Um welche Winkelart (z. B. stumpfer Winkel) handelt es sich?
a) 123°   b) 210°   c) 25°   d) 90°

vgl. Seite 215
Lösungen | Seite 218

Vertiefen und Vernetzen

1 Bei einer Tieroperation richtet sich die Menge des Narkosemittels nach dem Körpergewicht des Tieres. Bei einer einstündigen Operation rechnet man für 1 kg Körpergewicht mit 0,045 g Narkosemittel.
a) Wie viele Gramm Narkosemittel benötigt man für eine einstündige Operation eines 74,5 kg schweren Orang-Utans und die eines 2,975 t schweren Flusspferdes?
b) Wie viele Gramm Narkosemittel benötigt man für dein Lieblingstier?

2 Die Betonmischung B 25 besteht zu $\frac{1}{5}$ aus Zement, zu $\frac{2}{5}$ aus Sand und zu $\frac{2}{7}$ aus Kies, der Rest ist Wasser.
a) Wie viele Kilogramm Zement, Sand und Kies benötigt man für $3\frac{1}{2}$ t Beton?
b) Wie viele Liter Wasser gehören in die Mischung? (1 l Wasser wiegt ungefähr 1 kg.)

3

Kakaobohnenernte (in Millionen Tonnen)		2010	2009		2010	2009
	Elfenbeinküste	1,242	1,223	Nigeria	0,360	0,364
	Indonesien	0,845	0,810	Kamerun	0,264	0,236
	Ghana	0,632	0,711	Brasilien	0,235	0,218

a) Vergleiche für das Jahr 2010 durch einen Überschlag die Ernte der Elfenbeinküste mit der Ernte der anderen Länder zusammen. Berechne anschließend genau.
b) Um wie viele Tonnen war die Ernte der Elfenbeinküste im Jahr 2009 geringer als im Jahr 2010? Wie verhielt es sich bei den restlichen Ländern zusammen?

4 Der „Energieverbrauch" eines Elektrogerätes wird in Kilowattstunden (kWh) gemessen. Im Jahre 2012 kostete 1 kWh etwa 26,4 ct.
a) Berechne die Stromkosten für die Geräte auf dem Rand.
b) Manche elektrische Geräte können beim Ausschalten in einen Bereitschaftsbetrieb (Stand-by) geschaltet werden. Welche Geräte sind das bei dir zu Hause? Ermittle für sie den ungefähren Verbrauch im Stand-by-Betrieb.

Spülmaschine
1 Spülgang: 0,9 kWh

Waschmaschine
1 Waschgang: 1,2 kWh

Wäschetrockner
1 Trockengang: 3,6 kWh

5 Tierolympiade
Nach Protesten einiger Teilnehmer beim Weitsprungwettbewerb wurde eine neue Bewertungsmethode beschlossen. Für jeden Teilnehmer wird die Sprungweite durch die Körperlänge dividiert. Bestimme auf diese Weise die neue Reihenfolge.

Alte Wertung	Sprungweite	Körperlänge
1. Klara Känguru	12,30 m	1,32 m
2. Harry Hirsch	11,03 m	2,45 m
3. Leo Löwe	4,98 m	1,92 m
4. Helga Heuschrecke	1,95 m	0,06 m
5. Willi Waldmaus	0,76 m	0,09 m
6. Fritz Floh	0,58 m	0,003 m

6 Jeder der Teppiche ist 1 m² groß.
a) Gib den Flächeninhalt der einzelnen weißen Quadrate als Bruchteil von 1 m² an.
b) Gib den Flächeninhalt der einzelnen weißen Quadrate als Dezimalbruch an. Runde auf zehntausendstel Quadratmeter.
c) Wie groß sind die weißen Flächen auf den Teppichen insgesamt?

(1)    (2)    (3)

I Rechnen mit Bruchzahlen

7 Alle Nährstoffe liefern dem Körper Energie. Der Energiegehalt von Nahrungsmitteln wird in Kilojoule (kJ) gemessen. Welche Energiemenge eine Person braucht, ist abhängig von Alter, Geschlecht, Körpergewicht und ausgeübter Tätigkeit.
Der Energiebedarf von 13- bis 15-Jährigen beträgt etwa 10 000 kJ pro Tag.
a) Wie viele Gramm der einzelnen Nährstoffe decken ungefähr den Tagesbedarf?
b) Die Mahlzeiten sollten sich so verteilen, dass jeweils $\frac{1}{4}$ der Nahrung auf das Frühstück und das Abendessen, je $\frac{1}{10}$ auf zwei Zwischenmahlzeiten und $\frac{3}{10}$ auf das Mittagessen entfallen. Wie viele Kilojoule sollen auf die einzelnen Mahlzeiten eines Jugendlichen entfallen?

1 g Kohlenhydrate: 17,2 kJ
1 g Fett: 38,9 kJ
1 g Eiweiß: 17,2 kJ

8 Die drei Panzerknacker haben Onkel Dagoberts Tresor aufgebrochen und 1250 Goldbarren gefunden. Schnell beginnen sie, ihre Beute in die Koffer zu packen.
a) Wie viele Goldbarren passen in einen Koffer? Schätze zunächst.
b) Können sie ihre voll gefüllten Koffer schleppen, wenn jeder maximal 50 kg tragen kann? 1 cm³ Gold wiegt 19,3 g und jeder leere Koffer 750 g.
c) Wie viele Goldbarren kann jeder in einem Koffer transportieren?

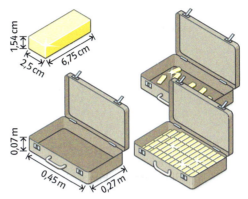

9 👥 Familie Posselt plant, den Dachboden ihres Hauses als Wohnung auszubauen. In Gruppenarbeit könnt ihr helfen, die notwendigen Rechnungen auszuführen.

Gruppe 1 Im Grundriss fehlen die Quadratmeter-Angaben für die einzelnen Zimmer. Übertragt den Plan im Maßstab 1 : 100 in euer Heft. Berechnet die Größen der Flächen. Bestimmt die Gesamtfläche der Dachgeschosswohnung. Beachtet, dass Flächen unter Dachschrägen nur mit 50 % auf die Wohnfläche angerechnet werden.

Gruppe 2 Im Schnittbild kann man die Raumhöhen ablesen. Kniestöcke bis 100 cm gelten als nicht bewohnbar. Wie viel Dachbodenfläche geht durch den Kniestock verloren?
Roland Posselt ist 15 Jahre alt, aber schon 185 cm groß. Er möchte wissen, auf welchem Bruchteil der Fläche seines Zimmers er aufrecht stehen kann.

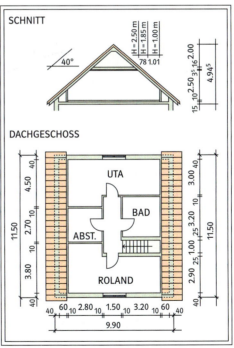

Gruppe 3 Die Wände der Kinderzimmer sollen tapeziert werden. Dazu genügt eine überschlägige Berechnung der Flächen. Wände mit schräg verlaufender Oberkante werden mit einer mittleren Höhe von 170 cm gerechnet, die Flächen für Fenster und Türen werden nicht abgezogen.

Gruppe 4
Die Wände und der Fußboden im Badezimmer werden gefliest. Wie viele Quadratmeter Fliesen werden benötigt?

Vertiefen und Vernetzen

Exkursion

Bruchrechnung ägyptisch

Die Ägypter hatten vor 4000 Jahren Zeichen für die Zahlen 1, 10, 100, ..., 1 000 000, die sie einfach nebeneinandersetzten: 123 = ℮ ∩ ∩ | | |

Ein Bericht von einer Schlacht in Ägypten um 2900 v. Chr. enthält Angaben über die erbeuteten Rinder, Ziegen und Gefangenen. Es handelte sich um 400 000 Rinder, 1 422 000 Ziegen und 120 000 Gefangene.

1 An welcher Stelle hat der Berichterstatter die oben genannten Anzahlen vermerkt?

In Hieroglyphenschrift auf ägyptisch

| = 1
∩ = 10
℮ = 100
𓏲 = 1000
𓆼 = 10 000
𓆐 = 100 000
𓁀 = 1 000 000

Neben den natürlichen Zahlen haben die Ägypter auch Brüche verwendet, allerdings nur solche mit dem Zähler 1, also $\frac{1}{2}$, $\frac{1}{3}$, $\frac{1}{4}$... Diese Brüche nennt man **Stammbrüche**. Durch die Hieroglyphe ◯ signalisierten sie, dass ein Stammbruch zu bilden ist. Eine Zahl, die daruntergeschrieben ist, gibt dann den Nenner des Stammbruchs an:

⌒||| = $\frac{1}{3}$,   ⌒∩ = $\frac{1}{10}$,   ⌒℮ = $\frac{1}{100}$.

Nur für besonders häufig verwendete Brüche gab es ein eigenes Zeichen, z. B.

⌒ = $\frac{1}{2}$.

Da die Ägypter nicht für jeden Bruch ein eigenes Zeichen einführen konnten, stellten sie alle Brüche als Summe von Stammbrüchen dar. Dabei durfte kein Stammbruch doppelt vorkommen.

Beispiele: $\frac{2}{19} = \frac{1}{12} + \frac{1}{76} + \frac{1}{114}$, $\frac{4}{15} = \frac{1}{5} + \frac{1}{15}$

2 Wie kommt man auf die „ägyptische Schreibweise" eines Bruchs mit lauter verschiedenen Stammbrüchen? Experimentiere zunächst mit deinem Taschenrechner und suche eine „ägyptische Schreibweise" für $\frac{3}{11}$. Beachte dabei, dass $\frac{3}{11} = \frac{1}{11} + \frac{1}{11} + \frac{1}{11}$ bei den alten Ägyptern nicht erlaubt war.
Welche Entdeckungen kannst du dabei machen? Findest du verschiedene Möglichkeiten, den Bruch als Summe darzustellen?

3 Ist es einfacher eine Darstellung zu finden, wenn ein Stammbruch mehrmals vorkommen darf?

4 Wäre es für dich geschickter, wenn man auch subtrahieren könnte?

I Rechnen mit Bruchzahlen

Wenn man nicht lange forschen will, kann man auch mit einem systematischen Vorgehen zum Ziel kommen.
Gesucht ist die „ägyptische Schreibweise" für $\frac{5}{9}$.

1. Schritt:
Suche den größten Stammbruch, der in $\frac{5}{9}$ enthalten ist: $\frac{5}{9} = \frac{1}{2} + \dots$

2. Schritt:
Berechne die Differenz der beiden Brüche:
$\frac{5}{9} - \frac{1}{2} = \frac{10}{18} - \frac{9}{18} = \frac{1}{18}$.

Somit ist also $\frac{5}{9} = \frac{1}{2} + \frac{1}{18}$ oder wie die Ägypter geschrieben haben: ⌐ ⎔ ∩||||||||.

Liefert der 2. Schritt keinen Stammbruch, so musst du für die Differenz die beiden Schritte wiederholen.

5 Findest du für $\frac{5}{9}$ auch noch eine andere Darstellung? Nimm ruhig den Taschenrechner zur Hand.

Suchst du bei diesem Vorgehen nicht gleich den größten Stammbruch im 1. Schritt, so siehst du, dass man für eine Zahl verschiedene Darstellungen erhalten kann.

So ist z. B. $\frac{5}{7} = \frac{1}{2} + \frac{1}{5} + \frac{1}{70}$ und $\frac{5}{7} = \frac{1}{4} + \frac{1}{5} + \frac{1}{7} + \frac{1}{10} + \frac{1}{70} + \frac{1}{140}$.

Du kannst das mit deinem Taschenrechner schnell überprüfen.

Es ist oft sehr aufwendig, einen Bruch „ägyptisch" darzustellen. Daher kann man gut verstehen, dass ein normaler ägyptischer Schreiber manchmal Probleme hatte, diese Summanden zu finden. Er benutzte daher eine Übersicht wie in Fig. 1, in der die Quotienten $2:5$, $2:7$ usw. schon ausgerechnet waren.

Lege jetzt deinen Taschenrechner beiseite und versetze dich in die Lage eines ägyptischen Schreibers.

6 Die Tabelle ist nicht vollständig. Notiere die fehlenden „Zweierquotienten" wie $2:17$ usw. Wie gehst du vor, wenn du sie „ägyptisch" darstellen sollst?

7 Nun erhältst du als Schreiber den Auftrag, auch „Dreierquotienten" zu schreiben. Was tust du?

8 Damit du bei einem weiteren Auftrag keine Überraschungen erlebst, hast du beschlossen, vorsorglich zu überlegen, wie du Brüche mit dem Zähler 4 oder 5 schreiben könntest. Welche Idee ist dir dabei gekommen?

$2:3 = \frac{1}{2} + \frac{1}{6}$

$2:5 = \frac{1}{3} + \frac{1}{15}$

$2:7 = \frac{1}{4} + \frac{1}{28}$

$2:9 = \frac{1}{6} + \frac{1}{18}$

$2:11 = \frac{1}{6} + \frac{1}{66}$

$2:13 = \frac{1}{8} + \frac{1}{52} + \frac{1}{104}$

$2:15 = \frac{1}{10} + \frac{1}{30}$

usw. bis

$2:101 = \frac{1}{101} + \frac{1}{202} + \frac{1}{303} + \frac{1}{606}$

Fig. 1

Zum Abschluss noch ein paar Fragen, die sich die Schreiber vielleicht auch schon gestellt haben. Zu welchem Ergebnis sind sie wohl gekommen? Experimentiere dazu ruhig mit deinem Taschenrechner – auch wenn ihn die Schreiber vor 4000 Jahren nicht zur Verfügung hatten!

9 Kann man eigentlich jeden Bruch zwischen 0 und 1 als Summe von Stammbrüchen darstellen?

10 Kann man jeden Stammbruch selbst wieder als Summe von Stammbrüchen schreiben?

Exkursion   43

Rückblick

Addieren bzw. Subtrahieren von Brüchen
1. Man bringt die Brüche auf gleiche Nenner.
2. Man schreibt die Brüche auf einen gemeinsamen Bruchstrich.
3. Man addiert bzw. subtrahiert die Zähler.

$$\frac{1}{3} + \frac{3}{4} = \frac{4}{12} + \frac{9}{12} = \frac{13}{12}$$
$$\frac{5}{8} - \frac{1}{4} = \frac{5}{8} - \frac{2}{8} = \frac{3}{8}$$

Addieren bzw. Subtrahieren von Dezimalbrüchen
Man addiert oder subtrahiert Dezimalbrüche, indem man sie so untereinanderschreibt, dass Komma unter Komma steht. Dann addiert bzw. subtrahiert man stellenweise.

```
    23,126              6,00
 +   0,075          -   0,07
      1 1               1 1
 ───────────        ───────────
    23,201              5,93
```

Multiplizieren von Brüchen
Man multipliziert zwei Brüche miteinander, indem man die Zähler und Nenner jeweils miteinander multipliziert

$$\frac{5}{24} \cdot \frac{16}{17} = \frac{5 \cdot 16}{24 \cdot 17} = \frac{5 \cdot 2}{3 \cdot 17} = \frac{10}{51}$$
$$\frac{2}{3} \cdot 5 = \frac{2 \cdot 5}{3} = \frac{10}{3}$$
$$4 \cdot \frac{3}{7} = \frac{4}{1} \cdot \frac{3}{7} = \frac{4 \cdot 3}{1 \cdot 7} = \frac{12}{7}$$

Dividieren durch einen Bruch
Man dividiert durch einen Bruch, indem man mit seinem Kehrwert multipliziert.

$$\frac{7}{9} : \frac{5}{18} = \frac{7}{9} \cdot \frac{18}{5} = \frac{7 \cdot 18}{9 \cdot 5} = \frac{7 \cdot 2}{1 \cdot 5} = \frac{14}{5}$$
$$\frac{5}{3} : 7 = \frac{5}{3} : \frac{7}{1} = \frac{5}{3} \cdot \frac{1}{7} = \frac{5 \cdot 1}{3 \cdot 7} = \frac{5}{21}$$

Multiplizieren von Dezimalbrüchen
1. Man multipliziert zuerst, ohne auf das Komma zu achten.
2. Man setzt das Komma so, dass das Ergebnis genauso viele Stellen nach dem Komma hat wie beide Faktoren zusammen.

```
 2,1 · 6,34              0,23 · 0,4
 1 2 6                        9 2
   6 3                   ───────────
     8 4                   0,0 9 2
 ───────────
 1 3,3 1 4
```

Dividieren durch Dezimalbrüche
Man verschiebt das Komma der beiden Zahlen um gleich viele Stellen nach rechts, sodass die Zahl, durch die dividiert wird, eine natürliche Zahl ist.

```
 3,78 : 1,4 = 37,8 : 14 = 2,7
               - 28
               ─────
                 98
               - 98
               ─────
                  0
```

Rechenregeln
In Summen darf man Summanden, in Produkten darf man Faktoren vertauschen (Kommutativgesetz).

$$2,3 + 4,1 = 4,1 + 2,3$$
$$2,3 \cdot 4,1 = 4,1 \cdot 2,3$$

Wenn in einem Term nur addiert oder nur multipliziert wird, kann man Klammern setzen oder weglassen (Assoziativgesetz).

$$\frac{3}{7} + \left(\frac{5}{9} + \frac{1}{3}\right) = \left(\frac{3}{7} + \frac{5}{9}\right) + \frac{1}{3} = \frac{3}{7} + \frac{5}{9} + \frac{1}{3}$$
$$\frac{3}{7} \cdot \left(\frac{5}{9} \cdot \frac{1}{3}\right) = \left(\frac{3}{7} \cdot \frac{5}{9}\right) \cdot \frac{1}{3} = \frac{3}{7} \cdot \frac{5}{9} \cdot \frac{1}{3}$$

Beim Ausmultiplizieren verschwinden Klammern (Distributivgesetz).

$$0,5 \cdot (1,2 - 2,3) = 0,5 \cdot 1,2 - 0,5 \cdot 2,3$$
$$(4,5 + 8,2) : 2,1 = 4,5 : 2,1 + 8,2 : 2,1$$

Beim Ausklammern geht man umgekehrt vor (Distributivgesetz).

$$1,7 \cdot 3,4 + 1,7 \cdot 6,2 = 1,7 \cdot (3,4 + 1,7)$$
$$12,7 : 2,4 - 6,8 : 2,4 = (12,7 - 6,8) : 2,4$$

Durch Anwendung der Rechenregeln kann man oft Rechenvorteile nutzen.

$$\frac{3}{5} \cdot \frac{6}{11} + \frac{3}{5} \cdot \frac{4}{11} = \frac{3}{5} \cdot \left(\frac{6}{11} + \frac{4}{11}\right) = \frac{3}{5} \cdot \frac{10}{11} = \frac{6}{11}$$

Training

I Rechnen mit Bruchzahlen

Runde 1

Lösungen | Seite 218

1 Berechne.

a) $3 \cdot \frac{5}{7}$ b) $\frac{5}{9} \cdot \frac{18}{25}$ c) $2\frac{1}{3} \cdot 3$ d) $\frac{69}{60} \cdot \frac{48}{23}$

2 Berechne.

a) $6 : \frac{3}{10}$ b) $\frac{4}{5} : \frac{2}{3}$ c) $\frac{2}{3} : \frac{4}{9}$ d) $\frac{35}{26} : \frac{25}{39}$

3 Überschlage zuerst und berechne dann.

a) $0{,}45 \cdot 0{,}002$ b) $2{,}9 \cdot 2{,}1$ c) $10 : 0{,}2$ d) $15{,}6 : 6$

4 Eine Tischtennisplatte ist 2,74 m lang und 1,53 m breit, ein Billardtisch ist 2,84 m lang und 1,42 m breit. Welcher Flächeninhalt ist größer? Runde die Ergebnisse auf Hundertstel.

5 Eine Telefonminute kostet bei „Arturtelefon" zurzeit 4,5 ct. Wie viele Minuten kann man für 5,04 €, 9,18 € und 44,91 € telefonieren?

6 Welches Angebot (Fig. 1) ist günstiger? Begründe deine Antwort.

Runde 2

Lösungen | Seite 218

1 Berechne.

a) $\frac{4}{7} \cdot \frac{35}{12}$ b) $\frac{36}{75} \cdot \frac{45}{24}$ c) $\frac{36}{75} : \frac{45}{24}$ d) $3\frac{1}{2} : 5\frac{2}{7}$

2 Überschlage zuerst und berechne dann.

a) $25{,}5 : 0{,}5$ b) $3{,}5 \cdot 4{,}2$ c) $0{,}05 \cdot 0{,}18$ d) $25{,}8 : 8{,}6$

3 Die Leistung bei Autos wurde früher in PS (Pferdestärken) angegeben. Heute verwendet man die Maßeinheit kW (Kilowatt). Es gilt 1 kW = 1,36 PS.
Wie viel PS entsprechen 70 kW und wie viel kW entsprechen 75 PS?

4 a) Wie teuer ist eine Einzelfahrt bei einer Mehrfachfahrkarte?
b) Claudia ist mit ihrer Wochenkarte in der letzten Woche 11-mal gefahren. Wie teuer war für sie eine einzelne Fahrt?
c) Ab wie vielen Fahrten lohnt sich eine Wochenkarte oder Monatskarte?

5 Zwei Dezimalbrüche werden dividiert. Wie ändert sich das Ergebnis, wenn man
a) bei einem der Dezimalbrüche das Komma um eine Stelle nach links verschiebt,
b) bei einem der Dezimalbrüche das Komma um eine Stelle nach rechts verschiebt und bei dem anderen um zwei Stellen nach links? Was musst du dabei eventuell ergänzen?

II Winkelsummen, Abbildungen und Symmetrien

lichtung

manche meinen
lechts und rinks
kann man nicht velwechsern.
werch ein illtum!

Ernst Jandl

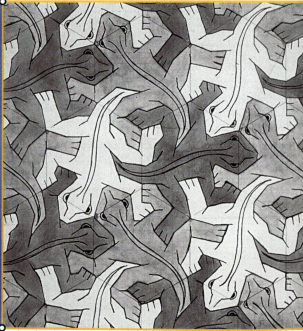

Das kannst du schon

- Das Geodreieck zum Zeichnen und Messen von Strecken und Winkeln nutzen
- Figuren zeichnen und an Achsen und Punkten spiegeln
- Symmetrische Figuren erkennen

→ Sicher ins Kapitel II
Seite 204

Das kannst du bald

- Zusammenhänge zwischen Winkeln erkennen
- Mit Winkelsummen im Dreieck und Viereck arbeiten
- Abbildungen von geometrischen Figuren erkennen und ausführen
- Eigenschaften von Dreiecken und Vierecken erkennen und anwenden

Erkundungen

Die Welt der Symmetrie

Autologos

→ Lerneinheit 3, Seite 59

→ Lerneinheit 4, Seite 62

Untersuche die Logos der Automarken. Nimm dazu unter anderem einen kleinen Spiegel zur Hand. Welche Logos „passen zusammen"? Schreibe auf, warum du jeweils diese Logos zu einer Gruppe zusammengefasst hast. Vergleicht eure Ergebnisse und diskutiert miteinander, wenn ihr verschiedene Entscheidungen getroffen habt.

Tiere und Pflanzen

Verfahrt mit den Bildern aus dem Pflanzen- und Tierreich ebenso wie bei den Autologos.

Buchstabensalat

→ Lerneinheit 3, Seite 59

Wenn man an die Buchstaben einen Spiegel legt, passieren verrückte Dinge. Manche Buchstaben bleiben, wie sie sind, andere verändern sich völlig. Dann gibt es noch Buchstaben, die zu anderen werden: Aus dem J wird plötzlich ein U oder ein W. Probiere mit dem Spiegel alle Buchstaben durch und halte deine Entdeckungen schriftlich fest. Natürlich kann man sich die Arbeit auch aufteilen.

II Winkelsummen, Abbildungen und Symmetrien

„Verrückte" Fotos

Ist symmetrisch immer schön?

→ Lerneinheit 3, Seite 59

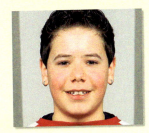

Was ist mit den Gesichtern passiert? Welche Gesichter sind echt?
Mit einer Digitalkamera und einem Computer könnt ihr ähnliche Bilder erzeugen – oder ihr nehmt einfach einen Spiegel.

Das Mädchen mit vier Beinen

Untersucht die Bilder mit einem Spiegel. Was ist hier passiert?
Stellt mit anderen Motiven ähnliche „verrückte" Bilder her.

Erkundungen

1 Winkelbeziehungen an Geraden

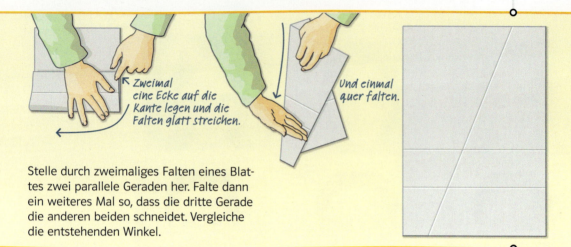

Stelle durch zweimaliges Falten eines Blattes zwei parallele Geraden her. Falte dann ein weiteres Mal so, dass die dritte Gerade die anderen beiden schneidet. Vergleiche die entstehenden Winkel.

Schneiden sich zwei Geraden, so heißen die gegenüberliegenden Winkel **Scheitelwinkel** (Fig. 1). Sie sind gleich groß.

Die nebeneinanderliegenden Winkel heißen **Nebenwinkel** (Fig. 2). Sie ergeben zusammen 180°, denn sie bilden einen gestreckten Winkel.

Wird von zwei sich schneidenden Geraden g und h eine parallel nach oben „gestuft", so ändern sich die entsprechenden Winkelgrößen nicht. Diese Winkel nennt man **Stufenwinkel** (Fig. 3).

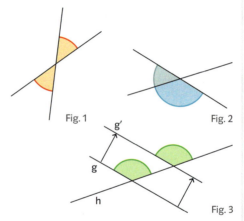

Fig. 1   Fig. 2   Fig. 3

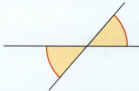

Scheitelwinkel sind gleich groß.

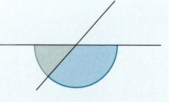

Ein Winkel und sein **Nebenwinkel** sind zusammen 180° groß.

Wenn zwei parallele Geraden von einer weiteren Geraden geschnitten werden, dann sind die **Stufenwinkel** gleich groß.

Es gilt auch die Umkehrung: Wenn in der Figur rechts die Winkel gleich groß sind, dann sind die Geraden auch parallel.

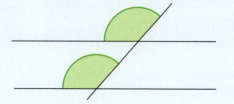

Beispiel Erkennen von Stufen-, Scheitel- und Nebenwinkeln

In der Abbildung werden zwei zueinander parallele Geraden von einer dritten Geraden geschnitten. Bestimme die Größen der Winkel, ohne zu messen, und begründe.

Lösung
$\alpha_1 = \beta_2 = 70°$ (Stufenwinkel)
$\alpha_2 = 180° - \alpha_1 = 110°$ (Nebenwinkel)
$\alpha_3 = \alpha_1 = 70°$ (Scheitelwinkel)
$\alpha_4 = \alpha_2 = 110°$ (Scheitelwinkel)
$\beta_4 = \beta_2 = 70°$ (Scheitelwinkel)
$\beta_1 = 180° - \beta_2 = 110°$ (Nebenwinkel)
$\beta_3 = \beta_1 = 110°$ (Scheitelwinkel)

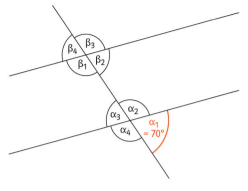

Aufgaben

1 In Fig. 1 schneiden sich zwei Geraden. Außerdem gibt es noch einen Strahl, der den Schnittpunkt der Geraden als Anfangspunkt hat.
Gib alle Paare von Scheitelwinkeln und alle Paare von Nebenwinkeln an.

2 Übertrage Fig. 2 ins Heft und bestimme, ohne zu messen, die Größen der rot eingezeichneten Winkel. Begründe jeweils.
a) b) c)

Einige kleine Buchstaben des griechischen Alphabets:
α alpha
β beta
γ gamma
δ delta
ϵ epsilon
η eta
λ lambda
μ my
ν ny
π pi
ω omega

Fig. 1

3 Winkelbeziehungen im Alphabet
Untersuche die Winkelbeziehungen bei den Großbuchstaben im Alphabet. Wo findet man Scheitelwinkel, Nebenwinkel oder Stufenwinkel?

4 Zeichne drei sich in einem Punkt schneidende Geraden und benenne die Winkel mit griechischen Buchstaben. Notiere alle Paare von Scheitelwinkeln.

5 a) Die Geraden g und h sind parallel zueinander. Zeichne die Figur in dein Heft und benenne die Winkel. Bestimme ohne Messung die Größen aller eingezeichneten Winkel und begründe dein Vorgehen.
(1) (2) (3)

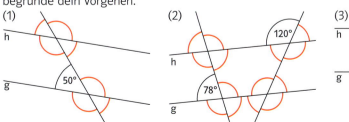
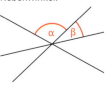

Achtung:
α und β sind hier keine Nebenwinkel.

b) Überlege dir ähnliche Aufgaben für deine Mitschüler. Achte darauf, dass sie lösbar sind.

6 Übertrage den Buchstaben Z in dein Heft.
Berechne die Größen
a) der Winkel β, γ und δ für α = 32°,
b) der Winkel α, γ und δ für β = 117°.

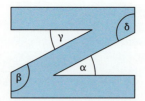

7 a) Entscheide, ob die Geraden g und h in Fig. 1 parallel sind. Was lässt sich über die Lage der beiden anderen Geraden sagen? Begründe.
b) Entscheide, ob die Geraden g und h in Fig. 2 parallel sind.
c) 👥 Zeichne ähnliche Figuren und beschrifte sie. Formuliere dazu Fragen und lasse sie deinen Partner lösen. Du kannst auch Fig. 1 und Fig. 2 kombinieren.

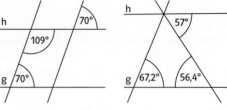

Fig. 1   Fig. 2

Winkel innerhalb einer Figur heißen **Innenwinkel**.

8 Zeichne vier sich schneidende Geraden so, dass jeweils zwei von diesen parallel sind.
a) Welche Figur entsteht?
b) Miss die Größe eines Innenwinkels in deiner Figur und bestimme die Größen der anderen drei Innenwinkel, ohne zu messen.
c) Zeichne eine Diagonale in deine Figur und färbe gleich große Winkel in einer Farbe.

9 In Fig. 3 ist g parallel zu h. Übertrage die Figur in dein Heft.
a) Begründe die Beziehungen α = β und α = 180° − γ.
b) Beschrifte die übrigen Winkel, notiere weitere Beziehungen und begründe diese.
c) Kann man die Größen aller Winkel bestimmen? Begründe.

Bist du schon sicher?

10 Übertrage Fig. 4 ins Heft. Fritz behauptet, dass er zu jedem vorkommenden Winkel die Größe angeben kann und die Begründung allein mit den Eigenschaften von Scheitel-, Neben- und Stufenwinkeln geben kann. Hat Fritz recht?

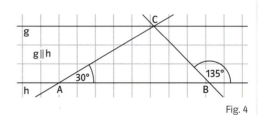

Fig. 4   Fig. 3

→ Lösungen | Seite 219

11 Bestimme die Größen der beiden Winkel. Zeichne zur Kontrolle.
a) Zwei sich schneidende Geraden haben gleich große Scheitel- und Nebenwinkel.
b) Ein Winkel ist um 15° größer als sein Nebenwinkel.
c) Der Winkel α ist viermal so groß wie sein Nebenwinkel.
d) Der Scheitelwinkel eines Winkels ist ein Drittel eines zugehörigen Nebenwinkels.

12 Zeichne ein beliebiges Viereck ABCD, wobei AB ∥ CD gilt. Bezeichne die Innenwinkel mit α, β, γ, und δ. Miss die Größen der Winkel α und β. Bestimme die Größen der beiden anderen Winkel.

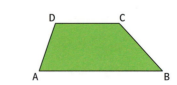

13 Corinna behauptet: „Da der Nebenwinkel von α die Größe 180° − α hat, weiß ich, dass α = α' gilt, also Scheitelwinkel gleich groß sind." Erkläre, wie Corinna zu ihrer Behauptung kommt.

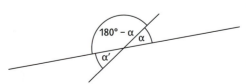

52

14 Als **Winkelhalbierende** bezeichnet man die Gerade, die einen Winkel halbiert.
In Fig. 1 sind die Winkelhalbierenden der Winkel α und β eingezeichnet. Der Winkel γ beträgt 108°.
a) Berechne die Größen von α und β.
b) Bestimme die Größe des Winkels, den die beiden Winkelhalbierenden einschließen.

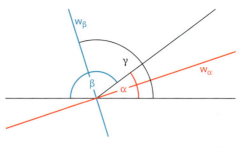

Fig. 1

15 Zeichne zwei sich schneidende Geraden und bezeichne einen Winkel mit α. Welche der folgenden Aussagen sind wahr, welche falsch? Begründe deine Antwort.
a) Die Winkelhalbierende von α halbiert den Scheitelwinkel von α.
b) Die Winkelhalbierenden der beiden Nebenwinkel von α bilden einen Winkel von 90°.
c) Die Winkelhalbierende eines Nebenwinkels zu α bildet mit der Winkelhalbierenden von α einen rechten Winkel.

16 Winkeldetektive suchen die Fehler
Welche der folgenden Aussagen treffen nicht auf Fig. 2 zu? Begründe.
a) α = γ b) δ = γ
c) α = 180° − β d) ε = μ
e) ε + η + γ = 180° f) γ = η + ε

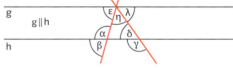

Fig. 2

17 Parallelogramme untersuchen
a) Leonie behauptet: „Mit den Eigenschaften von Stufen- und Nebenwinkeln kann man erklären, wieso die gegenüberliegenden Winkel eines Parallelogramms gleich groß sind."
Zeichne in dein Heft ein Parallelogramm mit verlängerten Seiten und erkläre, wie Leonie zu ihrer Behauptung kommt.
b) Welche Vierecke in Fig. 3 sind keine Parallelogramme? Begründe.

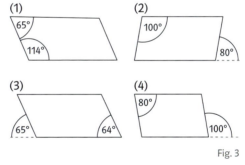

Fig. 3

18 Ein Angler fischt an einer Kaimauer. Er hält seine Angel im Winkel von 30° zum Weg. Als er einen Biss vermutet, zieht er die Angel um weitere 20° an. Bestimme die Größen der Winkel α und β
a) mithilfe einer geeigneten Zeichnung und einer Winkelmessung,
b) mithilfe einer Rechnung und zugehörigen Überlegungen.
Tipp: Verwende die Gerade h parallel zur Wasserlinie durch A (bzw. h' durch A').

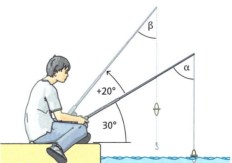

Kannst du das noch?

19 a) Erkläre, wie man die Brüche $\frac{2}{3}$ und $\frac{8}{7}$ addiert.
b) Wolfgang hat auf dem Markt $\frac{1}{4}$ kg Erdbeeren, 600 g Zwetschgen und ein halbes Kilogramm Äpfel eingekauft. Wie schwer ist der Einkauf insgesamt?

vgl. Merkkasten, Seite 8
Lösung | Seite 219

2 Winkelsumme im Dreieck und Viereck

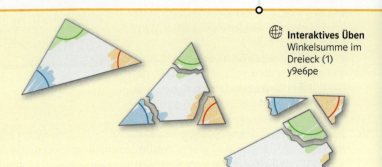

Interaktives Üben
Winkelsumme im Dreieck (1)
y9e6pe

Zeichne einige Dreiecke, schneide sie aus und trenne alle Ecken ab. Lege die Spitzen zusammen. Was stellst du fest?

Durch Winkelmessungen bei Dreiecken kann man vermuten, dass die Summe der drei Winkel 180° ergibt. Diese Eigenschaft soll nun für alle Dreiecke begründet werden.

In der Abbildung ist ein Dreieck ABC durch eine zur Strecke $\overline{AB}$ parallele Gerade g durch C ergänzt.
Die Winkel α und α' sind Stufenwinkel, also gilt α = α'.
Die Winkel β und β' sind ebenfalls Stufenwinkel, also gilt β = β'.
Außerdem gilt γ = γ' (Scheitelwinkel).
Da β', γ' und α' zusammen einen gestreckten Winkel bilden, gilt α' + β' + γ' = 180°.
Somit gilt auch α + β + γ = 180°.

Winkelsumme im Dreieck
In jedem Dreieck beträgt die Summe der Innenwinkel 180°.

Jedes Viereck, auch ein „eingedrücktes", lässt sich durch eine Diagonale in zwei Dreiecke zerlegen.
Die Winkel des Vierecks sind daher zusammen so groß wie die Summe der Winkel der beiden Dreiecke, also 2 · 180° = 360°.

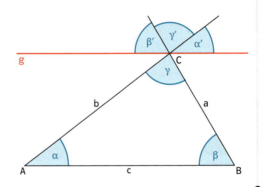

Sind alle Innenwinkel kleiner als 180°, so heißt das Viereck **konvex**.
Ein „eingedrücktes" Viereck heißt **konkav**. Bei ihm ist ein Innenwinkel größer als 180°.

Winkelsumme im Viereck
In jedem Viereck beträgt die Summe der Innenwinkel 360°.

Beispiel 1 Winkelgrößen im Dreieck bestimmen
Bestimme die fehlenden Winkelgrößen zu den beiden abgebildeten Dreiecken.
Lösung
links: γ + 87° + 28° = γ + 115° = 180°
und somit γ = 65°
rechts: γ + 52° + 52° = γ + 104° = 180°
und somit γ = 76°

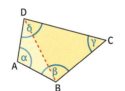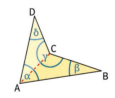

II Winkelsummen, Abbildungen und Symmetrien

Beispiel 2 Argumentieren mit der Winkelgröße im Dreieck
Warum kann es in einem Dreieck höchstens einen stumpfen Winkel geben?
Lösung
Wenn in einem Dreieck zwei Winkel größer als 90° wären, dann wäre die Summe dieser beiden Winkel größer als 180°. Dies ist nach dem Winkelsummensatz nicht möglich. Eine Zeichnung verdeutlicht dies.

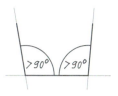

Beispiel 3 Winkelgrößen im Viereck bestimmen
Das abgebildete Viereck hat die Winkel
α = 70°, β = 50° und γ = 140°.
Bestimme die Größe des Winkels δ.
Lösung
Nach dem Winkelsummensatz für Vierecke
gilt 70° + 50° + 140° + δ = 260° + δ = 360° und
somit δ = 100°.

Interaktives Üben
Innenwinkel im Dreieck
3h5qa3

Aufgaben

1 Berechne die fehlende Winkelgröße im Dreieck ABC. Zeichne ein zugehöriges Dreieck.
a) α = 54°, β = 37°   b) β = 76°, γ = 24°   c) α = 11°, γ = 22°   d) α = 55°, β = 35°

2 Die neun Schnipsel in Fig. 1 waren die Ecken von drei Dreiecken.

3 Zeichne das Dreieck ABC in ein Koordinatensystem. Überprüfe die Winkelsumme durch Messung.
a) A(2|2), B(5,5|2), C(5|5)
b) A(0,5|1,5), B(4|1), C(2,5|4)
c) A(4|2,5), B(5|5), C(1|2)
d) A(0|4), B(3,5|1), C(2|4)

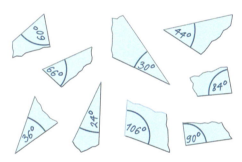

Fig. 1

4 Wie viele spitze, rechte bzw. stumpfe Winkel kann ein Dreieck besitzen?

5 Berechne in einem Viereck ABCD die fehlenden Winkelgrößen.
a) α = 100°, β = 80°, γ = 50°   b) β = 92°, γ = 48°, δ = 90°
c) γ = 57,5°, α = 82,4°, δ = 71,3°   d) α = 60°, β = γ = δ

6 Zeichne das Viereck ABCD ins Heft und miss die Winkelgrößen. Stimmt die Winkelsumme?
a) A(1|1), B(10|1), C(9|9), D(2|5)   b) A(1|1), B(9|0), C(8|6), D(1|8)

7 Durch die folgenden Angaben ist ein spezielles Dreieck festgelegt. Zeichne das Dreieck und berechne die fehlenden Winkelgrößen.
a) α = 90°, β = 45°, c = 6 cm   b) a = 5 cm, b = 5 cm, γ = 50°
c) α = β = γ, a = 5 cm   d) β = 50°, c = 6 cm, b = 6 cm

8 Bestimme die Größen der Winkel α, β und γ. Erläutere deinen Lösungsweg.

a) 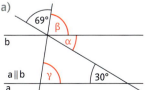   b) 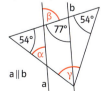   c)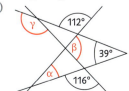

2 Winkelsumme im Dreieck und Viereck

9 a) Im Dreieck ABC in Fig. 1 ist w die Winkelhalbierende des Winkels bei A. Wie groß sind die Winkel γ und δ?
b) Die Geraden g und h in Fig. 2 sind parallel. Berechne die Größen der Winkel β und γ.

Vergleiche zur Winkelhalbierenden Aufgabe 14 auf Seite 53.

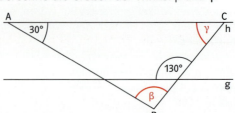

Fig. 1   Fig. 2

10 Gibt es ein Dreieck ABC mit den verlangten Eigenschaften? Wenn ja, bestimme die Größen der fehlenden Winkel. Nenne gegebenenfalls Besonderheiten des Dreiecks.
a) α = 38°, β = 71°   b) β = 57°, γ = 33°   c) α = 112°, γ = 58°   d) β = 125°, γ = 80°
e) α = 30°, β = 30°   f) γ = 90°, α = β   g) α = 56°, α = β = γ   h) γ = 89°, α = 91°

Bist du schon sicher?

11 a) Berechne die fehlende Winkelgröße in einem Dreieck mit α = 54° und β = 32°.
b) Ein Dreieck ABC hat die zwei gleich großen Winkel α und β. Zeichne das Dreieck mit c = 4 cm und γ = 76°.

12 Gib an, ob die Aussage wahr oder falsch ist. Begründe deine Antwort.
a) Es gibt ein Dreieck mit einem rechten und zwei gleich großen Winkeln.
b) Es gibt ein Dreieck mit zwei stumpfen Winkeln (größer als 90°).
c) Es gibt ein Dreieck mit drei gleich großen Winkeln.

13 Berechne die fehlende Winkelgröße im Viereck ABCD.
a) α = 72°, β = 54°, δ = 119°   b) β = 154°, γ = 68°, δ = 47°

Lösungen | Seite 219

14 In der Abbildung ist der Punkt M die Mitte der Strecke $\overline{AB}$. Die Strecke $\overline{MC}$ ist genau halb so lang wie die Strecke $\overline{AB}$. Bestimme die Größen der fehlenden Winkel des Dreiecks ABC. Zeichne eine Figur mit den gegebenen Größen.

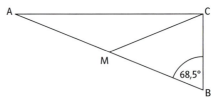

15 Zeichne zwei verschieden große Dreiecke mit den Winkelgrößen α = 50°, β = 60° und γ = 70°. Was kannst du über die Form der Dreiecke sagen?

16 Ein Dreieck mit den gegebenen Größen soll gleichschenklig sein. Zeichne ein entsprechendes Dreieck und bestimme die fehlenden Winkelgrößen durch Messung.
a) α = 46°, β = γ   b) α = 35°, β = 35°   c) α = 70°, γ = 40°   d) α = 90°

Zur Erinnerung: Bei einem gleichschenkligen Dreieck sind zwei Seiten (die Schenkel) gleich lang.

17 a) Miss für ein gleichschenkliges Dreieck die Größe des Winkels zwischen den beiden Schenkeln, wenn die Winkel zwischen der dritten Seite und jedem der beiden Schenkel jeweils 22° (47°, 59°, 65°) groß sind. Wie kannst du dein Ergebnis auch mithilfe der Winkelsumme im Dreieck begründen?
b) Miss, wie groß bei einem gleichschenkligen Dreieck die Winkel zwischen der dritten Seite und jedem der beiden Schenkel jeweils sind, wenn der Winkel zwischen den beiden Schenkeln 10° (28°, 49°, 140°) groß ist. Was stellst du fest? Mit dieser Feststellung kannst du mithilfe der Winkelsumme im Dreieck die beiden Winkelgrößen, die du gemessen hast, auch berechnen. Wie musst du vorgehen?

18 In der Abbildung auf dem Rand sind alle Dreiecke gleichschenklig. Welche Winkelsumme ergibt sich am gemeinsamen Eckpunkt? Erläutere deine Rechenschritte anhand einer Skizze. Verwende dazu die Erkenntnisse aus Aufgabe 17.

19 Berechne die Größe des Winkels ε. Schreibe die zugehörigen Überlegungen auf. Dabei bezeichnen w_γ und w_α die Winkelhalbierenden der Winkel γ und α.

a)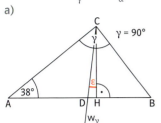
b)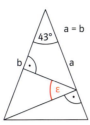
c)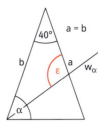

20 Ricarda behauptet: „Man kann auch durch Falten einsehen, dass die Summe der Winkelgrößen im Dreieck 180° beträgt." Erkläre, wie Ricarda das Dreieck faltet und probiere es an verschiedenen Dreiecken aus. Hat Ricarda recht? Begründe.

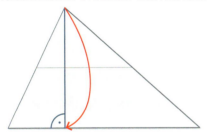
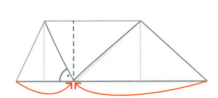

Interaktives Üben
Winkelsumme im Dreieck (2)
877f48

21 Berechne die rot markierten Winkel.

a)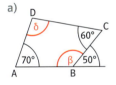
b)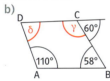
c)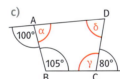
d)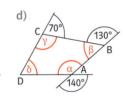

22 Berechne die Größen der Viereckswinkel.
a) β ist doppelt so groß wie α, γ dreimal so groß wie α und δ viermal so groß wie α.
b) β ist doppelt so groß wie α, γ doppelt so groß wie β und δ doppelt so groß wie γ.
c) β ist um 20° größer als α, γ um 20° größer als β und δ um 20° größer als γ.
d) β ist halb so groß wie α, γ halb so groß wie β und δ halb so groß wie γ.

23 Welche Besonderheiten hat das Viereck ABCD? Überlegt euch, wie ihr damit die Größen der rot markierten Winkel berechnen könnt.

a)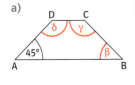
b)
c)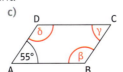
d)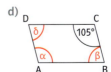

e)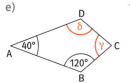
f)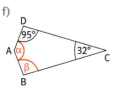
g)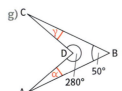
h)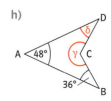

Winkelsumme im Vieleck

24 a) Bestimme die Winkelsumme der Innenwinkel im Fünfeck und im Sechseck unter Verwendung von Fig. 1 und Fig. 2.
b) Überprüfe, ob man die Winkelsumme im Fünfeck und im Sechseck mit dem Term 180° · (n − 2) berechnen kann. Welche Bedeutung hat dabei der Buchstabe n?
c) Begründe, warum man mit dem Term 180° · (n − 2) die Winkelsumme in jedem Vieleck mit n Ecken berechnen kann.

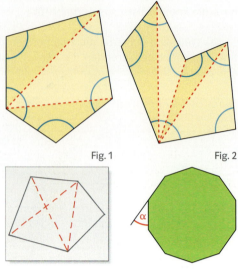

Fig. 1   Fig. 2

25 Fiete hat ein Fünfeck wie in Fig. 3 in Dreiecke zerlegt. Als Winkelsumme errechnet er daraus: 5 · 180° = 900°.
Was ist hier falsch?

26 Bestimme die Größe des Winkels α für das in Fig. 4 abgebildete regelmäßige Vieleck.

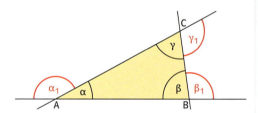

Fig. 3   Fig. 4

27 a) Wie viele Ecken hat ein regelmäßiges Vieleck mit Innenwinkeln der Größe 135°?
b) Gibt es ein regelmäßiges Vieleck mit dem Innenwinkel α = 100°? Begründe.

28 Bestimme die Anzahl der Ecken eines Vielecks mit der Winkelsumme 900°.

Außenwinkel

29 Wenn man die Seiten eines Dreiecks verlängert, entstehen die Winkel α_1, β_1 und γ_1. Man nennt sie Außenwinkel.
Wie groß sind die Außenwinkel in einem Dreieck, wenn α, β und γ gegeben sind? Berechne auch ihre Summe und miss zur Kontrolle im Bild rechts nach.

30 **Außenwinkel am Vieleck**
a) Arbeite zunächst allein. Zeichne Vier- und Fünfecke ohne überstumpfe Innenwinkel und ermittle jeweils die Summe der Größen der Außenwinkel. Verfahre ebenso mit Sechsecken. Was kannst du feststellen?
b) Vergleicht in der Gruppe eure Ergebnisse. Was könnt ihr über die Größen der Außenwinkel von Vielecken sagen? Begründet eure Vermutung.

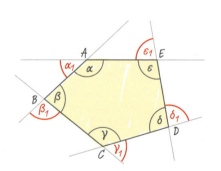

31 Setze die passenden Ziffern ein.
a) 0,28 + 0,▢2 = 1   b) 18,03 − 5,▢▢▢ = 12,990

32 Berechne den Term.
a) 73 − 9 · 5   b) 7 · (23 − 15)   c) 27 + 121 : 11   d) 56 : (12 − 5)
e) 8 · 25 − 3 · 4   f) 29 + 72 : (14 − 5)   g) (21 − 12) · (8 + 17)   h) 24 · 3 : (11 + 25)

Lösungen | Seite 220

58

II Winkelsummen, Abbildungen und Symmetrien

3 Achsenspiegelungen

Les und Robin machen mit ihren Großeltern einen Ausflug zur Schauenburger Märchenwache in Hessen. Beide Wetterfahnen drehen sich. Sucht den Eingangsfehler im Text auf der Tafel am Plötzlich schmunzelt Les und meint: „Was machen eigentlich die Besucher, die im Winter hierher kommen?"

Das Spiegelbild einer gezeichneten Figur kann man zum Beispiel durch Falten und anschließendes Durchstechen der Eckpunkte erzeugen.

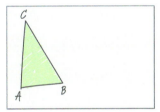
Original

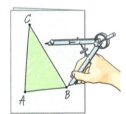
Falten und Ecken durchstechen.

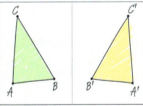
Original   Spiegelbild

Mit dem Geodreieck kann man jedoch einfacher an einer **Spiegelachse** (Geraden) spiegeln.
Spiegelt man das Dreieck ABC an der Geraden a, so entsteht das **Bilddreieck** A'B'C'.

Eine Strecke und ihre Bildstrecke sind gleich lang. Ein Winkel und sein Bildwinkel sind gleich groß.
Der Umlaufsinn von Figuren ändert sich.

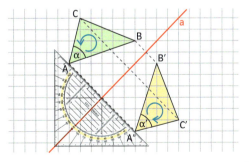

Bei einer **Achsenspiegelung** wird jedem Punkt P ein Bildpunkt P' zugeordnet.
Dabei gilt:
1. $\overline{PP'}$ ist senkrecht zur Spiegelachse a.
2. P und P' haben den gleichen Abstand von der Spiegelachse a.

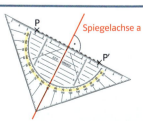

Statt Achsenspiegelung sagt man auch Geradenspiegelung.

59

Beispiel Spiegeln einer Figur an einer Achse
Spiegele das Viereck PQRS an der Spiegelachse a.
Lösung
1. Zeichne die Senkrechten zu a durch die Punkte P, R und S.
   Trage auf den Senkrechten für jeden Punkt noch einmal den Abstand des Punktes von der Achse a ab.
2. Verbinde die Bildpunkte P', Q', R' und S'.

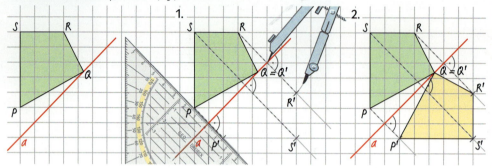

Aufgaben

1 Übertrage die Figur mit der Spiegelachse a in dein Heft und spiegele sie an der Achse a.

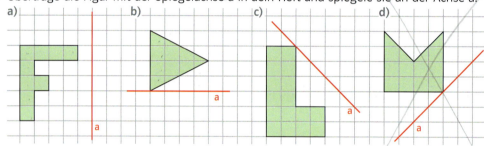

2 Zeichne das Viereck und die Spiegelachse a ins Heft. Spiegele dann das Viereck an der Achse a. Miss zur Kontrolle sowohl die Größen der Winkel- und Bildwinkel als auch die Längen der Strecken und Bildstrecken.

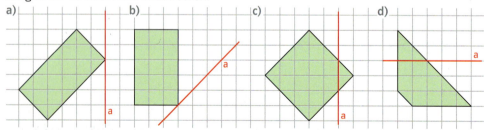

3 Zeichne das Viereck ABCD und spiegele es an der Achse PQ mit P(0|0) und Q(8|8).
Gib die Koordinaten der Bildpunkte A', B', C' und D' an.
a) A(0|3), B(2|3), C(2|6), D(0|6)   b) A(6|2), B(8|4), C(7|5), D(5|3)
c) A(0|2), B(2|2), C(4|4), D(4|6)   d) A(0|1), B(3|1), C(3|5), D(0|5)

4 Zeichne ein Dreieck ABC, dessen eine Seite 4 cm lang ist und dessen an dieser Seite anliegende Winkel 35° und 80° groß sind. Spiegele es anschließend jeweils an einer der drei Seitenlinien.

Die **Seitenlinie** einer Figur ist die Verlängerung der Seiten zu einer Geraden.

5 Bei einer Achsenspiegelung hat A(2|3) den Bildpunkt A'(5|6).
Bestimme die Spiegelachse und die Koordinaten der Bildpunkte von B(1|1), C(8|3) und D(2|6).

6 Übertrage die Figur mit der Spiegelachse a in dein Heft. Spiegele dann die Figur an a.

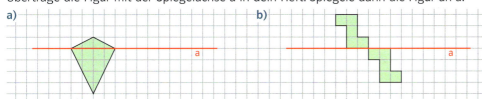

Bist du schon sicher?

7 Übertrage die beiden Buchstaben F in dein Heft.
Der Buchstabe F ist an zwei verschiedenen Achsen gespiegelt worden.
Trage die beiden Spiegelachsen ein und ergänze das fehlende F.
Beachte, dass es zwei unterschiedliche Lösungen gibt.

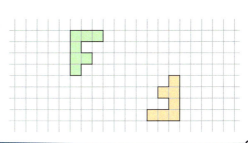

Lösungen | Seite 220

8 Zeichne ein Rechteck mit den Seitenlängen 6 cm und 3,5 cm und spiegele es an einer seiner Diagonalen.

9 Das Dreieck ABC in Fig. 1 soll so gespiegelt werden, dass A' der Bildpunkt von A ist.
a) Wie muss die Spiegelachse liegen?
b) Übertrage die Figur in dein Heft, zeichne die Spiegelachse a ein und spiegele das Dreieck ABC an a.

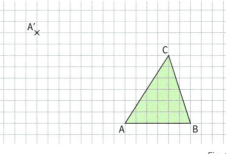

Fig. 1

10 a) Übertrage Fig. 2 in dein Heft. Spiegele die Punkte A und B an der Achse a. Zeichne dann die Bildgerade A'B'.
b) Welcher Punkt der Geraden AB stimmt mit seinem Bildpunkt überein?

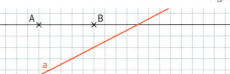

Fig. 2

11 Zeichne zwei zueinander senkrechte Spiegelachsen g und h. Spiegele einen Punkt A an g, dann an h, dann an g und wieder an h. Welche Figuren kannst du damit herstellen?

Kannst du das noch?

12 Es ist $5\,m^2\,5\,dm^2 = 505\,dm^2$. Wandle in gleicher Weise um.
a) $12\,m^2\,12\,dm^2$ b) $12\,m^2\,12\,cm^2$ c) $12\,ha\,120\,m^2$ d) $12\,a\,1200\,m^2$
e) $5\,km^2\,5\,ha$ f) $5\,km^2\,5\,a$ g) $5\,km^2\,500\,m^2$ h) $500\,m^2\,500\,dm^2$

13 Welche Straße ist in Wirklichkeit länger?
(1) eine auf der Karte 2 cm lange Straße bei einem Maßstab von 1:10 000
oder
(2) eine auf der Karte 4 cm lange Straße bei einem Maßstab von 1:5000

vgl. Seite 214
Lösungen | Seite 220

4 Drehungen

Klaas beobachtet den Reflektor am vorbeifahrenden Rad seines Freundes Tom.
Nicht nur das Rad dreht sich, sondern auch der Reflektor.

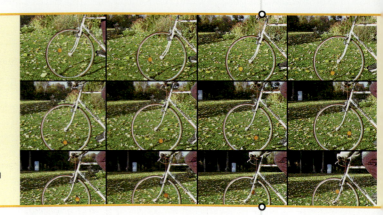

In Natur und Technik kommen häufig Drehbewegungen vor. Die Erde dreht sich um die Sonne, ein Rad dreht sich um die Nabe, ein Eiskunstläufer um seine Körperachse und eine CD um ihren Mittelpunkt.

Eine Drehung beschreibt man durch das **Drehzentrum** und den **Drehwinkel**. Die Richtung der Drehung ist in der Mathematik entgegen der Bewegung des Uhrzeigers festgelegt.

In der Abbildung wird das Dreieck um das Drehzentrum Z und mit einer Winkelgröße von $\alpha = 30°$ gedreht. Dabei entsteht das Bilddreieck A'B'C'.

Eine Strecke und ihre Bildstrecke sind gleich lang. Ein Winkel und sein Bildwinkel sind gleich groß.
Der Umlaufsinn von Figuren bleibt erhalten.

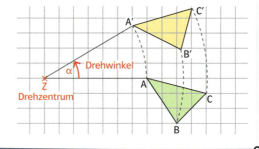 

Bei einer **Drehung** um ein **Drehzentrum** Z mit einem **Drehwinkel** α wird jedem Punkt P ein Bildpunkt P' zugeordnet.
Dabei gilt:
1. P und P' haben denselben Abstand von Z.
2. Alle Punkte P werden um denselben Winkel $\sphericalangle PZP' = \alpha$ gedreht.

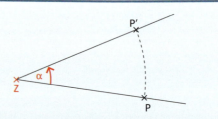

Dreht man eine Figur um 360°, so wird sie stets auf sich selbst abgebildet. Für manche Figuren ist dies auch für bestimmte Drehwinkel $\alpha < 360°$ der Fall.
Figuren, die diese Eigenschaft haben, nennt man **drehsymmetrisch**.

Dreht man zum Beispiel das abgebildete Steuerrad um die Radachse, so wird es bei den Drehwinkeln 60°, 120°, 180°, 240° und 300° auf sich selbst abgebildet.

II Winkelsummen, Abbildungen und Symmetrien

Eine Drehung mit dem Drehwinkel 180° ergibt dasselbe wie eine **Punktspiegelung**.

Drehung mit dem Drehwinkel 180°:

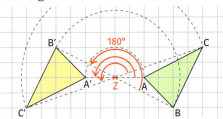

Punktspiegelung:

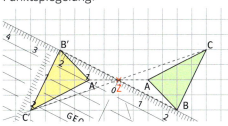

Die Punktspiegelung hast du bereits in Klasse 5 beim Spiegeln an einem Symmetriezentrum kennengelernt.

Punktsymmetrische Figuren sind drehsymmetrisch mit dem Drehwinkel α = 180°.

Beispiel 1 Drehen einer Figur
Drehe das Dreieck PQR um den Punkt Z mit dem Drehwinkel 90°.
Lösung
1. Verbinde Z mit Q. Trage den Drehwinkel von 90° an. Zeichne um Z einen Kreisbogen von Q zum zweiten Schenkel des Drehwinkels. Verfahre ebenso mit P und R.
2. Zeichne das Bilddreieck P'Q'R'.

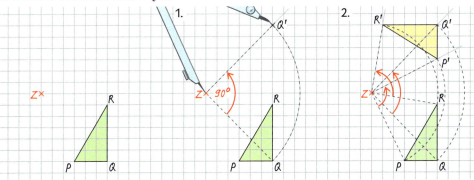

Beispiel 2 Drehwinkel angeben
Gib die Größen der Drehwinkel bei der drehsymmetrischen Figur an.
a) Quadrat
b) gleichseitiges Dreieck
Lösung

a)
90°, 180°, 270°

b)
120°, 240°

Aufgaben

1 Die grüne Figur kann durch eine Drehung um Z auf die gelbe Figur abgebildet werden. Wie groß ist der Drehwinkel?

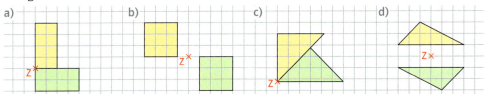

4 Drehungen

2 Übertrage das Rechteck und den Punkt Z in dein Heft. Zeichne das Bildrechteck für eine Drehung um Z mit dem Drehwinkel 90°.

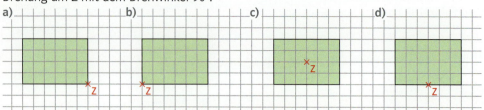

3 Können die gelbe und die grüne Figur durch eine Drehung aufeinander abgebildet werden? Gib gegebenenfalls die Lage des Drehzentrums und die Größe des Drehwinkels an.

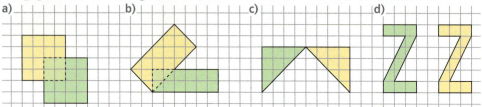

4 Die abgebildeten Figuren sind drehsymmetrisch.
a) Bestimme für jede Figur die Größen der entsprechenden Drehwinkel.
b) Welche anderen Symmetrien liegen vor?

Fig. 1 Fig. 2 Fig. 3

5 Nenne oder zeichne verschiedene Figuren, die durch Drehwinkel von 60°, 90°, 120° und 180° auf sich selbst abgebildet werden können.

6 Zeichne drei drehsymmetrische Figuren, die durch verschiedene Drehwinkel auf sich selbst abgebildet werden können. Lass deinen Partner die Größen der Drehwinkel bestimmen.

7 Bei einer Drehung um das Zentrum Z wird der Punkt A auf A' abgebildet. Zeichne die Punkte in ein Koordinatensystem und bestimme den Drehwinkel.
a) Z(0|0), A(5|1), A'(1|5)
b) Z(4|2), A(7|1), A'(5|5)
c) Z(5|5), A(6|1), A'(9|4)
d) Z(5|5), A(1|6), A'(6|1)

Bist du schon sicher

8 Übertrage das Dreieck ABC in dein Heft. Zeichne zum Dreieck ABC das Bilddreieck bei der Drehung
a) um A mit 90°,
b) um B mit 50°,
c) um C mit 150°.

9 Das Quadrat ABCD hat die Eckpunkte A(1|1), B(5|1), C(5|5) und D(1|5).
a) Zeichne das Quadrat in dein Heft.
b) Das Quadrat wird um den Schnittpunkt seiner Diagonalen um 90° gedreht. Wird die Figur durch diese Drehung auf sich selbst abgebildet?
c) Welche Koordinaten haben die Eckpunkte des Bildes?

→ Lösungen | Seite 220

64

II Winkelsummen, Abbildungen und Symmetrien

10 Übertrage das Dreieck ABC in dein Heft.
Zeichne das Bild bei der Drehung
a) um das Zentrum A mit α,
b) um das Zentrum A mit γ,
c) um das Zentrum B mit β,
d) um das Zentrum C mit γ,
e) um das Zentrum C mit α.

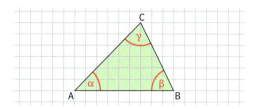

11 Zeichne die Bildfigur für die angegebene Drehung.
a) Strecke $\overline{AB}$ mit A(2|5), B(6|3), Drehzentrum Z(5|1) und Drehwinkel 32°
b) Dreieck ABC mit A(2|5), B(3|2), C(6|3), Drehzentrum Z = A und Drehwinkel 110°
c) Viereck ABCD mit A(2|5), B(3|2), C(6|3), D(5|6), Drehzentrum Z = A und Drehwinkel 45°
d) Fünfeck ABCDE mit A(2|0), B(5|1), C(6|3), D(3|5), E(1|2), Drehzentrum Z(4|4) und Drehwinkel 90°

12 Eine Gerade g soll durch eine Drehung auf eine Bildgerade g' abgebildet werden. Zeichne und gib ein Drehzentrum und einen Drehwinkel so an, dass
a) g' parallel zu g ist,   b) g' senkrecht zu g ist,   c) g' mit g zusammenfällt.

13 In einem (sonst leeren) 5 m langen und 4 m breiten Zimmer liegt ein Teppich, der von allen Wänden 50 cm Abstand hat. Wie groß ist der Drehwinkel beim Drehen um seine Mitte, wenn zwei Ecken an den Längswänden anstoßen? Zeichne.

14 Viele Seesterne haben um ihre Mundöffnung fünf sternförmig angeordnete Arme. Es gibt aber auch Seesterne mit weniger oder mehr Armen.
Suche Bilder von Seesternen und untersuche diese auf Drehsymmetrie.

15 Das Sternbild des Großen Wagens dreht sich in 24 Stunden einmal um den Polarstern P.
Übertrage Fig. 1 in dein Heft und zeichne das Bild des Großen Wagens in der Lage nach 8 Stunden.

16 Ein rechteckiges Bild (59 cm breit, 30 cm hoch) war an beiden oberen Ecken aufgehängt. Als sich der linke Nagel löste, drehte sich das Bild. Die Bildmitte befindet sich nun genau unter dem verbliebenen Nagel (Fig. 2). Zeichne in einem geeigneten Maßstab und bestimme so den Winkel der Drehung.

Fig. 1   Fig. 2

Kannst du das noch?

17 a) Benenne die Vierecke und untersuche sie auf Achsensymmetrie.

b) Zeichne zwei weitere achsensymmetrische Vierecke

vgl. Seite 212
Lösung | Seite 221

4 Drehungen

*5 Verschiebungen

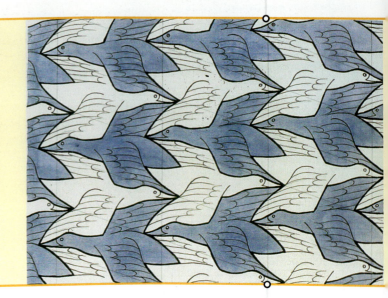

Wie kann das Bild entstanden sein?

Immer wiederkehrende Muster kann man durch Ausschneiden und Nachzeichnen herstellen.

Bei einer **Verschiebung** werden alle Punkte gleich weit und in die gleiche Richtung verschoben.
Man beschreibt diese Verschiebung durch einen **Verschiebungspfeil**, der durch seine Länge und Richtung die Verschiebung festlegt.

Eine Strecke und ihre Bildstrecke sind gleich lang. Ein Winkel und sein Bildwinkel sind gleich groß.
Der Umlaufsinn von Figuren bleibt erhalten.

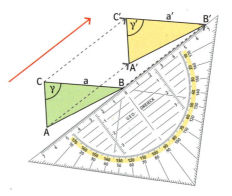

Bei einer **Verschiebung** wird jedem Punkt P ein Bildpunkt P' längs eines **Verschiebungspfeils** zugeordnet.
Dabei gilt für die Verschiebung von P zu P':
1. $\overline{PP'}$ ist parallel zum Pfeil.
2. $\overline{PP'}$ hat die gleiche Länge wie der Pfeil.
3. Die Verschiebung erfolgt in Pfeilrichtung.

Statt Verschiebung sagt man auch Translation.

66

II Winkelsummen, Abbildungen und Symmetrien

Beispiel Verschieben einer Figur
Das Dreieck PQR soll so verschoben werden, wie es der Verschiebungspfeil angibt.
Lösung
1. Zeichne die Parallelen zum Verschiebungspfeil durch die Eckpunkte P, Q und R des Dreiecks. Trage auf den Parallelen die Länge des Verschiebungspfeils ab.
2. Zeichne das Bilddreieck P'Q'R'.

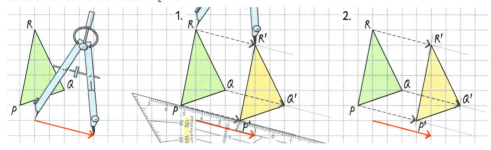

Aufgaben

1 Übertrage die Figur mit dem Verschiebungspfeil in dein Heft. Verschiebe wie durch den Pfeil angegeben.
 a)   b)   c)   d)

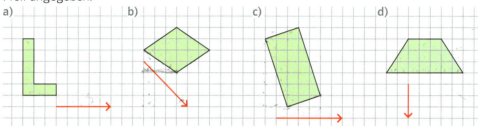

2 Zeichne das Viereck PQRS mit P(2|3), Q(6|3), R(5|5) und S(5|6). Verschiebe es so, dass der angegebene Bildpunkt entsteht.
 a) P'(2|0)   b) Q'(5|5)   c) R'(4|3)   d) S'(3|8)
 Gib auch die Koordinaten der anderen Bildpunkte an.

3 Zeichne das Dreieck ABC mit A(6|5), B(12|7) und C(6|10). Zeichne das Bilddreieck bei einer Verschiebung, die
 a) A auf B,   b) B auf A,   c) C auf A,   d) C auf D(9|6)
 abbildet.

4 Bei einer Verschiebung wird der Punkt P(1|2) auf P'(5|3) abgebildet.
 a) Welche Koordinaten haben die Bildpunkte von A(1|0), B(4|3) und C(5|3)? Zeichne.
 b) Welche Koordinaten hat der Bildpunkt von D(36|57)?

5 Können die Figuren durch eine Verschiebung aufeinander abgebildet werden? Wenn ja, übertrage die Figuren in dein Heft und zeichne einen passenden Verschiebungspfeil ein.
 a)   b)   c)   d)

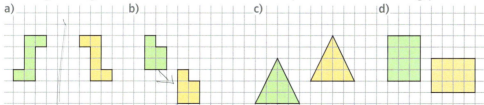

*5 Verschiebungen

Bist du schon sicher?

6 Übertrage Fig. 1 und Fig. 2 ins Heft. Verschiebe wie durch den Pfeil angegeben.

7 Untersuche, ob sich die Muster in Fig. 3 und Fig. 4 durch eine Verschiebung erzeugen lassen. Welche Ausgangsfiguren liegen zugrunde?

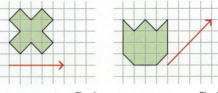

Fig. 1 Fig. 2

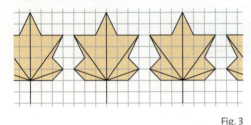

Fig. 3

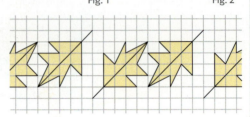

Fig. 4

8 Das große Dreieck in Fig. 5 ist aus acht Dreiecken aufgebaut. Welche dieser Dreiecke lassen sich
a) durch eine Verschiebung,
b) durch eine Achsenspiegelung
aufeinander abbilden?

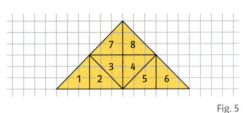

Fig. 5

9 Wird eine Grundfigur längs einer Geraden immer gleich weit verschoben, so erhält man ein **Bandornament**. Übertrage den Anfang der Bandornamente aus Fig. 6 in dein Heft und setze sie fort.

10 Zeichne zwei parallele Geraden im Abstand von drei Kästchen in dein Heft. Färbe die Kästchen zwischen den Geraden so, dass ein Bandornament entsteht, welches
a) verschiebungssymmetrisch, punktsymmetrisch und achsensymmetrisch ist,
b) verschiebungs- und punktsymmetrisch, aber nicht achsensymmetrisch ist,
c) verschiebungssymmetrisch, aber weder punkt- noch achsensymmetrisch ist.

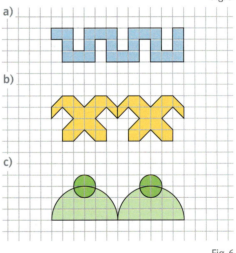

Fig. 6

Solche Bandornamente nennt man auch Mäander. Sie wurden nach dem krümmungsreichen kleinasiatischen Fluss Maiandros benannt.

11 Das Dreieck ABC wird zunächst um den roten Verschiebungspfeil verschoben. Danach wird das Bilddreieck A'B'C' um den blauen Verschiebungspfeil verschoben. Zeichne die Bilddreiecke A'B'C' und A"B"C". Durch welche Verschiebung kann man die beiden zuvor ausgeführten Verschiebungen ersetzen?

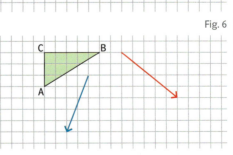

Lösungen | Seite 221

Kannst du das noch?

12 Welchen Winkel überstreicht der große Zeiger einer Uhr
a) in 12 Minuten,   b) in 40 Minuten,   c) in 75 Minuten,   d) in 120 Minuten?

Lösung | Seite 221

68

6 Eigenschaften von Dreiecken und Vierecken

„Irgendwie sieht das wie ein Drachen aus, aber dann auch wieder nicht."
Was meinst du dazu?

Bei einem gleichschenkligen Dreieck gibt es eine Symmetrieachse s, die in Fig. 1 durch die Spitze C geht und senkrecht zur Basis $\overline{AB}$ ist. Die beiden Basiswinkel α und β sind gleich groß. Ist das Dreieck gleichseitig (Fig. 2), gibt es drei Symmetrieachsen. Dann sind alle Winkelgrößen gleich. Nach dem Winkelsummensatz ist somit jeder Winkel 180°:3 = 60° groß.

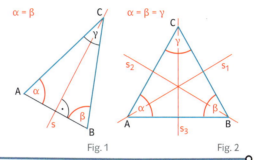

Fig. 1   Fig. 2

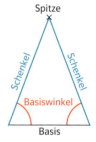

> Wenn ein Dreieck **gleichschenklig** ist, dann sind die **Basiswinkel gleich groß (Basiswinkelsatz)**. Umgekehrt gilt auch: Wenn in einem Dreieck zwei Winkel gleich groß sind, dann ist das Dreieck gleichschenklig.
> Bei einem **gleichseitigen** Dreieck sind alle Winkel 60° groß.

Auch bei Vierecken kann man Symmetrien erkennen. Es sollen nun Vierecke nach der Art und Anzahl ihrer Symmetrien geordnet werden. Im Folgenden werden die punkt- und achsensymmetrischen Vierecke betrachtet, die du schon aus Klasse 5 kennst. Dabei bedeuten die Verbindungslinien in der Abbildung zum Beispiel: Jedes Quadrat ist eine Raute (da das Quadrat vier gleich lange Seiten hat) und jede Raute ist ein Parallelogramm (da die gegenüberliegenden Seiten der Raute parallel sind). Natürlich ist dann jedes Quadrat auch ein Parallelogramm.

In der anderen Richtung, also von oben nach unten, kann man die Grafik so nicht lesen.

Kleines Haus der Vierecke

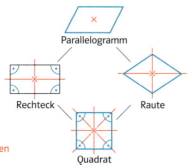

Rot: Symmetrieachsen und -zentren
Blau: Definitionen

69

Es gibt noch weitere interessante Vierecke:

Ein Viereck mit (mindestens) einem Paar paralleler Seiten heißt **Trapez**.	Ein Trapez mit Symmetrieachse heißt **symmetrisches Trapez**.	Ein Viereck, in dem die eine Diagonale die andere halbiert, heißt **Drachen**.	Ein Drachen mit einer Diagonale als Symmetrieachse heißt **symmetrischer Drachen**.

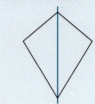

Auch das ist ein symmetrischer Drachen:

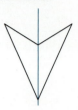

Großes Haus der Vierecke
Mit diesen Vierecken lässt sich das kleine Haus zum **großen Haus der Vierecke** ergänzen. Dabei bedeuten die Verbindungslinien zum Beispiel wieder: Jedes Parallelogramm ist ein Drachen oder jedes Rechteck ist ein symmetrisches Trapez. Da jedes Quadrat auch ein Rechteck ist, ist ein Quadrat auch ein symmetrisches Trapez.

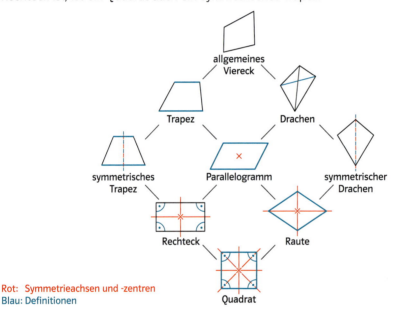

Rot: Symmetrieachsen und -zentren
Blau: Definitionen

Es gibt viele nicht symmetrische Vierecke. Mit symmetrischen Vierecken beschäftigt man sich besonders gern, weil sie formschön sind und besondere Eigenschaften haben.

In dieser Darstellung gilt: Wenn zwei Vierecke durch eine oder mehrere Verbindungslinien in gleicher Richtung miteinander verbunden sind, dann „erbt" das „untere" Viereck die Eigenschaften des „oberen" Vierecks.

Beispiel 1 Winkelbestimmung
Bestimme die Größen der Winkel β und γ im gleichschenkligen Dreieck ABC.
Lösung
Das gleichschenklige Dreieck hat die Symmetrieachse s. Es gilt α = β und somit α = β = 40°. Mit dem Winkelsummensatz erhält man γ = 180° − (40° + 40°) = 100°.

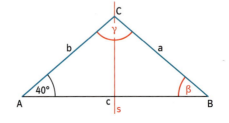

70

Beispiel 2 Eigenschaften einer Raute
Zeige: Bei einer Raute sind gegenüberliegende Winkel gleich groß.
Lösung
Da die Diagonale $\overline{AC}$ eine Symmetrieachse der Raute ist, sind die Winkel β und δ gleich groß (Eigenschaft achsensymmetrischer Figuren). Ebenso ist die Diagonale $\overline{BD}$ eine Symmetrieachse und deshalb gilt auch α = γ.

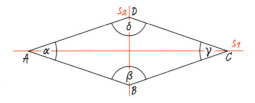

Aufgaben

1 Zeichne zwei gleich lange Strecken, die sich in ihren Mittelpunkten schneiden. Verbinde die Endpunkte zu einem Viereck. Welches besondere Viereck entsteht und welche weiteren Eigenschaften besitzt dieses?

2 Falte ein Blatt Papier und schneide wie in der Zeichnung ein Dreieck und ein Viereck mit zwei parallelen Seiten aus. Beschreibe die Eigenschaften der herausgeschnittenen Vierecke.

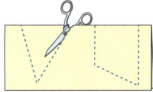

3 Zeichne ein gleichschenkliges Dreieck ABC mit den gegebenen Größen. Gib die nicht gegebenen Seitenlängen und Winkelgrößen an.
a) Die Länge der Basis beträgt 6,5 cm, ein Schenkel ist 5,2 cm lang.
b) Die Basis ist 10 cm lang, für den Basiswinkel α gilt α = 35°.
c) Ein Schenkel ist 12 cm lang, der Winkel an der Spitze hat eine Größe von 51°.

4 Zeichne zwei verschiedene gleichschenklige Dreiecke mit der gegebenen Eigenschaft.
a) Die Basis ist 7 cm lang.   b) Ein Basiswinkel ist 55° groß.
c) Ein Winkel ist 30° groß.   d) Zwei Winkel sind gleich groß.

5 Zeichne wenn möglich ein Dreieck mit den geforderten Eigenschaften.
a) Das Dreieck hat zwei Winkel der Größe 40° und zwei gleich lange Seiten.
b) Das Dreieck hat zwei gleich lange Seiten mit je 3 cm und eine Seite der Länge 8 cm.
c) Das Dreieck hat zwei gleich lange Seiten und einen rechten Winkel.

6 Aus den Plättchen kann man verschiedene Arten von symmetrischen Vierecken zusammensetzen. Du darfst dabei auch mehrere Plättchen einer Sorte und Plättchen von verschiedenen Sorten verwenden. Skizziere fünf Beispiele so zusammengesetzter Vierecke.

Interaktives Üben
Symmetrische Vierecke
hd4em9

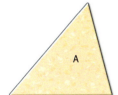
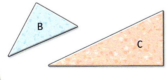

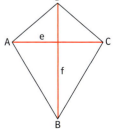

7 Zeichne mit den gegebenen Stücken einen symmetrischen Drachen ABCD. Bestimme aus der Zeichnung die Größen der fehlenden Seiten und Winkel. Die Diagonalen sind mit e und f bezeichnet.
a) b = 1,5 cm, d = 4 cm, γ = 80°   b) α = 50°, e = 5,5 cm, f = 4 cm
c) a = 3 cm, α = 35°, β = 135°   d) d = 3,5 cm, γ = 60°, f = 2 cm

8 Untersuche, ob es sich um einen symmetrischen Drachen handelt. Begründe.

a)  b)  c)  d)

9 Betrachte das große Haus der Vierecke. Bei welchen Vierecksarten
a) halbieren sich die Diagonalen,
b) sind die Diagonalen gleich lang und halbieren sich gegenseitig,
c) ist mindestens eine Symmetrieachse Diagonale,
d) sind gegenüberliegende Winkel gleich groß?

Zur Erinnerung:
Im Haus der Vierecke „vererben" sich die Eigenschaften entlang der Verbindungslinien „nach unten".

10 a) Welche zusätzlichen Eigenschaften muss ein Rechteck haben, damit es ein (symmetrischer) Drachen ist?
b) Welche zusätzlichen Eigenschaften muss ein Parallelogramm haben, damit es ein Drachen ist?
c) Kann eine Raute ein (symmetrisches) Trapez sein? Begründe.

Bist du schon sicher?

11 Zeichne in dein Heft.
a) ein Parallelogramm, das zwei Symmetrieachsen hat und kein Rechteck ist
b) ein symmetrisches Trapez, das auch ein Parallelogramm ist
c) ein achsensymmetrisches Viereck, das zugleich Drachen und Rechteck ist

12 Welche der folgenden Aussagen sind wahr, welche sind falsch? Begründe.
a) Jede Raute ist auch ein Drachen.
b) Jeder symmetrische Drachen ist auch ein Parallelogramm.
c) Jedes Trapez ist auch ein Rechteck.
d) Jedes Rechteck ist auch ein Trapez.

Lösungen | Seite 221

13 Die vordere Seite eines 2,20 m langen Steildachzeltes ist 2 m breit und 1,5 m hoch.
a) Zeichne in einem geeigneten Maßstab die Vorderfront. Bestimme die Größe aller Winkel und die Längen der Seiten.
b) Gib den Materialbedarf in Quadratmeter für den zugehörigen Zeltstoff des gesamten Zeltes an, wenn man 15 % Überschuss zur Fläche hinzurechnet.

14 Wer hat recht?
Marion sagt: „Ich habe ein achsensymmetrisches Dreieck mit drei verschieden großen Winkeln gezeichnet."
Paul behauptet: „Jedes Dreieck mit zwei Symmetrieachsen ist ein gleichseitiges Dreieck."
Manfred meint: „Ich habe ein gleichschenkliges Dreieck gezeichnet, in dem der Winkel zwischen den Schenkeln so groß wie ein Basiswinkel ist."

15 Lege mit Streichhölzern alle neun Vierecksarten vom großen Haus der Vierecke. Finde mehrere Möglichkeiten.
Seiten dürfen auch aus mehreren Streichhölzern gelegt werden.

16 Überprüfe, ob die Aussage wahr ist.
a) Es gibt achsensymmetrische Vierecke, die keine Drachen sind.
b) Besitzt ein symmetrischer Drachen ein Symmetriezentrum, dann ist er eine Raute.
c) Es gibt Vierecke, die sowohl symmetrischer Drachen als auch Trapez, aber keine Raute sind.

17 Zeichne wenn möglich in dein Heft.
a) ein Parallelogramm mit zwei rechten Winkeln
b) ein Parallelogramm, das genau eine Symmetrieachse hat
c) ein achsensymmetrisches Viereck, das kein symmetrischer Drachen ist

18 Zeichne verschiedene Viereckstypen und verbinde jeweils die benachbarten Mittelpunkte der Seiten. Welche Figuren entstehen?

19 Wie viele Symmetrieachsen hat ein regelmäßiges
a) Fünfeck, b) Sechseck, c) Siebeneck, d) Achteck?

Regelmäßige n-Ecke haben n gleich lange Seiten.

20 a) Welche Rechtecke sind symmetrische Drachen?
b) Welche Parallelogramme sind Drachen?
c) Zeichne ein Viereck, das sowohl ein Trapez als auch ein Drachen ist.
d) Zeichne ein achsensymmetrisches Viereck, das keine Raute ist.
e) Zeichne ein achsensymmetrisches Viereck, das kein Drachen ist.

21 Finde möglichst viele Eigenschaften eines Parallelogramms und eines symmetrischen Drachens.

22 🖥 **Experimentier-Aufgabe mit einer DGS**
Ein Parallelogramm ABCD und ein Punkt P sind gegeben. Durch Punktspiegelungen an den Eckpunkten A, B, C und D des Vierecks wird mit dem Punkt P ein neues Viereck konstruiert, das Außenviereck: Eine Punktspiegelung mit dem Symmetriezentrum A bildet den Punkt P auf den Punkt Q ab. Nun wird der Punkt Q durch eine Punktspiegelung mit dem Symmetriezentrum B abgebildet, der Bildpunkt heißt R. Dann wird R an C gespiegelt, der Bildpunkt heißt S. Zuletzt wird S an D gespiegelt.

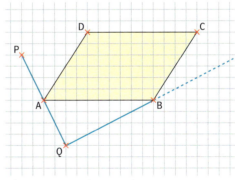

a) Führe die Punktspiegelungen aus und zeige, dass ein Viereck entsteht.
b) Lege den Punkt P so, dass als Außenviereck ein Parallelogramm entsteht.
c) Lege den Punkt P so, dass als Außenviereck ein Trapez entsteht. Überlege, ob dabei ein symmetrisches Trapez möglich ist.
d) Untersuche die Auswirkungen, wenn man das Parallelogramm ABCD durch folgende besondere Vierecke ersetzt: Rechteck, Raute, Quadrat, Drachen, symmetrisches Trapez. Untersuche auch, welche besonderen Vierecke dann gegebenenfalls als Außenviereck möglich sind.

Kannst du das noch?

23 Schreibe erst einen Term und berechne dann seinen Wert.
a) Subtrahiere das Produkt aus 46,3 und 27,4 von der Summe aus 1199,2 und 2100,9.
b) Um wie viel ist die Differenz der Zahlen 228,7 und 219,2 kleiner als die Summe von 33,5 und 79,8?

Lösung | Seite 222

Vertiefen und Vernetzen

1 Die abgebildeten Dreiecke sind besondere Dreiecke. Schreibe die Besonderheiten auf.
(1) (2) (3) (4)

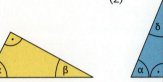 

2 Zeichne drei Kreise mit gleichem Radius so, dass jeder der Kreise durch die Mittelpunkte der beiden anderen geht. Welche Eigenschaft hat das Dreieck mit den Mittelpunkten als Eckpunkten?

3 Ist die Eigenschaft für jedes Dreieck erfüllt, nur für ganz spezielle Dreiecke oder gibt es keines?
a) Zwei Seiten sind zusammen immer länger als die dritte Seite.
b) Zwei Winkel sind gleich groß und es gibt zwei verschieden lange Seiten.
c) Alle drei Winkel sind gleich groß und zwei Seiten sind verschieden lang.
d) Das Dreieck hat genau zwei Symmetrieachsen.

4 a) In Fig. 1 ist g∥h. Bestimme die fehlenden Winkelgrößen, ohne zu messen.
b) Bestimme die Größen der bezeichneten Winkel in Fig. 2. Begründe deine Ergebnisse.

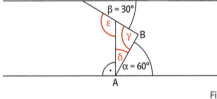 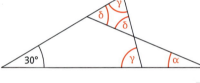

Fig. 1 Fig. 2

5 Gilt g∥h in beiden Abbildungen? Begründe deine Antwort.
(1) (2)

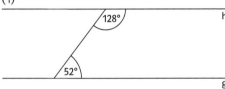 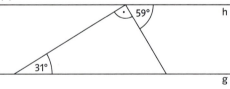

6 Sind die Geraden a und b zueinander parallel, wenn
a) α = 101°, β = 99°,
b) α = 104°, β = 76°,
c) α = γ = 110°, β = δ = 75°,
d) α = β = 90°, δ = γ?
Begründe deine Antwort.

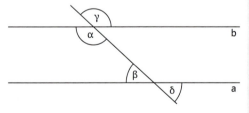

7 Welche Eigenschaften müssen zwei Dreiecke haben, damit man sie zum angegebenen Viereck zusammenlegen kann?
a) Parallelogramm   b) Rechteck
c) Quadrat   d) Raute
e) symmetrisches Trapez f) Drachen

8 Zeichne ein Rechteck ABCD mit $\overline{AB}$ = 5 cm und $\overline{BC}$ = 3 cm. Drehe das Rechteck so um seinen Mittelpunkt, dass dabei der Eckpunkt C und der Bildpunkt B' von B zusammenfallen. Miss die Größe des Drehwinkels.

9 Berechne die Größe des Winkels ε.
a) ABCD ist eine Raute, ABED ein symmetrischer Drachen
b) ABCD ist eine Raute, DCEF und ADGH sind symmetrische Trapeze.

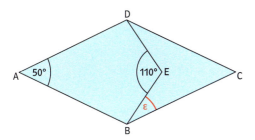
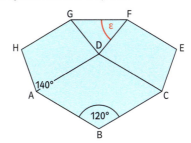

Parkettierungen

10 Wenn man die Ebene in alle Richtungen mit einer Figur lückenlos auslegen kann, spricht man von einer **Parkettierung**. In Fig. 1 und Fig. 2 sind Parkettierungen mit einem gleichseitigen Dreieck bzw. einem Parallelogramm zu sehen.
a) Begründe, warum man mit einem gleichseitigen Dreieck die Ebene parkettieren kann.
b) Begründe, warum man mit jedem Dreieck die Ebene parkettieren kann.
c) Kann man mit jedem Viereck die Ebene parkettieren?
d) Untersuche, ob man die Ebene auch mit einem regelmäßigen Fünfeck (Fig. 3) bzw. regelmäßigen Sechseck (Fig. 4) parkettieren kann.

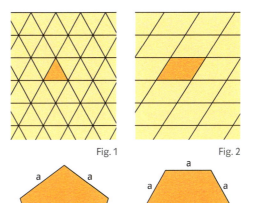

Tipp:
Betrachte die Winkelsumme um einen Eckpunkt herum.

11 a) Durch welche Abbildungen kann das grüne Viereck auf die benachbarten Vierecke abgebildet werden?
b) Übertrage die Zeichnung in dein Heft und setze die Parkettierung fort.
c) Wie viele Farben benötigt man mindestens, um das Muster so zu färben, dass Vierecke mit einer gemeinsamen Seite stets verschiedene Farben haben?

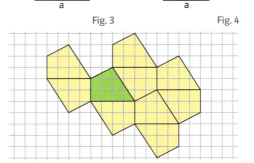

12 a) Zeichne zu den drei „Betonsteinen" aus Fig. 5 geeignete Parkettierungen.
b) Gib ihre Symmetrien an. Trage dazu Verschiebungspfeile und gegebenenfalls Spiegelachsen und Symmetriezentren ein.

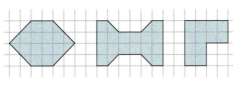

Fig. 5

13 a) Wähle eine Raute, bei der eine Diagonale so lang ist wie die Seiten. Lege sechs solcher Rauten mit dem kleineren der beiden Innenwinkel um einen Punkt herum zu einem Stern.
b) Zeige mit nur sechs weiteren Rauten, dass die Ebene zu einer Parkettierung mit den Rauten aufgefüllt werden kann. Lässt sich die Ebene auch zu einer Parkettierung auffüllen, wenn niemals drei große Winkel der Rauten um einen Punkt herum gelegt werden?

Exkursion

DGS – Geometrie mit dem Computer

Um Veränderungen in geometrischen Figuren leicht vornehmen zu können, benötigt man ein **Geometrieprogramm**. GeoGebra ist ein solches Programm. Natürlich gibt es auch noch andere Programme wie GEONExT, die man unter dem Begriff „Dynamische Geometrie-Software", kurz DGS, im Internet findet.

Konstruieren

In der Werkzeugleiste befinden sich verschiedene Icons (kleine Bildchen), die zum Ausführen der Arbeitsschritte dienen. Diese Schaltflächen werden erklärt, sobald man den Mauszeiger über das entsprechende Icon zieht. Klickt man auf das kleine Dreieck am unteren Rand eines Icons, dann erhält man eine Auswahl von ähnlichen Arbeitsschritten. Einige dieser Schaltflächen sind am Rand zusammengestellt.

Im Grafikfenster steht eine Zeichenfläche zur Verfügung. In der Menüleiste kann man unter *Ansicht* Achsen und ein Koordinatengitter ein- oder ausblenden. Durch das Anklicken eines Icons wählt man die gewünschte Zeichenfunktion aus. Die blau gekennzeichneten Elemente sind auf der Zeichenfläche mit dem Mauszeiger festzulegen. Die rot gekennzeichneten Elemente erzeugt der Computer.

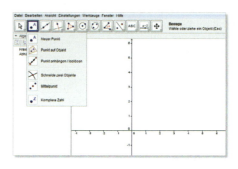

In dem grauen Bereich neben den Schaltflächen wird zusätzlich darauf hingewiesen, welche Elemente der Benutzer beim Erstellen eines Objektes angeben muss. Bei einigen Elementen muss man auch die gewünschten Maße, z.B. die Länge einer Strecke, angeben.

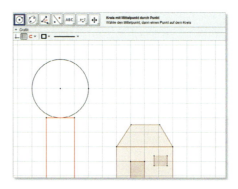

Ist ein Punkt nicht wie gewünscht auf dem Zeichenfeld positioniert, so kann er an eine andere Stelle verschoben werden. Dazu muss man den Pfeil zum Bewegen von Objekten als Werkzeug auswählen. Mit dem jetzt angezeigten Pfeil kann der Punkt mit gedrückter linker Maustaste angefasst und verschoben werden. Objekte, die mit diesem Punkt konstruiert wurden, verändern sich dann oder werden ebenfalls verschoben.

Einen Punkt zeichnen

Zwei Punkte durch eine Strecke verbinden

Eine Gerade durch zwei Punkte zeichnen

Einen Strahl zeichnen

Einen Kreis zeichnen

Ein Vieleck zeichnen

Pfeil zum Bewegen von Objekten

Wenn du ein Objekt, z.B. einen Punkt, mit der rechten Maustaste anklickst und Eigenschaften auswählst, kannst du unter anderem die Farbe, die Darstellung oder die Beschriftung ändern.

1 Zeichne eine Figur (Person, Auto, Haus, Baum …) nach deiner Wahl. Probiere dabei die verschiedenen Funktionen und Werkzeuge aus.

II Winkelsummen, Abbildungen und Symmetrien

Abbilden

DGS bietet oft die Möglichkeit, die verschiedenen Abbildungen
- Achsenspiegelung,
- Punktspiegelung,
- Verschiebung und
- Drehung

mithilfe des Computers durchzuführen.

Soll z. B. das Dreieck an der Geraden gespiegelt werden, wählt man das Icon zur „Achsenspiegelung" aus.

Auch hier werden die jeweils erforderlichen Angaben in dem grauen Bereich neben den Schaltflächen angezeigt. Für eine Achsenspiegelung muss man zuerst das zu spiegelnde Objekt und dann die Spiegelachse durch Anklicken angeben. Die Achsenspiegelung wird dann automatisch durchgeführt.

In ähnlicher Weise geht man bei der Punktspiegelung und bei der Verschiebung vor. Um ein Objekt zu verschieben, muss man einen Verschiebungspfeil angeben. Dazu wählt man einen Vektor zwischen zwei Punkten aus.

Um eine Drehung durchführen zu können, sind die Angabe des Drehzentrums und der Größe des Drehwinkels notwendig. Die Größe des Drehwinkels gibt man in das Dialogfeld ein, das sich öffnet.

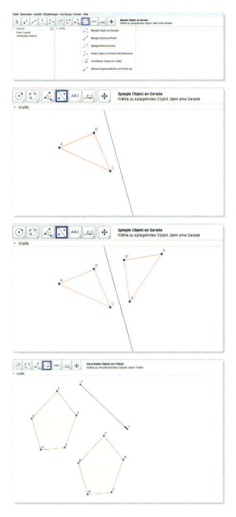

 Achsenspiegelung

 Punktspiegelung

 Verschiebung

 Drehung

 Vektor zwischen zwei Punkten

2 Lege für die folgenden Teilaufgaben jeweils eine neue Datei an.
   a) Zeichne ein beliebiges Dreieck und eine Gerade. Führe eine Achsenspiegelung durch.
   b) Zeichne ein beliebiges Dreieck und führe eine Punktspiegelung durch.
   c) Zeichne ein beliebiges Dreieck und einen Verschiebungspfeil. Verschiebe das Dreieck. Verändere Länge und Richtung des Pfeils und beobachte das Dreieck und sein Bilddreieck.
   d) Erzeuge ein Ornament, indem du ein Objekt mehrfach mit demselben Verschiebungspfeil verschiebst.

3 **a)** Zeichne ein beliebiges Dreieck und einen Punkt, der außerhalb des Dreiecks liegt. Verwende diesen Punkt als Drehzentrum und lege den Drehwinkel fest. Führe die Drehung des Dreiecks um das Drehzentrum durch.
   b) Probiere verschiedene Drehwinkel aus.
   c) Erzeuge ein Muster, indem du wiederholt dieselbe Drehung ausführst. Kommst du wieder am Ausgangspunkt an?

Exkursion

Rückblick

Scheitelwinkel und Nebenwinkel
An zwei sich schneidenden Geraden sind Scheitelwinkel gleich groß. Nebenwinkel ergeben zusammen 180°.

Stufenwinkel
Wenn zwei parallele Geraden von einer weiteren Geraden geschnitten werden, dann sind die Stufenwinkel gleich groß.
Wenn die Geraden g und h von der Geraden k geschnitten werden und die Winkel β und γ gleich groß sind, dann sind die Geraden g und h parallel.

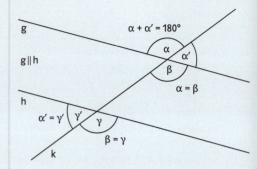

Winkelsumme im Dreieck
In jedem Dreieck beträgt die Summe der drei Innenwinkel 180°.

Winkelsumme im Viereck
In jedem Viereck beträgt die Summe der Innenwinkel 360°.

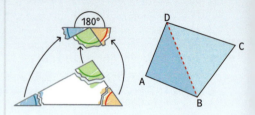

Achsenspiegelungen
Bei einer Achsenspiegelung wird jedem Punkt P ein Bildpunkt P' zugeordnet. Dabei gilt:
1. $\overline{PP'}$ ist senkrecht zur Spiegelachse a.
2. P und P' haben den gleichen Abstand von der Spiegelachse a.

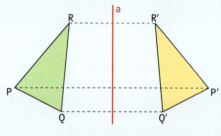

Drehungen
Bei einer Drehung um ein Drehzentrum Z mit einem Drehwinkel α wird jedem Punkt P ein Bildpunkt P' zugeordnet.
Dabei gilt:
1. P und P' haben denselben Abstand von Z.
2. Alle Punkte P werden um denselben Winkel ∢ PZP'= α gedreht

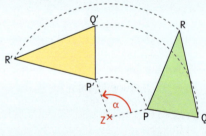

*Verschiebungen
Bei einer Verschiebung wird jedem Punkt P ein Bildpunkt P' längs eines Verschiebungspfeils zugeordnet.
Dabei gilt:
1. $\overline{PP'}$ ist parallel zum Pfeil.
2. $\overline{PP'}$ hat die gleiche Länge wie der Pfeil.
3. Die Verschiebung erfolgt in Pfeilrichtung.

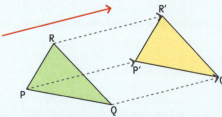

Gleichschenkliges und gleichseitiges Dreieck
Wenn ein Dreieck gleichschenklig ist, dann sind die Basiswinkel gleich groß (Basiswinkelsatz).
Wenn in einem Dreieck zwei Winkel gleich groß sind, dann ist es gleichschenklig.
In einem gleichseitigen Dreieck sind alle Winkel 60° groß.

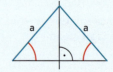

78

Training

II Winkelsummen, Abbildungen und Symmetrien

Runde 1

→ Lösungen | Seite 222

1 a) In Fig. 1 wird das Dreieck ABC auf das Dreieck A'B'C' gedreht. Bestimme das Drehzentrum und den Drehwinkel.
b) Übertrage das Dreieck ABC in dein Heft und führe die Drehung aus.
c) Spiegele das Dreieck ABC an der Achse a. Es entsteht das Dreieck A"B"C". Gib die Koordinaten der Punkte A", B" und C" an.

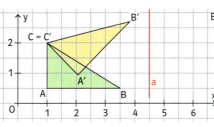

Fig. 1

2 a) Zeichne ein Parallelogramm ABCD mit $\alpha = 60°$, $a = 5\,cm$ und $b = 4\,cm$.
b) Spiegele die Figur einmal an der einen kurzen und einmal an der anderen kurzen Seite.
c) Drehe die Figur um ihren Eckpunkt A mit einem Winkel von 30°.
d) Untersuche das Parallelogramm auf seine Symmetrieeigenschaften.

3 Zeichne in ein Koordinatensystem die Gerade durch $A(2|0)$ und $B(9|2)$. Zeichne das Bild der Geraden bei der Punktspiegelung an $Z(5|4)$ und bestimme die Koordinaten des Punktes, in dem die Bildgerade die y-Achse schneidet.

4 Ein Dreieck ABC hat bei B einen rechten Winkel. Berechne, falls möglich, die Größe der übrigen Winkel und zeichne ein passendes Dreieck.
a) $\gamma = 12°$ **b)** $\alpha + \beta = 117°$ **c)** $\beta = 2 \cdot \alpha$ **d)** $\gamma + \alpha = 110°$

Runde 2

→ Lösungen | Seite 223

1 Eine Raute ist durch ihre Diagonalen $e = \overline{AC} = 6\,cm$ und $f = \overline{BD} = 4\,cm$ gegeben. Zeichne die Raute und ihr Bild bei der Drehung um den Punkt C mit 50°.

2 Die Fünfecke in Fig. 2 sind deckungsgleich zueinander. Beschreibe eine Abbildung, die die rote Figur
a) auf die grüne Figur,
b) auf die blaue Figur,
c) auf die gelbe Figur
abbildet.

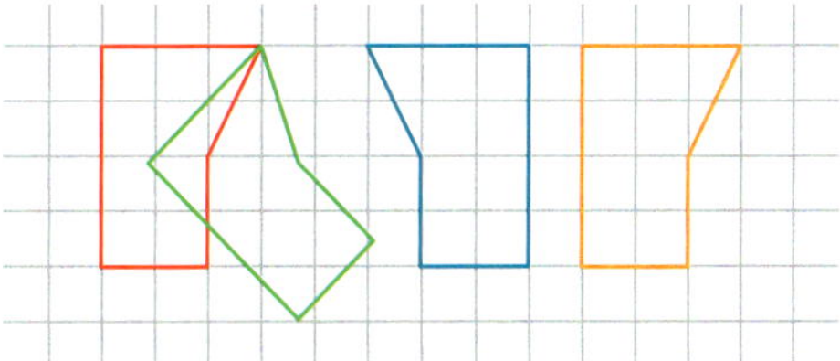

Fig. 2

3 a) Nenne Strecken in Fig. 3, die gleich lang sind. Wie viele gleichschenklige Dreiecke sind in der Figur enthalten?
b) Bestimme zu $\alpha = 26°$ die Größen der anderen beschrifteten Winkel und zeichne danach die Figur mit $\overline{AB} = 8\,cm$ ins Heft.
c) Kann die Figur auch so gezeichnet werden, dass $\alpha = 45°$ ist?

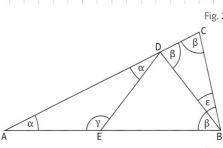

Fig. 3

4 Erstelle in einer Tabelle eine Übersicht über die Symmetrieeigenschaften der folgenden Vierecke: Quadrat, Rechteck, Parallelogramm, symmetrisches Trapez und symmetrischer Drachen. Die Tabelle soll eine Skizze, Symmetriearten, die Anzahl der Symmetrieachsen und den Drehwinkel enthalten.

III Rationale Zahlen

Rekorde im Tieftauchen

mit konstantem Gewicht, ohne Flossen:	− 101 m
mit konstantem Gewicht und Flossen:	− 125 m
mit konstantem Gewicht, Free Immersion:	− 121 m
mit variablem Gewicht, mit Flossen:	− 141 m
mit variablem Gewicht, No Limit:	− 214 m

(Stand: November 2012)

Das kannst du schon

– Situationen mit natürlichen Zahlen oder Bruchzahlen beschreiben
– Mit natürlichen Zahlen und mit Bruchzahlen rechnen

Sicher ins Kapitel III
Seite 205

Ein Biologe, ein Physiker und ein Mathematiker beobachten einen leeren Fahrstuhl, den ein Mann und eine Frau betreten. Die Tür schließt sich und der Aufzug setzt sich in Bewegung. Kurz darauf hält der Aufzug wieder, die Tür öffnet sich und es steigen ein Mann, eine Frau und eine weitere Person aus.

Der Biologe meint: „Fortpflanzung!"

Der Physiker entgegnet: „Messfehler!"

Der Mathematiker hingegen sagt: „Wenn noch eine weitere Person den Fahrstuhl betritt, dann ist er wieder leer."

Das kannst du bald
- Situationen mit positiven oder mit negativen Zahlen beschreiben
- Mit positiven und negativen Zahlen rechnen

Spiel: Guthaben und Schulden

Spielvorbereitung

Ihr benötigt das angegebene Spielmaterial und für jeden Mitspieler eine Spielprotokoll-Tabelle mit fünf Spalten wie in Fig. 2.
Jede Person erhält zunächst 20 Gutscheine und 20 Schuldscheine. Die übrigen Gut- und Schuldscheine werden griffbereit hingelegt. Die Zahlenkarten werden gemischt und als verdeckter Stapel in die Mitte gelegt.

Lerneinheit 1, Seite 84
Lerneinheit 3, Seite 91
Lerneinheit 4, Seite 95

Spieldurchführung

Der jüngste Spieler fängt an. Er würfelt ein „+“ oder ein „–“ und deckt die oberste Zahlenkarte auf. Fig. 1 zeigt, wie das Spiel funktioniert. Der Spielschritt mit Kontobewegung und neuem Kontostand wird in dem Protokoll (Fig. 2) festgehalten.

Spielmaterial

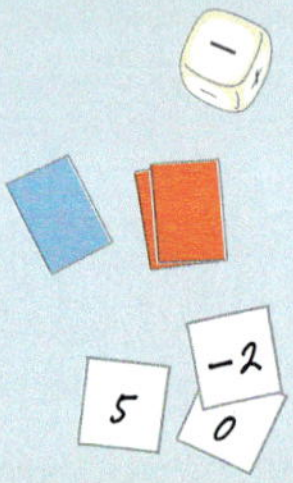

ein Würfel mit den Rechenzeichen + und –

ungefähr 120 blaue Kärtchen als Gutscheine und 120 rote als Schuldscheine

42 Zahlenkarten mit allen Zahlen von –10 bis 10 (jede Zahl muss zweimal vorkommen)

Beispiele für einen Spielschritt:

+ 3 heißt „nimm 3 Gutscheine auf“

– 3 heißt „gib 3 Gutscheine ab“

+ –3 heißt „nimm 3 Schuldscheine auf“

– –3 heißt „gib 3 Schuldscheine ab“

Fig. 1

Spielprotokoll Annika	alter Kontostand	Kontobewegung	Rechnung	neuer Kontostand
1. Runde	0	– 5	0 – 5 = –5	–5
2. Runde	–5	+ –1	–5 + (–1) = –6	–6
3. Runde	–6			

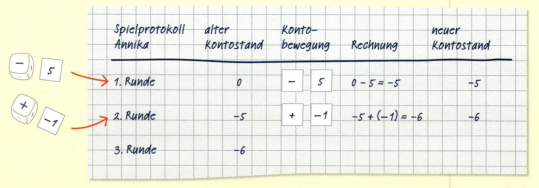

Fig. 2

- Spielt das Spiel zunächst drei Runden zur Probe und erklärt es euch gegenseitig. Wie stellt ihr am Ende fest, wer gewonnen hat?
- Spielt nun eine Partie mit zehn Runden. Ermittelt den Sieger. Kann das Spiel auch unentschieden ausgehen?
- Wie geht man vor, wenn jemand nicht mehr genug Schuldscheine oder Gutscheine hat, um eine Anweisung auszuführen?
- Wie kann man das Spiel auch ohne Gutscheine und Schuldscheine spielen?
- Sicher habt ihr beim Protokollieren Rechenregeln entdeckt. Schreibt sie auf. Überprüft die gefundenen Rechenregeln mit einem Taschenrechner.

III Rationale Zahlen

Spiel: Hin und her

Spielmaterial
- ein Würfel mit den Rechenzeichen + und –
- ein Würfel, dessen Seiten folgende Zahlen tragen: 0, –1, –2, 3, –4 und 5
- drei Spielfiguren pro Person
- ein Spielfeld

→ Lerneinheit 1, Seite 84
→ Lerneinheit 3, Seite 91
→ Lerneinheit 4, Seite 95

Auf die Spielfiguren müsst ihr Augen oder ein Gesicht malen, damit man weiß, wo vorne und hinten ist. Die Figuren werden mit beliebiger Blickrichtung auf das Startfeld gestellt. Es wird nun reihum gewürfelt und mit einer Figur nach Wahl gezogen. Dazu würfelt man mit beiden Würfeln. Beim nächsten Würfeln kann entweder mit derselben Figur weitergezogen oder mit einer Figur vom Startfeld gespielt werden.

Das Spiel wird mit 2 bis 4 Personen gespielt.

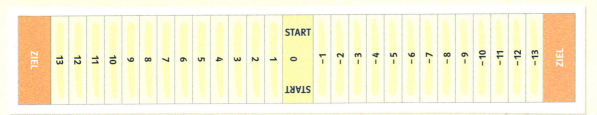

Spielregeln
Beim Rechenzeichenwürfel bedeutet
+: „stelle deine Figur so, dass sie in positive Richtung schaut",
–: „stelle deine Figur so, dass sie in negative Richtung schaut".

Beim Zahlenwürfel bedeutet z. B.
3: „gehe drei Felder vorwärts",
–4: „gehe vier Felder rückwärts".

Gewonnen hat, wer zuerst zwei Spielfiguren auf die Zielfelder gebracht hat. Das Zielfeld muss nicht mit der „genauen Augenzahl" erreicht werden.

Hinauswerfen
Figuren werden hinausgeworfen, wenn man mit der eigenen Spielfigur auf das Feld einer gegnerischen Figur kommt. Die gegnerische Figur wird neben das Spielfeld gestellt. Um eine Figur ins Spiel zu bringen, muss man eine „0" würfeln. Sie wird dann mit beliebiger Blickrichtung auf das Startfeld gestellt. Ist keine eigene Figur im Spiel, darf dreimal gewürfelt werden.

Beispiele
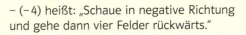
+ (– 2) heißt: „Schaue in positive Richtung und gehe zwei Felder rückwärts."

– (– 4) heißt: „Schaue in negative Richtung und gehe dann vier Felder rückwärts."

Spielvariante
Es gibt zwei Rechenzeichenwürfel und zwei Zahlenwürfel. Wer an der Reihe ist, wirft alle vier Würfel und darf sich anschließend ein Rechenzeichen und eine der gewürfelten Zahlen aussuchen.

Kopiervorlage
Spielfeld
zm83ty

Erkundungen

1 Negative Zahlen

Zahlen beschreiben viele Situationen des täglichen Lebens. Positive Zahlen reichen dazu nicht immer aus …

Für Temperaturangaben über null genügen die Zahlen, mit denen du bisher gerechnet hast. Zur Beschreibung von Temperaturen unter null oder auch von Schulden verwendet man **negative Zahlen**. Man schreibt diese mit einem Minuszeichen, z. B. −3 oder $-\frac{4}{5}$. Zur deutlichen Unterscheidung zwischen 3 und −3 schreibt man manchmal auch +3 und −3. Die Zeichen + und − heißen hier **Vorzeichen**. Die Zahlen +3, $+\frac{4}{5}$ … nennt man **positive Zahlen**.

Hinweis:
Zur Vereinfachung der Schreibweise wird das Vorzeichen + ab jetzt meistens weggelassen.

Die Zahl **Null** ist weder positiv noch negativ und wird deshalb **ohne Vorzeichen** geschrieben.

Positive und negative Zahlen kann man auf der **Zahlengeraden** veranschaulichen. Man trägt die positiven Zahlen rechts von der Null ein. Dazu spiegelbildlich trägt man die negativen Zahlen links von der Null ein.

Die Zahlengerade

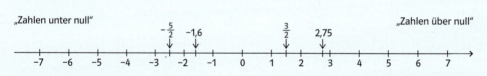

Negative Zahlen stehen links von 0. Sie haben das Vorzeichen −.

Positive Zahlen stehen rechts von 0. Sie haben das Vorzeichen + oder werden ohne Vorzeichen geschrieben.

Die Zahlen 0, 1, 2, 3 … heißen **natürliche Zahlen**. Nimmt man die negativen Zahlen −1, −2, −3 … hinzu, so erhält man die **ganzen Zahlen**.

Fügt man zu den Bruchzahlen wie z. B. $\frac{4}{5}$; $\frac{8}{3}$; $4\frac{3}{8}$; 2,08; $100,\overline{3}$ … alle negativen Bruchzahlen hinzu, so erhält man die **rationalen Zahlen**.

Weil man jede natürliche und jede ganze Zahl als Bruch darstellen kann, enthält die Menge der rationalen Zahlen auch alle natürlichen und alle ganzen Zahlen. Diese Menge enthält somit alle uns bisher bekannten Zahlen.

ℕ: Menge der natürlichen Zahlen
ℤ: Menge der ganzen Zahlen
ℚ: Menge der rationalen Zahlen

III Rationale Zahlen

Beispiel Rationale Zahlen auf der Zahlengeraden veranschaulichen.
Paula misst an einem Tag in den Weihnachtsferien alle vier Stunden die Außentemperatur und trägt diese in eine Tabelle ein:

Uhrzeit	6:00	10:00	14:00	18:00	22:00	2:00
Temperatur (in °C)	6,5 unter null	3,0 unter null	5,3 über null	4,0 über null	2,5 über null	1,8 unter null

Zeichne die Skala eines Thermometers und trage darauf die Temperaturen ab. Benutze dazu die Vorzeichen. Lies verschiedene Informationen ab.
Lösung
Wichtig ist die Wahl eines sinnvollen Maßstabs.
Wählt man 1 cm für 1 °C, so benötigt man eine etwa 12 cm lange Strecke.

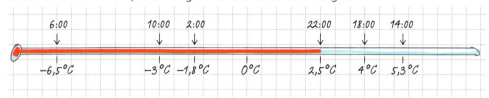

Auf der Skala erkennt man, dass 5,3 °C die höchste und −6,5 °C die niedrigste Temperatur war. Die Temperaturdifferenz betrug 11,8 °C. Die Temperatur steigt sehr stark zwischen 10:00 und 14:00 Uhr an, nämlich um 8,3 °C. Möglicherweise hat hier die Sonne geschienen.

Aufgaben

1 a) Lies die Temperaturen ab.

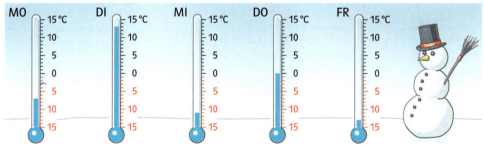

b) Frank hat die Thermometerstände aus Teilaufgabe a) während des Urlaubs gemessen. Zu welchen Tageszeiten könnten die Messungen gehören? In welcher Jahreszeit und wo könnte Frank Urlaub gemacht haben?

2 Welche Zahlen sind auf der Zahlengeraden rot markiert?

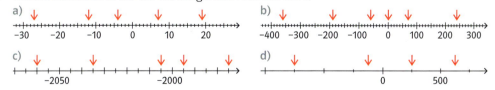

3 Den Buchstaben auf der Zahlengeraden ist je eine Bruchzahl zugeordnet. Gib diese als vollständig gekürzten Bruch an.

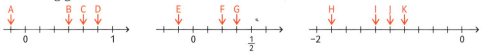

1 Negative Zahlen   85

4 Zeichne eine Zahlengerade, bei der das Teilstück zwischen −2 und 2 eine Länge von 16 cm hat und trage die Bruchzahlen ein.

a) $-\frac{1}{4}$; $-\frac{3}{8}$; $-\frac{5}{5}$; $\frac{6}{16}$; -1; $\frac{3}{8}$
b) $-0{,}125$; $0{,}5$; $-\frac{5}{8}$; $-0{,}625$; $\frac{0}{4}$; $1\frac{3}{4}$

5 Zeichne eine Zahlengerade in dein Heft und markiere darauf die folgenden Zahlen. Lege zuerst einen sinnvollen Maßstab fest.

a) 15; 35; 5; −25; −5; −15; −30
b) −1500; 3500; −2500; −500; 7500
c) $-\frac{1}{2}$; $-\frac{1}{3}$; $-\frac{3}{4}$; $-\frac{5}{6}$; $-\frac{11}{12}$; $\frac{5}{12}$
d) −3; 4; 2,5; $-2\frac{1}{2}$; $-\frac{6}{4}$; $\frac{7}{4}$; $-\frac{10}{4}$; $3\frac{1}{4}$

6 Welche Zahl liegt auf der Zahlengeraden in der Mitte von
a) 2 und 10, b) −7 und −1, c) −8 und 3, d) −1 und $-\frac{1}{2}$?

7 a) Nenne jeweils zwei Zahlen, in deren Mitte die genannte Zahl liegt.
(I) 0 (II) 4 (III) −2,7 (IV) $\frac{7}{8}$
b) Wie viele richtige Lösungen gibt es zu jeder der Aufgaben aus Teilaufgabe a)?
c) Beschreibe die Lage von zwei Zahlen auf der Zahlengeraden, in deren Mitte die Zahl 5 liegt, mit Worten.

Bist du schon sicher?

8 Welche Zahlen sind auf der Zahlengeraden rot markiert?

a)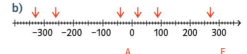
b)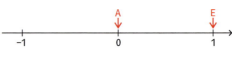

9 Übertrage die Zahlengerade in dein Heft. Die Strecke $\overline{AE}$ zwischen 0 und 1 soll 5 cm lang sein. Trage die Brüche $\frac{2}{5}$; $\frac{1}{4}$; $-\frac{1}{5}$; $\frac{8}{10}$; $-\frac{7}{10}$ und $\frac{80}{100}$ ein.

→ Lösungen | Seite 224

10 Lisa hat die Höhen einiger Berge und die Tiefen einiger Tiefseegräben aufgeschrieben.

Mount Everest	8850 m	Mont Blanc	4810 m
Aconcagua	6962 m	Marianengraben	11034 m
Mount McKinley	6194 m	Puerto-Rico-Graben	9219 m
Kilimandscharo	5895 m	Sundagraben	7500 m

a) Sie möchte die Namen auf der Weltkarte (Fig. 1) eintragen. Ordne den Namen Nummern zu.
b) Anschließend trägt sie die Berge und Tiefseegräben auf einer gemeinsamen Skala ein. Worauf muss sie dabei achten? Lege selbst eine solche Skala an.

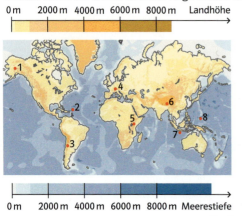

Fig. 1

Erweiterung des Koordinatensystems

Auch Punkte mit negativen Koordinaten wie A(−2|1) oder B(−2|−1) können in ein Koordinatensystem eingetragen werden. Dazu setzt man die x-Achse nach links und die y-Achse nach unten fort. Versieht man die verlängerten Achsen mit negativen Zahlen, so kann man die Lage aller Punkte auf einem Zeichenblatt durch Zahlenpaare beschreiben.

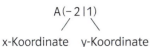

A(−2|1) bedeutet:
Gehe vom Ursprung um 2 Einheiten nach links und um 1 Einheit nach oben.

C(2|−1) bedeutet:
Gehe vom Ursprung um 2 Einheiten nach rechts und um 1 Einheit nach unten.

11 Lies in Fig. 1 und Fig. 2 die Koordinaten der eingezeichneten Punkte ab.

Bezeichne in Fig. 1 und Fig. 2 die weiteren Punkte im Uhrzeigersinn.

12 a) Zeichne die Punkte A(0|4), B(3|0), C(3|−4), D(0|−4), E(0|−2), F(1|−2) und G(1|−4) in ein Koordinatensystem und verbinde sie der Reihe nach.
Spiegele die entstandene Figur an der y-Achse. Lies die Koordinaten der Spiegelpunkte ab.
b) Erfinde selbst eine solche Aufgabe und stelle sie deinem Partner.

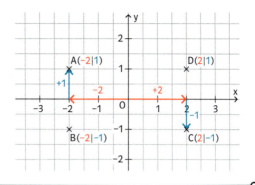

Fig. 1   Fig. 2

13 a) Zeichne die Punkte A(1|0), B(0|1), C(−1|0), D(1|−2), E(3|0) und F(0|3) in ein Koordinatensystem und verbinde sie der Reihe nach. Setze die entstandene Figur fort und gib die Koordinaten der neuen Eckpunkte an.
b) Entwerft eigene Muster.

14 Beantworte ohne Zeichnung. Welche Koordinaten hat der Bildpunkt vom Punkt P(17|−28), wenn er
a) an der x-Achse, b) an der y-Achse,
c) am Ursprung, d) am Ursprung und dann an der x-Achse
gespiegelt wird?

15 a) Zeichne in ein Koordinatensystem das Viereck ABCD mit A(−2|−1), B(5|−1), C(5|6) und D(−2|6). Bestimme den Flächeninhalt dieses Vierecks.
b) Wie groß ist der Flächeninhalt der Dreiecke ABC und ACD?

Kannst du das noch?

16 Berechne und kürze wenn möglich.

a) $\frac{1}{2} + \frac{1}{3}$
b) $\frac{11}{12} - \frac{2}{9} - \frac{5}{9}$
c) $\frac{3}{4} : 51$
d) $108 \cdot \frac{7}{48}$
e) $\frac{13}{14} \cdot \frac{56}{65}$
f) $\frac{18}{17} : \frac{90}{34}$
g) $\frac{13}{19} \cdot \frac{5}{12} + \frac{13}{19} \cdot \frac{7}{12}$
h) $\frac{8}{9} \cdot \frac{5}{7} \cdot \frac{2}{5} \cdot \frac{3}{4}$

vgl. Seite 44
Lösung | Seite 224

2 Anordnung

Jan hat im Geschichtsunterricht folgende Daten herausgesucht:
Julius Cäsar: 100 v. Chr. – 44 v. Chr.
Pythagoras: um 570 v. Chr. – 510 v. Chr.
Neandertaler: ca. 40 000 v. Chr.
erste Mondlandung: 1969
Belagerung Jerusalems: 70 n. Chr.
Er möchte die Daten in einer Zeitleiste darstellen. Was muss er bedenken?

Will man Zahlen miteinander vergleichen, so muss man wie bei Temperaturen das Vorzeichen beachten.
Die Temperatur $-4{,}5\,°C$ ist niedriger als $-2\frac{1}{2}\,°C$. Entsprechend kann man beim Anordnen von Zahlen vorgehen. So ist z. B. $-4{,}5$ kleiner als $-2\frac{1}{2}$. Außerdem ist eine negative Zahl immer kleiner als eine positive Zahl.

Anordnung rationaler Zahlen

$-\frac{5}{2}$ liegt links von $-1{,}25$. $\frac{3}{4}$ liegt links von $2\frac{1}{2}$.

$-\frac{5}{2}$ ist kleiner als $-1{,}25$. $\frac{3}{4}$ ist kleiner als $2\frac{1}{2}$.

$-\frac{5}{2} < -1{,}25$ $\frac{3}{4} < 2\frac{1}{2}$

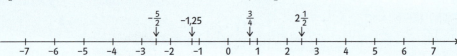

Die kleinere von zwei Zahlen liegt auf der Zahlengeraden weiter links.

Man nennt den Abstand einer Zahl von der Null den **Betrag** der Zahl. Die Zahlen 1,8 und $-1{,}8$ liegen symmetrisch zur Null, haben von dieser also denselben Abstand.
Man schreibt dafür $|1{,}8| = |-1{,}8| = 1{,}8$.
$|-1{,}8|$ wird gelesen: „Betrag von $-1{,}8$".

Zwei Zahlen, die sich nur durch das Vorzeichen unterscheiden, nennt man **Zahl und Gegenzahl**. Man kann also sagen: „$-1{,}8$ ist die Gegenzahl von 1,8" oder „1,8 ist die Gegenzahl von $-1{,}8$".
Auf der Zahlengeraden findet man die Gegenzahl einer Zahl, indem man diese „an der Null" spiegelt (Fig. 1).

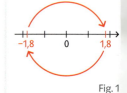

Fig. 1

Beispiel 1 Zahlen der Größe nach ordnen
a) Ordne die Zahlen der Größe nach. Verwende dazu das Symbol <.

$-2\frac{4}{5};\ \frac{1}{2};\ -0{,}7;\ 1{,}75;\ -3\frac{1}{4};\ -\frac{3}{10}$

b) Stelle das Ergebnis von Teilaufgabe a) auf der Zahlengeraden dar.

Lösung

a) $-3\frac{1}{4} < -2\frac{4}{5} < -0{,}7 < -\frac{3}{10} < \frac{1}{2} < 1{,}75$

b)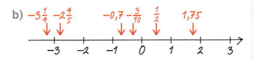

Beispiel 2 Betrag rationaler Zahlen
a) Gib alle Zahlen an, die den Betrag 6 haben.
b) Gib alle ganzen Zahlen an, deren Betrag kleiner als 3,5 ist.
Lösung
a) –6 und 6
b) –3; 3; –2; 2; –1; 1; 0

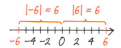

Aufgaben

1

a) Auf den Kärtchen findest du viele Formulierungen, mit deren Hilfe man im Alltag Vergleiche anstellen kann. Schildere eine Situation, bei der du die Größenangaben und die Kärtchen verwendest.
(1) –7 °C … –13 °C   (2) –21 € … 17 €   (3) 13 m unter NN … 27 m unter NN
(4) 28 dm … 5 dm   (5) 218 v.Chr. … 118 v.Chr.   (6) 18 m über NN … 18 m unter NN
b) Erfinde eigene Vergleiche mit Worten. Verwende möglichst alle Kärtchen.

Einige Orte liegen verglichen mit dem Meeresspiegel auf einer negativen Höhe. Die Höhe des Meeresspiegels nennt man Normal-Null (NN).

2 Ordne die genannten Mathematikerinnen und Mathematiker nach ihrem Geburtsjahr auf einer Zeitleiste an.
Maria Agnesi, 1718 n.Chr.   Sophie Germain, 1776 n.Chr.
Richard Dedekind, 1831 n.Chr.   Emmy Noether, 1882 n.Chr.
Eratosthenes von Kyrene, um 284 v.Chr.   Ruth Moufang, 1905 n.Chr.
Euklid, um 360 v.Chr.   Pythagoras von Samos, um 570 v.Chr.
Carl Friedrich Gauß, 1777 n.Chr.   Thales von Milet, um 625 v.Chr.

3 Was ist richtig?
a) $13 < -13$ oder $13 > -13$ b) $-\frac{1}{2} < -\frac{1}{4}$ oder $-\frac{1}{2} > -\frac{1}{4}$ c) $-4\frac{2}{3} < -4\frac{1}{3}$ oder $-4\frac{2}{3} > -4\frac{1}{3}$

4 Gib fünf negative Zahlen an,
a) die kleiner sind als $\frac{3}{4}$,   b) die größer sind als $-\frac{4}{3}$,   c) deren Betrag größer ist als 3.

5 Setze im Heft für ☐ eines der Zeichen < oder > und für △ eine passende Ziffer ein.
a) $-0,5 > -0,△$ b) $-2,2 < △,4$ c) $-\frac{2}{5}$ ☐ $-\frac{1}{4}$
d) $-2,1$ ☐ $-\frac{18}{10}$ e) $-0,△9 < -\frac{1}{10}$ f) $-\frac{5}{2}$ ☐ $-\frac{8}{3}$
g) $-0,010$ ☐ $-0,101$ h) $-0,△7 < \frac{1}{7}$ i) $-\frac{1}{2}$ ☐ $-\frac{1}{3}$

6 a) Welche der Zahlen $-7,8$; 45; $-0,06$; $-9\frac{8}{9}$; 0; $17\frac{3}{5}$ hat den größten (kleinsten) Betrag?
b) Welche ganzen Zahlen haben einen Betrag, der höchstens (mindestens, genau) 10 ist?

7 Gib eine Zahl an, die zwischen den gegebenen Zahlen liegt.
a) 3,4 und 3,5   b) $\frac{4}{8}$ und $\frac{6}{10}$ c) $-0,3$ und $-0,34$
d) $\frac{1}{4}$ und $\frac{1}{5}$ e) 1,06 und 1,07   f) $-0,01$ und $-0,011$

Bist du schon sicher?

8 a) Ordne die Zahlen der Größe nach. Verwende dazu das Symbol <.
$1\frac{1}{2}$; $-3{,}05$; $-\frac{1}{2}$; $\frac{7}{4}$; $-\frac{7}{2}$; $-3\frac{1}{10}$; $0{,}17$; $0{,}\overline{3}$

b) Ordne die Zahlen aus Teilaufgabe a) nach der Größe ihrer Beträge. Schreibe in der Art:
… < |−2| < |−3| < …

9 Zeichne die Zahlengerade ab. Schreibe statt eines Buchstabens einen vollständig gekürzten Bruch. Markiere zu jeder Zahl farbig die Gegenzahl und gib ihren Betrag an.

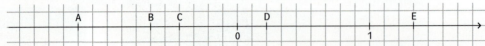

10 Füge zwischen die angegebenen Zahlen drei weitere Zahlen ein, sodass die Abstände jeweils gleich groß sind.
a) −4 und 0 b) −1 und 0 c) −1 und 1

11 Für ▪ soll jeweils die gleiche Ziffer eingesetzt werden. Gib wenn möglich eine Lösung an.
a) 10,5▪ < 10,6 < 10,▪5 b) 5,▪12 < 5,213 < 5,21▪ c) −1,5▪ < −1,5 < −1,▪9

12 a) Bestimme deine Schrittlänge,
(1) wenn du normal gehst,
(2) wenn du mit möglichst großen Schritten gehst.
b) Bestimmt in Kleingruppen durch Abschreiten möglichst genau eine Strecke von 20 m Länge.
c) Bestimmt durch Nachmessen mit einem Bandmaß (einem Laser-Entfernungsmesser), um wie viele Zentimeter ihr die 20 m verfehlt habt (+15 bedeutet 15 cm zu viel, −23 bedeutet 23 cm zu wenig).
d) Jede Gruppe notiert die Abweichungen der einzelnen Mitglieder an der Tafel. Überlegt euch gemeinsam eine Regel, nach der ihr feststellen könnt, welche Gruppe insgesamt am genauesten gemessen hat.

13 Gewichte schätzen
a) Bringt einen – mit Namen versehenen – Gegenstand mit, dessen Gewicht ihr zu Hause gemessen habt.
Jeder von euch schätzt das Gewicht jedes Gegenstandes so gut er kann und notiert sein Schätzergebnis.
b) Die Gewichte der Gegenstände werden bekannt gegeben.
Jeder schreibt auf, um wie viel er mit seiner Schätzung danebenlag. Dabei bedeutet +12 g: 12 g zu viel geschätzt, −32 g bedeutet: 32 g zu wenig geschätzt.
c) Wer von euch hat am besten geschätzt?
Überlegt euch gemeinsam eine (verschiedene) Regel(n), nach der (denen) ihr dabei vorgehen könnt.

Kannst du das noch?

14 Übertrage die Figur in dein Heft.
a) Bezeichne alle markierten Winkel mit griechischen Buchstaben.
b) Bestimme die Größen der markierten Winkel.
c) Kontrolliere deine Rechnung durch eine Messung der Winkelgrößen.

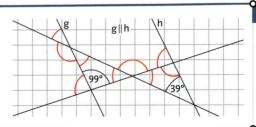

vgl. Beispiel, Seite 5
Lösung | Seite 224

3 Addieren und Subtrahieren einer positiven Zahl

Die weißen Zahlen sind Tageshöchsttemperaturen, die blauen Zahlen Tagestiefsttemperaturen. Von Donnerstag auf Freitag steigt die Höchsttemperatur um 7,5 °C. Beschreibe den Temperaturverlauf von Samstag bis Freitag.

Additions- und Subtraktionsaufgaben kann man auf der Zahlengeraden veranschaulichen.

Addition
Bei der Berechnung von −4 + 6 bewegt man sich von −4 aus 6 Schritte nach rechts, also gilt
−4 + 6 = 2.

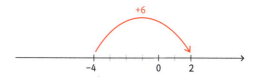

Subtraktion
Bei der Berechnung von 15 − 21 bewegt man sich von 15 aus 21 Schritte nach links, also gilt
15 − 21 = −6.

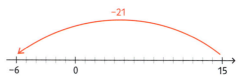

Addieren einer positiven Zahl
Gehe auf der Zahlengeraden nach rechts.

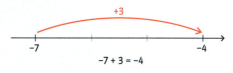

Subtrahieren einer positiven Zahl
Gehe auf der Zahlengeraden nach links.

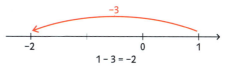

Treten **negative Brüche** auf, so geht man vor wie beim Rechnen mit ganzen Zahlen. Bei der Addition $-\frac{2}{3} + \frac{7}{3}$ geht man von $-\frac{2}{3}$ aus 7-mal $\frac{1}{3}$ nach rechts, also gilt
$-\frac{2}{3} + \frac{7}{3} = \frac{5}{3}$.

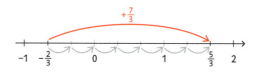

Bei der Subtraktion $\frac{4}{3} - \frac{5}{3}$ geht man 5-mal um $\frac{1}{3}$ nach links.
Daher gilt $\frac{4}{3} - \frac{5}{3} = -\frac{1}{3}$.

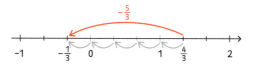

91

Beispiel Addieren und Subtrahieren an der Zahlengeraden
Veranschauliche die Aufgabe an der Zahlengeraden und löse sie.
a) −17 + 19,5
b) $1 - \frac{9}{4}$

Lösung
a) Man geht von −17 aus 19,5 Schritte nach rechts: −17 + 19,5 = 2,5.
b) Man geht von 1 aus 9-mal $\frac{1}{4}$ nach links: $1 - \frac{9}{4} = -\frac{5}{4}$.

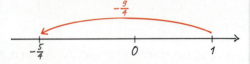

Aufgaben

1 Ergänze die fehlenden Angaben.

a) 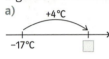 b)  c) 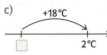 d)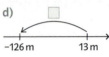

e) 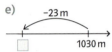 f) 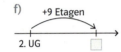 g)  h)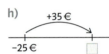

2 a) In der Nacht sank die Temperatur um 5 °C auf −17 °C.
b) Das Guthaben von 325 € nahm um 96 € zu.
c) Der Wasserspiegel stieg von −3,65 m auf 1,26 m an.

3 Löse an der Zahlengeraden.
a) 10 − 18
b) −9 + 17
c) −0,3 − 1
d) $\frac{8}{10} - \frac{17}{10}$

4 Entscheide, ob das Ergebnis positiv oder negativ ist.
a) −2 − 43
b) −19 + 18
c) −0,1 − 0,9
d) $1 - \frac{3}{7}$
e) −9 + 8
f) −112 + 117
g) 0,9 − 1
h) $\frac{13}{5} - 3$
i) −10 + 19
j) 225 − 228
k) 0,1 − 0,9
l) $-4 + 4\frac{1}{6}$

5 Das Konto von Frau Schmid weist ein Guthaben von 235 € auf. Nach der Bezahlung einer Rechnung hat sie Schulden in Höhe von 478 €.
a) Wie hoch war die Rechnung?
b) Wie viel Euro kann Frau Schmid noch abheben, wenn sie ihr Konto bis zu einem Betrag von höchstens 2400 € überziehen darf?

6 Timo fährt gern mit dem Fahrstuhl. Er steigt im Erdgeschoss eines Hochhauses ein und fährt 14 Stockwerke hinauf, dann 17 Stockwerke nach unten und anschließend nochmals 23 Etagen nach oben. Wie müsste sich der Fahrstuhl nach dieser Fahrt weiterbewegen, damit Timo im 2. Untergeschoss ankommt?

7 Übertrage die Tabelle ins Heft und fülle sie aus.

a)
+	15	96	28
−7	8		
18			
−69			

b)
−	113	95	
−13	−126		
		−28	
99			−79

Das „Burj Khalifa" in Dubai ist das Hochhaus mit den meisten Stockwerken (189) auf der Welt (Stand: Dezember 2012).

III Rationale Zahlen

8 Setze für ▢ das Zeichen „>", „<" oder „=" ein.
a) $-60 \; ▢ \; 20 - 75$
b) $-25 + 45 \; ▢ \; 30$
c) $-155 + 156 \; ▢ \; 1$
d) $13 \; ▢ \; -231 + 245$

9 Berechne im Kopf und gib das Ergebnis als vollständig gekürzten Bruch an.
a) $\frac{3}{4} - \frac{7}{4}$
   $-\frac{3}{4} - \frac{7}{4}$
   $-\frac{3}{4} + \frac{7}{4}$
b) $\frac{1}{9} + \frac{11}{9}$
   $-\frac{1}{9} + \frac{11}{9}$
   $-\frac{1}{9} - \frac{11}{9}$
c) $-\frac{11}{8} - \frac{19}{8}$
   $-\frac{8}{8} + \frac{5}{8}$
   $1\frac{1}{8} - \frac{10}{8}$
d) $\frac{4}{17} - \frac{21}{17}$
   $-\frac{0}{17} - \frac{21}{17}$
   $\frac{1}{17} - 2\frac{1}{17}$

zu Nr. 9

10 Die niedrigste Temperatur, die eine Pflanze überstehen kann, nennt man Frostresistenz.
a) Die Frostresistenz der Alpenrose beträgt im Januar −29 °C. Im Juni ist sie 25 °C höher. Welche Temperaturen übersteht die Alpenrose im Juni ohne Schädigung?
b) Die Latschenkiefer verträgt im Januar −43 °C, im Juli −7 °C. Um wie viel steigt die Frostresistenz des Baumes von Januar bis Juli an?

11 In welcher Reihenfolge muss man die Dominosteine aneinanderlegen? Beginne mit dem Stein links oben.

12 Fährt man vom See Genezareth nach Nazareth hinauf, so muss man einen Höhenunterschied von 510 m überwinden (Fig. 1). Welche geografische Höhe hat Nazareth?

Fig. 1

Bist du schon sicher?

13 Ergänze die fehlenden Zahlen.
a) $-\frac{5}{12} + \frac{1}{3} = ▢$
b) $\frac{3}{7} - \frac{5}{21} = ▢$
c) $\frac{4}{3} - ▢ = -\frac{1}{6}$
d) $▢ + \frac{17}{10} = -\frac{13}{5}$
e) $-\frac{5}{8} - ▢ = -\frac{3}{2}$
f) $\frac{1}{9} + ▢ = \frac{1}{3}$
g) $\frac{1}{7} - \frac{7}{1} = ▢$
h) $▢ - \frac{3}{5} = 0$

14 Schreibe zuerst einen Term und berechne anschließend.
a) Addiere zur Gegenzahl von 111 die Zahl 222.
b) Vergrößere $-\frac{5}{6}$ um $\frac{1}{3}$.
c) Welche Zahl muss man von −23,45 subtrahieren, um −25 zu erhalten?

Lösungen | Seite 224

15 a) Bilde fünf verschiedene Additionsaufgaben mit dem Ergebnis −13.
b) Bilde fünf verschiedene Subtraktionsaufgaben mit dem Ergebnis $-\frac{1}{2}$.

16 Im Pazifischen Ozean bei Neuseeland gibt es unter der Meeresoberfläche einen Berg, der 8690 m hoch ist. Wie weit liegt die Spitze dieses Berges unter der Meeresoberfläche, wenn der Meeresgrund in der Umgebung des Berges die geografische Höhe −9050 m hat? Fertige zunächst eine Skizze an.

17 Setze die Kärtchen so ein, dass das Ergebnis
a) möglichst groß wird,
b) möglichst klein wird,
c) möglichst nahe bei null liegt.

3 Addieren und Subtrahieren einer positiven Zahl

18 a) Isabell wirft eine Flasche Cola mit $\frac{1}{3}$ l Inhalt um, sodass die Hälfte ausläuft.
b) Jakob füllt aus einer $\frac{3}{4}$-l-Flasche Apfelsaft vier 200-ml-Gläser.

19 **Ziemlich negativ! – Ein Spiel für 3 bis 5 Personen**
Jeder Spieler erhält gleich viele Spielplättchen. Die übrigen Plättchen werden auf beliebige Kreuzungspunkte des Spielplans gesetzt.
Nun wird reihum jeweils ein Spielstein auf eine Ecke eines beliebigen Dreiecksfeldes gesetzt. Wer an der Reihe ist, muss setzen.
Wer mit dem gelegten Plättchen ein Dreieck vollständig einschließt (d.h., auf jeder Ecke des Dreiecks liegt ein Spielstein), schreibt sich dafür die Punkte gut, die im Inneren des Dreiecks stehen. Das können Plus- oder Minuspunkte sein.
Es kann vorkommen, dass man mit einem Spielstein gleichzeitig mehrere Dreiecke einschließt. Dann bekommt man die Punkte aus allen umschlossenen Dreiecken.
Man schreibt den Spielstand in jeder Runde auf. Wer am Ende die höchste Punktzahl hat, gewinnt.

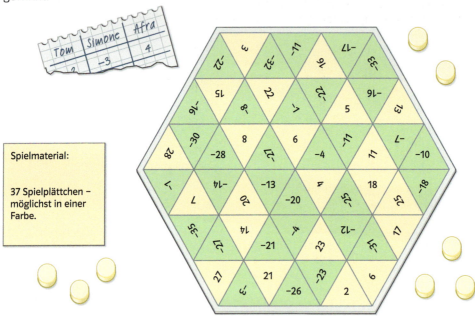

Spielmaterial:

37 Spielplättchen – möglichst in einer Farbe.

20 **Regelmäßige Vielecke**
a) Zeichne ein regelmäßiges Sechseck mit der Kantenlänge 4 cm.
b) Welchen Mittelpunktswinkel besitzt ein regelmäßiges Zehneck?
c) Zeichne in einen Kreis mit dem Radius 3,5 cm ein regelmäßiges Fünfeck.

21 Bei der Wahl zum Kapitän der Fußballmannschaft erhält Paul 8 Stimmen, Pierre 4 Stimmen, Alex 14 Stimmen, Sandro 9 Stimmen und Marcel 7 Stimmen. Stelle das Wahlergebnis in einem Säulendiagramm dar.

Kannst du das noch?

Das Foto zeigt das „Pentagon" (penta (gr.): fünf), den Hauptsitz des amerikanischen Verteidigungsministeriums, der sich in der Nähe von Washington befindet.

vgl. Seite 215
Lösungen | Seite 224

4 Addieren und Subtrahieren einer negativen Zahl

Mehr als 95 % Ägyptens bestehen aus Wüsten. Westlich des Nils erstreckt sich die Libysche Wüste. In Senken wie der Kattara-Senke fällt sie auf bis zu 133 m unter dem Meeresspiegel ab und steigt im Südwesten bis auf 1098 m an – enorme Höhenunterschiede für eine Wüste!

Bisher hast du zu einer gegebenen Zahl nur positive Zahlen addiert oder von dieser subtrahiert. Um herauszufinden, wie man negative Zahlen addiert oder subtrahiert, setzt man folgende Zahlenreihen fort:

Addieren

−2	+	3	=	1
−2	+	2	=	0
−2	+	1	=	−1
−2	+	0	=	−2
−2	+	(−1)	=	−3
−2	+	(−2)	=	−4
−2	+	(−3)	=	−5

wird immer um 1 kleiner

Subtrahieren

−2	−	3	=	−5
−2	−	2	=	−4
−2	−	1	=	−3
−2	−	0	=	−2
−2	−	(−1)	=	−1
−2	−	(−2)	=	0
−2	−	(−3)	=	1

wird immer um 1 größer

Wenn Vorzeichen und Rechenzeichen „aneinanderstoßen", setzt man Klammern:
Statt −2 + −5 = −7 schreibt man −2 + (−5) = −7.
Statt −2 − −5 = 3 schreibt man −2 − (−5) = 3.

Beachte:

Beim **Addieren einer negativen Zahl** geht man auf der Zahlengeraden nach links.

Beim **Subtrahieren einer negativen Zahl** geht man auf der Zahlengeraden nach rechts.

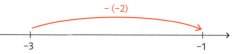

Vergleich mit der Subtraktion positiver Zahlen:

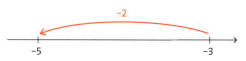

Vergleich mit der Addition positiver Zahlen:

> Die **Addition einer negativen Zahl** lässt sich als Subtraktion durchführen.
> Beispiel: 11 + (−17) = 11 − 17 = −6
>
> Die **Subtraktion einer negativen** Zahl lässt sich als Addition durchführen.
> Beispiel: (−7) − (−9) = (−7) + 9 = 2

Beispiel Addieren und Subtrahieren negativer Zahlen
Berechne.
a) $3 + (-8)$ b) $-11 + (-8)$ c) $2 - \left(-\frac{2}{3}\right)$ d) $-2,1 - (-1,1)$

Lösung
a) $3 + (-8)$ b) $-11 + (-8)$ c) $2 - \left(-\frac{2}{3}\right)$ d) $-2,1 - (-1,1)$

$= 3 - 8$ $= -11 - 8$ $= 2 + \frac{2}{3}$ $= -2,1 + 1,1$

$= -5$ $= -19$ $= \frac{8}{3}$ $= -1$

Aufgaben

1 Ergänze die fehlenden Angaben. Vergiss die Pfeilspitzen nicht.

a) 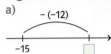 b) 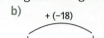 c) 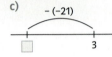 d)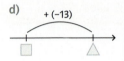

2 Entscheide, ob das Ergebnis positiv oder negativ ist.
a) $-20 - (-10)$ b) $-9 - (-10)$ c) $-10 - (-9)$ d) $24 + (-3)$
e) $-75 + (-72)$ f) $155 - (-156)$ g) $-59 + (-58)$ h) $59 - (-63)$
i) $69 - (-96)$ j) $1011 + (-1012)$ k) $26 - (-25)$ l) $-63 + (-60)$

3 Berechne im Kopf.
a) $10 + (-12)$ b) $-0,4 - (-0,6)$ c) $-1 - \left(-\frac{4}{5}\right)$ d) $0,1 + \left(-\frac{3}{10}\right)$

4 Zinny, der Zahlenfloh, springt auf der Zahlengeraden. Nenne jeweils fünf Landeplätze.

a)  b)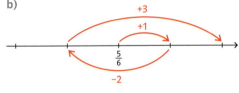

5 Berechne.
a) $-2,3 + (-1,6)$ b) $0,18 - (-0,21)$ c) $-\frac{31}{5} + \left(-\frac{19}{5}\right)$ d) $4 + \left(-3\frac{1}{3}\right)$
e) $-2,6 - (-2,0)$ f) $0,59 + (-0,63)$ g) $-\frac{1}{2} - \left(-\frac{1}{4}\right)$ h) $4 - \left(-3\frac{1}{3}\right)$

6 Vereinfache die Schreibweise und berechne. Die Lösungen findest du auf dem Rand.
a) $\frac{4}{45} + \left(-\frac{4}{90}\right)$ b) $-\frac{3}{4} - \left(-\frac{4}{5}\right)$ c) $\frac{3}{5} - \left(-\frac{1}{2}\right)$ d) $-\frac{1}{6} + \left(-\frac{1}{9}\right)$
e) $-\frac{1}{6} - \left(-\frac{1}{3}\right)$ f) $-\frac{5}{6} + \left(-\frac{1}{2}\right)$ g) $-\frac{1}{6} - \left(-\frac{1}{9}\right)$ h) $-\frac{1}{5} + \left(-\frac{1}{2}\right)$
i) $-\frac{11}{18} + \left(-\frac{5}{36}\right)$ j) $\frac{1}{6} - \left(-\frac{1}{9}\right)$ k) $-\frac{0}{7} - \left(-\frac{1}{13}\right)$ l) $1 - \left(-\frac{1}{7}\right)$

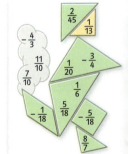

7 Ergänze die fehlenden Angaben.
a) $17 + (-36) = \square$ b) $\square - (-36) = 19$ c) $-15 - \square = 19$ d) $\square - (-23) = \triangle$
e) $-112 + \square = -103,2$ f) $\square - (-47,3) = 45,6$ g) $24,4 + (-53,1) = \square$ h) $-8,5 + \square = \frac{1}{4}$

8 $3,5 \square 5,6 \square 2,1 \square 4,3$
a) Setze + und − in die Kästchen. Wie viele Möglichkeiten gibt es?
b) Welcher Term liefert das größte Ergebnis, welcher das kleinste? Berechne.
c) Welcher Term liefert ein Ergebnis, das möglichst nahe bei 0 liegt? Berechne.

III Rationale Zahlen

Bist du schon sicher?

9 Berechne.
a) $-14 + (-20)$
b) $-19 - (-37)$
c) $17 + (-28)$
d) $-5,4 - (-5,4)$
e) $-0,39 - (-1)$
f) $\frac{1}{3} + \left(-\frac{4}{3}\right)$
g) $-4 - \left(-3\frac{1}{3}\right)$
h) $-3\frac{1}{2} - \left(-3\frac{3}{4}\right)$

10 Übertrage die Rechenmauer in dein Heft und ergänze sie. Über zwei Steinen steht
a) deren Summe,
b) deren Differenz.

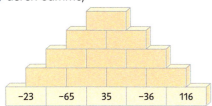
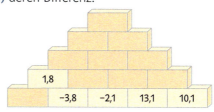

Lösungen | Seite 225

11 a) Subtrahiere -35 von 224 und -69 von -196.
b) Welchen Abstand haben die Zahlen -27 und -59 auf der Zahlengeraden?
c) Welche Zahl muss man von -678 subtrahieren, um -522 zu erhalten?

12 a) Subtrahiere $\frac{17}{13}$ von 1.
b) Wie viel fehlt von $-\frac{27}{10}$ bis $\frac{4}{15}$?
c) Addiere $-\frac{2}{17}$ zu $\frac{1}{17}$.
d) Ist die Differenz oder die Summe der Zahlen $-\frac{4}{9}$ und $-\frac{5}{8}$ größer?

13 Setze Vorzeichen und Ziffern so ein, dass das Ergebnis
a) möglichst groß wird,
b) möglichst klein wird,
c) möglichst nahe bei null liegt.

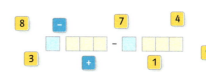

M 1	$-13,5$ m
M 2	$-32,1$ m
M 3	$-8,4$ m
M 4	$-26,9$ m
M 5	$-34,7$ m
M 6	$-19,8$ m

Fig. 1

14 Bei einer Unterwasserexpedition setzen Taucher an verschiedenen Stellen Tiefenmarkierungen (Fig. 1).
a) Bestimme die jeweiligen Veränderungen der Tauchtiefen.
b) Zwischen welchen beiden Markierungen besteht die größte Tiefenveränderung?
c) Von Marke 6 aus soll eine Gesteinsprobe an das Oberdeck des Forschungsschiffes gebracht werden. Wie viele Meter über der Wasseroberfläche liegt das Oberdeck, wenn von dort aus das Seil einer Winde $25,5$ m abgelassen wird?

15 Das Haus des Nikolaus
a) Das Haus des Nikolaus kann in einem Zug durchlaufen werden. Dabei wird jede Linie nur einmal benutzt. Finde verschiedene Möglichkeiten.
b) Addiere die Zahlen in den Kreisen in der Reihenfolge, in der du das Haus durchläufst. Was fällt dir bei den verschiedenen Wegen auf? Begründe deine Beobachtung.

Kannst du das noch?

16 Beim Orientierungslauf der 6. Klassen benötigten die einzelnen Gruppen folgende Zeiten:
70 min, 75 min, 70 min, 80 min, 65 min, 85 min, 80 min, 85 min, 75 min, 80 min, 90 min, 80 min, 85 min, 90 min, 80 min, 75 min, 85 min und 70 min.
Lege eine Häufigkeitstabelle an und zeichne ein Säulendiagramm. Welche Informationen lassen sich daraus entnehmen?

vgl. Seite 215
Lösung | Seite 225

4 Addieren und Subtrahieren einer negativen Zahl

5 Verbinden von Addition und Subtraktion

Informationen zu einem Berglauf:
Start: 912 m (über NN)
Ziel: 2219 m (über NN)

Bei einem Wettlauf in flachem Gelände macht es keinen großen Unterschied, wenn man Start und Ziel vertauscht ...

Durch Verändern der Reihenfolge kann man längere Terme oft einfacher berechnen. Dabei muss man beachten, dass man bei der Subtraktion die Reihenfolge nicht ändern darf.
Will man die Reihenfolge verändern, ohne einen Fehler zu machen, muss man die Aufgabe zuerst als reine Additionsaufgabe schreiben: 3 − 5 = 3 + (−5) = −5 + 3.

> Man kann **jeden Term**, in dem nur addiert und subtrahiert wird, **als reine Addition** schreiben.
> Beispiele: 15 − 18   11 − 15 + 7 − 6
>   = 15 + (−18)   = 11 + (−15) + 7 + (−6)

Da nun eine reine Addition vorliegt, kann man damit Summanden vertauschen, wodurch man oft Rechenvorteile erhält, zum Beispiel:
9 − 1,4 + 11 − 1,6 = 9 + (−1,4) + 11 + (−1,6) = 9 + 11 + (−1,4) + (−1,6)
= 20 + ((−1,4) + (−1,6)) = 20 + (−3) = 20 − 3 = 17.

Beispiel Rechenvorteile nutzen
Rechne vorteilhaft.
a) 65 − 157 + 35   b) 2,65 − 5,3 − 2,7 + 1,35
Lösung
a) 65 − 157 + 35   b) 2,65 − 5,3 − 2,7 + 1,35
  = 65 + (−157) + 35 = 65 + 35 + (−157)   = 2,65 + (−5,3) + (−2,7) + 1,35
  = 65 + 35 − 157   = 2,65 + 1,35 + ((−5,3) + (−2,7))
  = 100 − 157 = −57   = 4 + (−8) = −4

Aufgaben

1 Rechne im Kopf.
  a) 5 − 7 + 8   b) 8 − 5 − 6   c) −5 + 4 + 5   d) −2 + 9 − 7
  e) −1 − 4 − 9   f) −3 + 10 − 7   g) 4 − 20 + 6   h) 99 − 102 + 1

2 Rechne im Kopf. Die Ergebnisse lauten 1, −1, 2 oder −2.
  a) 17 − 26 + 8   b) −27 + 36 − 10   c) −13 + 27 − 12   d) 18 − 35 + 19 − 4
  e) 25 − 26 + 2   f) 56 − 61 + 7   g) −28 − 13 + 39   h) −13 + 19 − 16 + 12

3 Fasse geschickt zusammen und berechne.
  a) 5,5 − 1,5 − 2,5 − 1   b) 6,3 + 1,7 − 2,4 − 3,3   c) 5,6 − 4,5 + 6,4 − 3,5   d) 9 + 0,9 − 0,9 + 3,2
  e) $\frac{3}{4} - \frac{7}{4} - \frac{11}{4} - \frac{5}{4}$ f) $\frac{1}{7} + \frac{9}{7} - \frac{12}{7} - \frac{4}{7}$ g) $\frac{2}{9} - \frac{5}{9} + \frac{8}{9} - \frac{25}{9}$ h) $\frac{8}{3} - \frac{7}{6} + \frac{13}{3} + \frac{2}{3}$

III Rationale Zahlen

4 Berechne. Nutze wenn möglich Rechenvorteile.
a) 33,3 − 17,5 + 6,7
b) 25,9 − 35,9 + 17,1
c) −5,9 + 6,3 − 6,3 + 9
d) −5,9 + 6,3 − 6 + 9,7
e) $\frac{7}{9} - \frac{13}{9} - \frac{11}{3}$
f) $\frac{1}{8} + \frac{3}{10} - \frac{5}{4}$

5 Von je zwei Aufgaben musst du nur eine rechnen. Welche wählst du?
a) −3,6 + 1,8 + 3,6 − 1,2 − 1,8
   3,6 + 1,8 + 3,6 − 1,2
b) $\frac{1}{4} - \frac{8}{5} + \frac{17}{10} - \frac{3}{5}$
   $\frac{1}{4} - 0,3 + \frac{3}{10} - 0,25$
c) $-0,5 + \frac{3}{4} + 10,38 - 0,75 + \frac{1}{2}$
   $-\frac{1}{2} + 1,83 + 10,38 - \frac{3}{4} + 2,9$

6 Welche Zahl musst du für ☐ einsetzen, damit die Rechnung stimmt?
a) 4,25 + 3,75 + ☐ = 8,5
b) 2,9 + ☐ − 1,9 = 5
c) ☐ − $\frac{1}{10}$ − $\frac{7}{10}$ = $\frac{3}{5}$
d) $\frac{5}{6}$ − ☐ = $\frac{1}{3}$
e) $\frac{1}{7}$ − ☐ + $\frac{1}{3}$ = $\frac{13}{21}$
f) 1,4 + ☐ = 2,1 − ☐

7 Übertrage ins Heft und setze für ☐ gegebenenfalls − ein, sodass das angegebene Ergebnis stimmt. Was kannst du entdecken, wenn du die beiden Teile der Aufgaben vergleichst?
a) ☐15 − (☐9) = 6
   ☐15 − (☐9) = −6
b) ☐120 + (☐83) = 37
   ☐120 + (☐83) = −37
c) −(☐32) − (☐8) = 40
   −(☐32) − (☐8) = −40

Bist du schon sicher?

8 Berechne.
a) −17 + 54 − 19
b) −33 + 55 + 88
c) 13,1 + 4,3 + 2,5 − 3,1
d) −23 + 15 − 58
e) −15 + 67 + 23 − 105
f) $\frac{2}{7} - \frac{4}{14} + \frac{4}{14} + \frac{5}{7}$

9 Rechne vorteilhaft.
a) 3 − 12 + 17
b) 13,2 + 24,6 − 9,2
c) $\frac{1}{5} - \frac{3}{5} + \frac{9}{5} - \frac{7}{5}$
d) −7,2 + 2,1 − 2,8 + 4
e) $-\frac{4}{3} + \frac{7}{9} - \frac{8}{3} + \frac{1}{3}$
f) 1,7 − 8,2 + 3 − 3,8

→ Lösungen | Seite 225

10 In Fig. 1 sind Fehler passiert. Gib zunächst die richtige Rechnung an. Schreibe dann in eigenen Worten dazu, was falsch gemacht wurde.

11 a) Im Term −◯ + △ − ☐ kannst du für die Symbole −3, −5 und −2 einsetzen. Welches ist das größte Ergebnis, das man erhalten kann? Welches ist das kleinste Ergebnis, das man erhalten kann? Begründe jeweils deine Antwort.
b) Welche verschiedenen Ergebnisse kannst du erhalten, wenn du die Zahlen −3, 6 und −2 in den Ausdruck △ − ◯ + ☐ einsetzt? Schreibe alle Möglichkeiten auf.

12 Die Grafik zeigt den Pegelverlauf der Kössener Ache am Pegel Kössen in Tirol für zwei Wochen im Winter 2008.
Anne, Mike und Janni haben dazu je eine Rechenaufgabe gemacht:
Anne: 81 + 5 + 1 + 2 + 7 − 6 + 9 + 20 + 2 − 7 − 13 − 10 − 4 − 2
Mike: 81 + 5 + 1 + 2 + 7 + 9 + 20 + 2 − (6 + 7 + 13 + 10 + 4 + 2)
Janni: 15 − 6 + 31 − 36
Rechne aus und erläutere, was die drei sich bei ihren Aufgaben gedacht haben könnten.

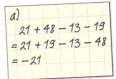

a)
21 + 48 − 13 − 19
= 21 + 19 − 13 − 48
= −21

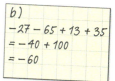

b)
−27 − 65 + 13 + 35
= −40 + 100
= −60

Fig. 1

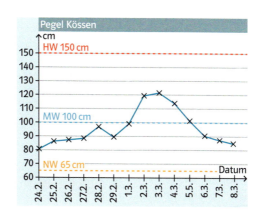

5 Verbinden von Addition und Subtraktion

13 **Ein Würfelspiel für 2 bis 4 Personen**
Gespielt wird mit drei Würfeln, die gleichzeitig geworfen werden. Aus den Augenzahlen soll durch Addition und Subtraktion eine Aufgabe gebildet werden. Nach sechs Runden addiert jeder seine Ergebnisse. Wer am nächsten bei null ist, hat gewonnen.

Beispiel:
1. Wurf: 6 – 5 – 2 = –1
2. Wurf: 3 + 3 – 4 = 2
3. Wurf: 1 + 2 – 5 = …
4. Wurf: …

14 Auf das Konto von Herrn Reich werden zu Monatsbeginn 3125,43 € Gehalt überwiesen, zugleich werden 657,90 € als Monatsmiete abgebucht. Sein Kontostand beträgt nun 2421,72 €. Wie hoch war der Kontostand vor diesen beiden Buchungen?

15 **Tricks mit Köpfchen**
a) Frau Nagel kauft gern günstig ein. Als sie die Preise addieren will, ärgert sie sich über die Rechnerei. Ihre Tochter Simone hat das genaue Ergebnis sofort. Wie rechnet sie?
b) Rolf rechnet 87,581 – 0,999 schnell im Kopf. Wie geht er vor?
c) Findet selbst entsprechende Aufgaben, die man schnell im Kopf rechnen kann. Erfindet dazu ein Wettspiel.

16 **Ein Wettspiel für die ganze Klasse**
Durch Addieren und Subtrahieren der Zahlen auf den Kärtchen sollt ihr die Zahl 1 erreichen. Wer findet die meisten Möglichkeiten? AUF DIE PLÄTZE – FERTIG – LOS!

| 0,3 | 0,44 | 0,9 | –0,6 | 0,444 | $-\frac{1}{100}$ | $\frac{7}{10}$ | $\frac{2}{50}$ | 0,09 | $-\frac{1}{10}$ | 0,4 |

17 Nani behauptet: „Rechne 1 – 2 + 3 – 4 + … so weit du willst. Ich kann voraussagen, welches Ergebnis du erhältst, wenn du mir nur die letzte Zahl deiner Rechnung sagst!"

Kannst du das noch

18 Im „Jardin du Luxembourg" – einem Park in Paris – steht dieser riesige goldene Kopf.
a) Wie hoch ist der Kopf ungefähr? Begründe deine Schätzung.
b) Wie groß wäre ein Mensch mit einem Kopf dieser Größe ungefähr? Erkläre, wie du zu deinem Ergebnis gekommen bist.
c) Welchen Maßstab hat die Kopfstatue? Benutze für diese Aufgabe dein Ergebnis aus Teilaufgabe a).

19 Berechne schriftlich.
a) 1321 · 4   b) 27 · 36
c) 231 · 314   d) 3654 · 617

20 Überschlage zunächst und berechne dann schriftlich.
a) 752 : 8   b) 6543 : 9
c) 7436 : 26   d) 9386 : 247

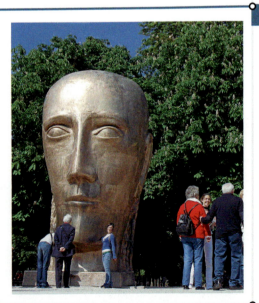

vgl. Seite 210
Lösungen | Seite 22

6 Multiplizieren von rationalen Zahlen

"We don't need no education, we don't need no thought control …" heißt es in dem Song „Another Brick in the Wall" der englischen Rockband Pink Floyd.
Bei der Übersetzung des Textes hat Sophie ein Problem: „Heißt es ‚Wir brauchen keine Erziehung, …' oder ‚Wir brauchen Erziehung, …'?"

Man kann sich eine Multiplikation als wiederholte Addition vorstellen, z. B.
$$5 \cdot 3 = 3 + 3 + 3 + 3 + 3.$$
Genauso kann man die Multiplikation einer positiven Zahl mit einer negativen Zahl verstehen, z. B.
$$5 \cdot (-3) = (-3) + (-3) + (-3) + (-3) + (-3) = -15.$$
Da man beim Multiplizieren die Reihenfolge vertauschen darf, gilt auch $(-3) \cdot 5 = -15$.

Das Produkt einer positiven und einer negativen Zahl ist also negativ.

Um zu verstehen, wie man zwei negative Zahlen miteinander multipliziert, setzt man folgende Zahlenreihe fort:

$3 \cdot (-2) = -6$
$2 \cdot (-2) = -4$
$1 \cdot (-2) = -2$
$0 \cdot (-2) = 0$
$(-1) \cdot (-2) = 2$
$(-2) \cdot (-2) = 4$

wird immer um 2 größer

Es bleibt dabei:
Zahl mal null = null.

Das Produkt zweier negativer Zahlen ist also positiv.

Multipliziert man **eine positive und eine negative Zahl**, so ist das **Ergebnis negativ**.
Beispiele: $(-5) \cdot 7 = -35$ und $3 \cdot (-13) = -39$

Multipliziert man **zwei negative Zahlen**, so ist das **Ergebnis positiv**.
Beispiel: $(-4) \cdot (-8) = 32$

Beispiel 1 Einfache Produkte berechnen
Berechne.
a) $(-3) \cdot 1{,}5$
b) $7 \cdot (-4)$
c) $(-2{,}5) \cdot (-8)$

Lösung
a) $(-3) \cdot 1{,}5 = -4{,}5$
b) $7 \cdot (-4) = -28$
c) $(-2{,}5) \cdot (-8) = 20$

101

Beispiel 2 Produkte berechnen
Berechne.
a) $(-2,8) \cdot (-1)$
b) $\left(-\frac{3}{5}\right) \cdot \frac{25}{27}$
c) $\left(-\frac{2}{3}\right)^2$
d) $0,8 \cdot \left(-\frac{10}{4}\right)$

Lösung
a) $(-2,8) \cdot (-1) = 2,8$

b) $\left(\left(-\frac{3}{5}\right)\right) \cdot \frac{25}{27}$
$= -\frac{3 \cdot 25}{5 \cdot 27}$
$= -\frac{1 \cdot 5}{1 \cdot 9}$
$= -\frac{5}{9}$

c) $\left(-\frac{2}{3}\right)^2$
$= \left(-\frac{2}{3}\right) \cdot \left(-\frac{2}{3}\right)$
$= \frac{4}{9}$

d) $0,8 \cdot \left(-\frac{10}{4}\right)$
$= -\frac{8}{10} \cdot \frac{10}{4}$
$= -\frac{8 \cdot 10}{10 \cdot 4}$
$= -\frac{2 \cdot 1}{1 \cdot 1}$
$= -2$

Aufgaben

1 Berechne im Kopf.
a) $12 \cdot (-7)$
b) $(-18) \cdot 9$
c) $8 \cdot (-13)$
d) $15 \cdot (-3)$
e) $(-13) \cdot (-7)$
f) $(-13) \cdot (-20)$
g) $66 \cdot (-100)$
h) $(-9) \cdot 200$

2 Berechne.
a) $0,01 \cdot (-7)$
   $(-7) \cdot -0,01$
   $0,7 \cdot 0,1$
b) $0,03 \cdot 5$
   $3 \cdot 0,05$
   $(-0,3) \cdot 0,5$
c) $8 \cdot (-0,04)$
   $0,08 \cdot (-4)$
   $(-0,8) \cdot (-0,4)$
d) $0,12 \cdot 0,4$
   $0,04 \cdot 1,2$
   $0,012 \cdot 0,04$

3 Berechne schriftlich.
a) $10,8 \cdot 4,5$
b) $(-3,25) \cdot 4,2$
c) $0,75 \cdot 12,5$
d) $(-5,6) \cdot (-2,25)$
e) $1,32 \cdot 0,25$
f) $(-1,52) \cdot 0,48$
g) $0,02 \cdot (-0,06)$
h) $25,2 \cdot 4,25$

Die Lösung von Aufgabe 3 siehst du auf diesem Bild.
−13,65 I   0,33 L
9,375 Z   48,6 S
−0,7296 I   107,1 N
12,6 I   −0,0012 E

4 Schreibe die Zahl als Produkt mit zwei Faktoren. Finde mindestens drei verschiedene Möglichkeiten.
a) 30
b) −24
c) −42
d) $\frac{2}{3}$

5 a) Acht Zahlen werden miteinander multipliziert. Welches Vorzeichen hat das Ergebnis, wenn
(1) alle Zahlen negativ sind,
(2) alle Zahlen positiv sind,
(3) vier Zahlen positiv, die anderen negativ sind,
(4) bis auf eine alle Zahlen negativ sind?
b) Herr Kurz hat für die Hausaufgaben in der 6 c kurzerhand die Aufgabenstellung abgeändert: Seine Schüler sollen statt acht Zahlen neun Zahlen miteinander multiplizieren. Was haben seine Schüler am nächsten Tag wohl gesagt?

6 Wer kann's am schnellsten?
a) Bestimme nur das Vorzeichen.
b) Berechne das Produkt.

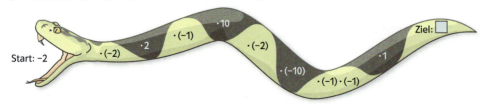

III Rationale Zahlen

Bist du schon sicher?

7 Berechne.
a) $(-9) \cdot 200$
b) $(-0{,}02) \cdot (-3)$
c) $\frac{1}{14} \cdot \left(-\frac{6}{21}\right)$
d) $(-6) \cdot \left(-\frac{1}{2}\right) \cdot \left(-\frac{1}{3}\right)$

8 Ergänze die fehlenden Zahlen.
a) ☐ $\cdot (-5) = 55$
b) $(-12) \cdot$ ☐ $= -36$
c) $8 \cdot$ ☐ $= △$
d) ☐ $\cdot △ = -32$

→ Lösungen | Seite 225

9 Wie geht es weiter? Kannst du das Ergebnis der 10. Zeile vorhersagen?
a) -1
$(-1) \cdot (-1)$
$(-1) \cdot (-1) \cdot (-1)$
...

b) -10
$(-10) \cdot (-10)$
$(-10) \cdot (-10) \cdot (-10)$
...

c) 2
$2 \cdot (-2)$
$2 \cdot (-2) \cdot 2$
...

d) $-\frac{1}{2}$
$\left(-\frac{1}{2}\right) \cdot \frac{1}{2}$
$\left(-\frac{1}{2}\right) \cdot \frac{1}{2} \cdot \left(-\frac{1}{2}\right)$
...

10 Wenn man eine Zahl mehrmals mit sich selbst multipliziert, kann man das auch als Potenz schreiben, z.B. $(-2)^4 = (-2) \cdot (-2) \cdot (-2) \cdot (-2) = 16$. Aber Vorsicht, wenn man keine Klammer setzt wie bei -2^4, wird nur die 2 viermal mit sich selbst multipliziert und vor das Ergebnis ein Minus gesetzt: $-2^4 = -(2^4) = -(2 \cdot 2 \cdot 2 \cdot 2) = -16$.

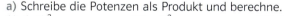

3^7, $(-2)^4$, $\left(\frac{1}{3}\right)^5$ ...

Solche Terme nennt man **Potenzen**.

a) Schreibe die Potenzen als Produkt und berechne.
(I) $(-2)^3$
(II) -2^3
(III) 2^4
(IV) -2^4
(V) $(-10)^2$
(VI) -10^2
(VII) $(-1)^8$
(VIII) $(-1)^9$

b) Wie kann man bei einer Potenz das Vorzeichen des Ergebnisses vorhersagen, ohne dass man die ganze Rechnung durchführt?

Multiplizieren im Koordinatensystem

11 Auch Figuren kann man „multiplizieren".
a) Die Koordinaten der Dreieckspunkte sollen mit der Zahl -1 multipliziert werden:
$A(2|-1) \longrightarrow A'(-2|1)$
$B(-1|2{,}5) \longrightarrow B'(☐|☐)$
$C(-3|-2) \longrightarrow C'(☐|☐)$
Berechne und zeichne das neue Dreieck. Beschreibe in Worten.

a) Du sollst nun alle Koordinaten zuerst mit 2 und danach mit -2 multiplizieren. Erforsche, was dabei mit dem zugehörigen Dreieck passiert. Zeichne, miss und beschreibe.

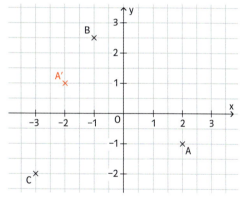

12 Untersuche, wie sich das Viereck ABCD verändert, wenn man nur
a) die x-Koordinaten der Punkte mit -1,
b) die y-Koordinaten der Punkte mit -2,
c) beide Koordinaten mit $-\frac{1}{2}$ multipliziert.
Zeichne ins Heft, wobei die Einheit ein Kästchen betragen soll, und beschreibe in Worten.

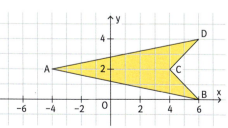

Kannst du das noch?

13 Zähler und Nenner bestimmen den Wert eines Bruches. Wie ändert sich der Wert, wenn
a) der Zähler verdoppelt wird,
b) der Nenner verdoppelt wird,
c) der Zähler und der Nenner verdoppelt werden,
d) der Zähler verdoppelt und der Nenner vervierfacht wird?

→ Lösung | Seite 225

7 Dividieren von rationalen Zahlen

Sandra erschrickt:
„Deutschland hat ca. 80 Millionen Einwohner. Oh je – da hab ich ja einen schönen Schuldenberg!"

Man weiß, dass 24 : 6 = 4 ist, da 4 · 6 = 24 ist. Ebenso gilt 24 : 4 = 6, weil 4 · 6 = 24 ist. Das Ergebnis einer Division erkennt man also anhand einer entsprechenden Multiplikationsaufgabe.
Diese Überlegung kann man auf Divisionen mit negativen Zahlen übertragen: So folgt zum Beispiel aus (−4) · 6 = −24, dass
(−24) : 6 = −4 und (−24) : (−4) = 6 gilt.

Entsprechend erhält man aus (−4) · (−6) = 24:
24 : (−4) = −6 und 24 : (−6) = −4.

Divisionen kann man auch in der Bruchschreibweise notieren. Es gilt $24:6 = \frac{24}{6}$. Ebenso ist $(-24):6 = \frac{-24}{6}$ und $24:(-6) = \frac{24}{-6}$. In beiden Fällen lautet das Ergebnis −4, also gilt $\frac{-24}{6} = \frac{24}{-6} = -\frac{24}{6}$.

> Dividiert man eine **positive durch eine negative Zahl** oder eine **negative durch eine positive Zahl**, so ist das **Ergebnis negativ**.
> Beispiele: $36:(-3) = \frac{36}{-3} = -12$ und $(-36):3 = -\frac{36}{3} = -12$
>
> Dividiert man eine **negative durch eine negative Zahl**, so ist das **Ergebnis positiv**.
> Beispiel: $(-36):(-3) = -\frac{36}{-3} = 12$

Beim Rechnen mit null muss man achtsam sein. Wie bisher gilt z. B. 0 : (−8) = 0, aber (−8) : 0 kann nicht berechnet werden.

Beispiel Dividieren von rationalen Zahlen
Berechne.
a) (−63) : (−9)   b) (−2) : (−4)   c) 4 : (−12)   d) $(-10) : \frac{1}{2}$

Lösung
a) (−63) : (−9) = 7   b) (−2) : (−4)   c) 4 : (−12)   d) $(-10) : \frac{1}{2}$
$= -\frac{2}{-4} = \frac{2}{4} = \frac{1}{2}$ $= \frac{4}{-12} = -\frac{4}{12} = -\frac{1}{3}$ $= (-10) \cdot 2 = -20$

Aufgaben

1 Berechne im Kopf.
a) 35 : (−7)   b) (−78) : (−13)   c) 130 : (−13)   d) (−75) : 15
e) (−77) : (−7)   f) 88 : 22   g) (−110) : 10   h) 75 : (−15)
i) 81 : 9   j) (−60) : 15   k) (−220) : (−20)   l) 0 : 15

104

2 Berechne im Kopf.
a) $25:(-50)$
b) $(-12):(-36)$
c) $(-20):15$
d) $45:(-30)$
e) $(-1):1$
f) $(-1):(-1)$
g) $0:(-20)$
h) $23:(-1)$

3 Übertrage die Tabelle in dein Heft und ergänze sie.

a)
:	−2	4	−8
32	−16		
−64			
−88			

b)
:	2	−3	6
12			
−30			
−72			

4 Schreibe die Zahl auf mindestens drei verschiedene Arten als Quotient.
a) 6
b) −8
c) 50
d) 0

5 Schreibe die Aufgabe als Divisionsaufgabe und fülle die Kästchen passend aus.
a) □ · (−5) = −75
b) □ · 12 = −216
c) (−35) · □ = 140
d) □ · 16 = −48

6 Gib mindestens drei Divisionsaufgaben an, die als Ergebnis die angegebene Zahl haben.
a) $\frac{3}{4}$
b) $-\frac{3}{4}$
c) $\frac{1}{12}$
d) −1

Bist du schon sicher?

7 Berechne.
a) $35:(-7)$
b) $(-1):\left(-\frac{2}{3}\right)$
c) $\left(-\frac{2}{3}\right):(-1)$
d) $0{,}2:(-0{,}1)$

8 Handelt es sich bei den Brüchen um dieselbe Zahl?
a) $\frac{20}{5}$ und $-\frac{4}{-1}$
b) $-\frac{3}{2}$ und $-\frac{2}{3}$
c) $-\frac{14}{18}$ und $\frac{-7}{9}$
d) $\frac{80}{-100}$ und $-\frac{4}{5}$

Lösungen | Seite 225

9 a) Dividiere die Zahl $-\frac{3}{7}$ durch 3.
b) Durch welche Zahl muss man 0,6 dividieren, um −0,15 zu erhalten?
c) Welche Zahl muss man durch −9 dividieren, um −14 zu erhalten?
d) Mit welcher Zahl muss man −6 multiplizieren, um 72 zu erhalten?

10 Ergänze die leeren Kästchen. Wie viele Wege führen zum Ziel rechts unten?

a)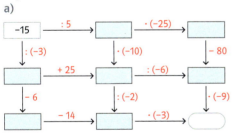

b)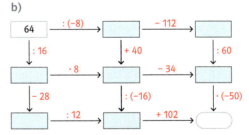

Kannst du das noch?

11 a) Übertrage das symmetrische Trapez ABCD in dein Heft.
b) Bezeichne alle markierten Winkel mit griechischen Buchstaben und bestimme ihre Größen.
c) Wie nennt man die Figuren ABEF, ABED und ABCF?

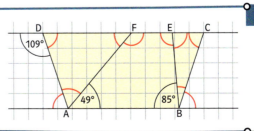

vgl. Seiten 50 und 70
Lösung | Seite 226

8 Vorteile beim Rechnen – Rechenregeln

Anne hat keinen Taschenrechner, Peter hingegen rechnet alles damit. Linda möchte den beiden Aufgaben stellen, die Anne schneller im Kopf rechnen kann als Peter mit dem Taschenrechner.
Linda beginnt mit $\frac{34}{19} \cdot \frac{1}{2} \cdot \frac{19}{34}$. Als Nächstes kommt $2{,}34 \cdot 9 - 8 \cdot 2{,}34$.

Bei Summen oder Produkten darf man nach den Rechenregeln aus Kapitel I die Reihenfolge verändern. Ebenso kann man, wenn in einem Term nur addiert oder nur multipliziert wird, Klammern setzen oder weglassen. Dadurch werden Rechnungen oft einfacher, z. B.:

$\left(-\frac{3}{5} + 7\right) + \frac{3}{5} = \left(7 + \left(-\frac{3}{5}\right)\right) + \frac{3}{5} = 7 + \left(-\frac{3}{5} + \frac{3}{5}\right) = 7$.

Hier wurden zuerst Summanden vertauscht und dann Klammern verändert. Bei der folgenden Rechnung hilft Ausklammern: $3 \cdot (-2{,}9) + 3 \cdot 12{,}9 = 3 \cdot (-2{,}9 + 12{,}9) = 3 \cdot 10 = 30$.

Terme wie $12 - (-9 + 12)$ lassen sich oft einfacher berechnen, wenn man die Klammer „beseitigen" kann.
$-(-9 + 12)$ kann man schreiben als $(-1) \cdot (-9 + 12)$. Die **Minusklammer** $-(-9 + 12)$ kann wie folgt aufgelöst werden:
$-(-9 + 12) = (-1) \cdot (-9 + 12) = (-1) \cdot (-9) + (-1) \cdot 12 = 9 - 12$, also
$12 - (-9 + 12) = 12 + 9 - 12 = 9$.

Werden in einem Term mehrere Zahlen subtrahiert, so kann man manchmal geschickter rechnen, wenn man diese zunächst in einer Minusklammer zusammenfasst, zum Beispiel:
$17{,}4 - 8{,}5 - 1{,}5 = 17{,}4 - (8{,}5 + 1{,}5) = 17{,}4 - 10 = 7{,}4$.

Bei einer **Plusklammer** darf man die Klammern weglassen, zum Beispiel:
$25 + (7 - 25) = 25 + 7 - 25 = 7$.

in einer Minusklammer zusammenfassen

$9 - 3 - 5 = 9 - (3 + 5)$

Minusklammer auflösen

Für alle rationalen Zahlen gelten die **Rechenregeln**.		
Summanden bzw. Faktoren vertauschen:	$3 + 5 = 5 + 3 \quad 2 \cdot 8 = 8 \cdot 2$ (Kommutativgesetz)	
In Summen bzw. Produkten beliebig Klammern setzen:	$(3 + 4) + 6 = 3 + (4 + 6) = 3 + 4 + 6$ $(2 \cdot 6) \cdot 3 = 2 \cdot (6 \cdot 3) = 2 \cdot 6 \cdot 3$ (Assoziativgesetz)	
Ausmultiplizieren: **Ausklammern:**	$3 \cdot (11 + 9)$ $= 3 \cdot 11 + 3 \cdot 9$ $3 \cdot 11 + 3 \cdot 9$ $= 3 \cdot (11 + 9)$	(Distributivgesetz)
Beim **Auflösen einer Minusklammer** ändern sich die Vorzeichen der Zahlen in der Klammer.	$13 - (9 - 7) = 13 - 9 + 7$ $23 - (-3 + 5) = 23 + 3 - 5$	
Beim **Auflösen einer Plusklammer** bleiben die Vorzeichen der Zahlen in der Klammer unverändert.	$34 + (11 - 8) = 34 + 11 - 8$ $17 + (-8 + 12) = 17 - 8 + 12$	

106

III Rationale Zahlen

Beispiel 1 Rechenwege vergleichen
Berechne auf zwei Arten und vergleiche.

a) $13 \cdot (14,3 - 4,3)$

b) $\left(\frac{4}{5} + 3\right) \cdot 5$

Lösung

a) $13 \cdot (14,3 - 4,3) = 13 \cdot 10 = 130$

oder

$13 \cdot (14,3 - 4,3)$
$= 13 \cdot 14,3 - 13 \cdot 4,3$
$= 185,9 - 55,9$
$= 130$

Der erste Rechenweg ist hier vorteilhaft.

b) $\left(\frac{4}{5} + 3\right) \cdot 5 = \left(\frac{4}{5} + \frac{15}{5}\right) \cdot 5 = \frac{19}{5} \cdot 5 = 19$

oder

$\left(\frac{4}{5} + 3\right) \cdot 5 = \frac{4}{5} \cdot 5 + 3 \cdot 5 = 4 + 15 = 19$

Der zweite Rechenweg ist hier vorteilhaft.

Beispiel 2 Rechenvorteile nutzen
Berechne möglichst geschickt.

a) $-(1,8 - 5,3) + 1,8$

b) $1,2 \cdot 106 - 6 \cdot 1,2$

Lösung

a) $-(1,8 - 5,3) + 1,8$
$= -1,8 + 5,3 + 1,8$
$= -1,8 + 1,8 + 5,3$
$= 5,3$

Es ist hier geschickt, zuerst die Minus-klammer aufzulösen, weil $-1,8 + 1,8 = 0$ ist.

b) $1,2 \cdot 106 - 6 \cdot 1,2$
$= 1,2 \cdot (106 - 6)$
$= 1,2 \cdot 100$
$= 120$

Hier ist Ausklammern geschickt, weil die Klammer genau 100 ergibt.

Aufgaben

1 Berechne möglichst geschickt.

a) $-\frac{13}{5} + \frac{2}{3} + \frac{13}{5}$

b) $\left(-\frac{13}{5}\right) \cdot \frac{2}{3} \cdot \frac{5}{26}$

c) $-\frac{23}{25} + \left(-\frac{17}{11}\right) + \left(-\frac{5}{11}\right)$

2 a) $6 \cdot \left(\frac{1}{2} + \frac{2}{3} - \frac{1}{4}\right)$

b) $\frac{1}{4} \cdot (24 + 72 - 60)$

c) $\left(\frac{1}{12} + \frac{7}{3} - \frac{7}{8}\right) \cdot 24$

d) $5,2 \cdot 10 - 10 \cdot 4,7$

e) $4,7 \cdot 5,5 + 5,3 \cdot 5,5$

f) $4,3 \cdot 4 + 4 \cdot 6,5 - 3,8 \cdot 4$

g) $18 \cdot \frac{4}{5} - \frac{4}{5} \cdot 18$

h) $\frac{3}{4} \cdot \frac{7}{5} + \frac{3}{4} \cdot \frac{1}{5}$

i) $\frac{4}{9} \cdot \frac{2}{3} + \frac{4}{3} \cdot \frac{2}{3}$

3 Berechne auf zwei Arten und vergleiche.

a) $4,2 \cdot (7 + 3)$

b) $12 \cdot (30 + 5)$

c) $12 \cdot \left(\frac{7}{2} - 4\right)$

d) $(-0,4) \cdot (20 - 5)$

e) $\left(\frac{2}{3} - \frac{1}{6}\right) \cdot 4$

f) $1,2 \cdot (-1,4 - 3,6)$

4 a) $4,2 \cdot 6 + 4,2 \cdot 4$

b) $15 \cdot 20 + 8 \cdot 15$

c) $3 \cdot (-1,2) + (-1,2) \cdot 2$

d) $56 \cdot 8 - 4 \cdot 56$

e) $\frac{2}{3} \cdot (-6) - 3 \cdot \frac{2}{3}$

f) $1200 \cdot 0,3 + 1200 \cdot 0,05$

5 Berechne möglichst geschickt.

a) $4,7 - (1,7 + 4,7)$
$4,7 - (1,7 - 4,7)$
$4,7 - (-1,7 + 4,7)$
$4,7 + (-1,7 - 4,7)$

b) $15 \cdot 100 - 15 \cdot 4$
$15 \cdot 104 - 15 \cdot 4$
$15 \cdot (-100) - 15 \cdot 4$
$15 \cdot (-96) + 15 \cdot (-4)$

c) $\frac{15}{14} \cdot \left(\frac{7}{10} - \frac{14}{15}\right)$
$\frac{15}{4} \cdot \left(\frac{4}{11} - \frac{8}{22}\right)$

6 Schreibe zuerst als Term und berechne anschließend.

a) Addiere 4,6 zu der Differenz von 17,4 und 3,6.

b) Subtrahiere von $-29,8$ die Summe von 9,2 und 0,35.

c) Subtrahiere die Differenz der Zahlen 19,3 und 5,1 von deren Summe.

d) Subtrahiere das Produkt aus 11 und 23,5 vom Produkt aus 33,5 und 11.

8 Vorteile beim Rechnen – Rechenregeln

7 Schreibe den Term wie in Aufgabe 6 in Worten.
a) −7,9 − (12,9 − 3,5)   b) $\left(-\frac{2}{3}+\frac{7}{3}\right)-3$ c) (2,5 − 5,4) − (−7,5 − 3,1)

8 Übertrage das Kreuzzahlrätsel in dein Heft und löse es. Trage dabei die Zahlen ohne Vorzeichen ein.

senkrecht:
(1) 133 − (27 − 167)
(2) −900 − 110
(3) −22 − 21 − 19
(4) −376 + 615 − 130
(5) −999 − (−364 − 436)
(7) 444 − 222 + 333
(9) 957 + (−795 − 597)
(10) −108 + 129 − 92
(12) −87 + 81 − 63

waagerecht:
(1) −44 + 70
(2) −82 − 79
(5) −870 + 180 − 330
(6) −4000 + 409
(8) 2700 − (1404 + 7200)
(10) 95 − (45 + 125)
(11) −329 + 293
(13) −1010 − 2525 − 2424

9 Übertrage ins Heft und vervollständige den Rechenbaum. Schreibe zu jedem Rechenbaum einen passenden Term.

a) 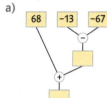   b) 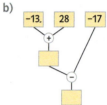   c)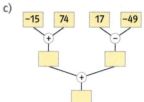

10 Stelle einen Rechenbaum auf und berechne.
a) −13 + (−28 + 25)   b) (−18 + 39) − 48   c) (4,7 − 5,1) − (−1,3 + 4,1)

11 Verbinde die Zahlenkärtchen im Heft mit + und − sowie Klammern, sodass du verschiedene Zahlen ausdrücken kannst. Wer findet die meisten Möglichkeiten?

Beispiel:
−1 − (−2 + (−3)) = 4

12 100 g Buttermilch enthalten 3,3 g Eiweiß, 4,0 g Kohlenhydrate, 0,7 g Mineralstoffe und 0,5 g Fett. Der Rest ist Wasser. Stelle einen Term zur Berechnung der Wassermenge auf und berechne ihn.

Bist du schon sicher?

13 Berechne möglichst geschickt.
a) −9,2 − (8,1 − 9,2)   b) $\frac{5}{6}\cdot\frac{7}{8}-\frac{5}{6}\cdot\frac{1}{8}$ c) (−5) · (400 − 20)

14 Übertrage ins Heft und vervollständige den Rechenbaum. Schreibe zu jedem Rechenbaum einen passenden Term.

a) 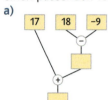   b) 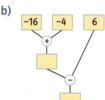   c)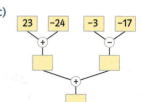

Lösungen | Seite 226

108

15 Welcher Term beschreibt die kleinere Zahl?
(1) $\frac{7}{8}$ vermindert um die Differenz von 0,4 und $\frac{1}{4}$
(2) die Summe aus $\frac{7}{8}$ und 0,25 vermindert um $\frac{2}{5}$

16 Suche die Fehler und rechne richtig.

a)
$27 - (-13 + 14)$
$= 27 - 13 - 14$
$= 0$

b)
$(-5) \cdot (2 - \frac{1}{5})$
$= -5 \cdot 2 - 5 \cdot \frac{1}{5}$
$= -11$

c)
$(-0,5) \cdot 18 - (-0,5) \cdot 2$
$= (-0,5) \cdot (18 + 2)$
$= (-0,5) \cdot 20$
$= -10$

17 Berechne möglichst geschickt.
a) $15 \cdot (200 + 30 + 4)$
b) $(8,2 - 5,6) - (-5,6 - 8,2)$
c) $1,8 \cdot 1,5 - 1,8 \cdot 3,4 + 1,8 \cdot 2$
d) $\frac{4}{3} \cdot 2 - \frac{4}{3} \cdot 5 + 3 \cdot \frac{4}{3}$
e) $-(2,3 - 1\frac{2}{5}) - (-3,7 + \frac{4}{5})$
f) $12 \cdot (\frac{3}{4} - \frac{2}{3} - \frac{7}{12})$

18 Stelle einen Term auf und berechne möglichst geschickt.
a) Subtrahiere das Produkt von 12 und 14 vom Produkt aus 24 und 12.
b) Multipliziere 1,4 mit der Differenz aus 20 und 5.
c) Subtrahiere die Differenz aus 3,4 und 8,9 von der Differenz aus 6,6 und 8,9.
d) Multipliziere die Differenz aus −12,4 und 7,8 mit −6 und addiere zum Ergebnis die Summe aus −12 und −3,8.

19 Übertrage das Kreuzzahlrätsel in dein Heft und löse es. Beachte, dass Kommas und negative Vorzeichen ein eigenes Kästchen haben.

senkrecht:
(1) $1,6 \cdot (\frac{3}{8} + 0,25) + 2^7$
(2) $(9\frac{1}{4} - 2\frac{7}{100}) \cdot 100$
(3) $(3\frac{1}{2} : 0,5) \cdot 17 \cdot \frac{17}{51} \cdot 3$
(4) $3,2 \cdot (4,75 - 0,75 \cdot \frac{4}{3})$
(6) $1,1 : (\frac{7}{9} - \frac{2}{3}) + \frac{7}{200}$
(9) $5,1 \cdot 6,2 + 7,3 \cdot 8,4 - \frac{11}{25}$
(12) $(0,4 \cdot \frac{3}{4} : 2,5 - \frac{3}{25} \cdot 0,25) : 0,003$
(13) $13\frac{1}{3} \cdot (2,75 + \frac{1}{3} + 1,25 + \frac{1}{6})$

waagerecht:
(2) $(\frac{1}{2} + 0,5) \cdot 7,1 + 0,01$
(5) $(-11) \cdot (1\frac{1}{4} + 1,75) + 18^2$
(7) $15 : (0,5 + \frac{3}{4})$
(8) $(1,7 + \frac{1}{5}) \cdot 5,21$
(10) $(3\frac{1}{2} \cdot 0,7 + 4,2 : \frac{3}{4}) : 1,61$
(11) $8,4 : (\frac{1}{4} - 0,5)$
(14) $(1 : (\frac{1}{6})^2 - 1) \cdot 3\frac{4}{11} \cdot 11 \cdot (16,25 : (0,25 + \frac{1}{6}))$

Kannst du das noch?

20 Gib den Bruch in Prozent an.
a) $\frac{13}{100}$
b) $\frac{7}{50}$
c) $\frac{18}{25}$
d) $\frac{2}{5}$
e) $\frac{24}{120}$
f) $\frac{35}{150}$
g) $\frac{5}{8}$
h) $\frac{6}{15}$
i) $\frac{11}{8}$

21 Gib den Anteil in Prozent an.
a) 3 g von 60 g
b) 9 von 27 Kindern
c) 4 cm von 36 dm
d) 8 Treffer von 48 Würfen
e) 12 Nieten aus 20 Losen
f) 72 m von 36 km

vgl. Seite 211
Lösungen | Seite 226

Vertiefen und Vernetzen

1 Zeichne eine Zahlengerade und notiere die nötige Rechnung. Welche Zahl ist
   a) um 13 größer als −7,   b) um 35 größer als −12,   c) um 110 größer als −110,
   d) um 21 kleiner als −19,   e) um 61 kleiner als 14,   f) um 120 kleiner als 119?

2 Notiere jeweils einen Term sowie einen Rechenbaum und berechne dann.
   a) Dividiere die Summe von 25 und −15 durch das Produkt aus −2 und −5.
   b) Subtrahiere die Hälfte von −4 von dem Produkt aus −7 und 18.
   c) Multipliziere die Differenz aus 15 und 6 mit der Summe aus diesen Zahlen.
   d) Multipliziere die Differenz aus 15 und −6 mit der Summe aus diesen Zahlen.

3 a) Jani meint: „Die Differenz aus 12 und 8 ist das Gleiche wie die Differenz aus 12 und −8."
   Der zugehörige Term ist 12 − 8. Was hat sich Jani möglicherweise gedacht? Korrigiere.
   b) Um wie viel ist das Produkt aus −5 und 8 größer als das Produkt aus −6 und 9?
   c) Um wie viel ist die Summe aus −5 und −8 kleiner als die Differenz aus 8 und 5?

4 Übertrage das Zauberquadrat in dein Heft und fülle es aus.

a)
		0,6
0,7	0,9	
1,2		

b)

c)
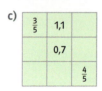

In einem Zauberquadrat ist die Summe der Zahlen in jeder Zeile, Spalte und Diagonalen gleich groß.

5 a) Zeichnet die Zahlenmauer auf ein großes Blatt Papier. Beschriftet die Steine anschließend so, dass in jedem Stein die Summe der Brüche der Steine steht, auf dem der Stein liegt.
Hierbei könnt ihr euch die Arbeit in der Gruppe aufteilen.
b) Vergleicht eure Zahlenmauer anschließend mit der einer anderen Gruppe.
In welchen Bereichen stimmen die Zahlen überein?
In welchen unterscheiden sie sich?

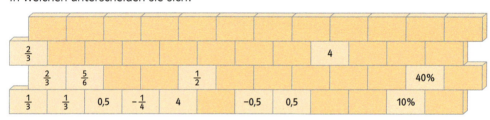

6 Addiere die Zahlen auf den Kärtchen geschickt. Schreibe die dazugehörige Rechnung in dein Heft und vergleiche sie mit der deines Partners.

7 Jana geht zum Einkaufen. Sie hat genau 10 € dabei und will vor der Kasse berechnen, ob ihr Geld ausreicht. In ihrem Einkaufskorb liegen drei Birnen zu je 69 ct, zwei Mineralwasserflaschen zu je 19 ct, drei Joghurts zu je 49 ct, Wurst für 3,95 €, eine Schale Champignons für 1,59 € und Hundefutter für 3,99 €. Zudem hat sie einen Pfandbon im Wert von 2,25 €. Beim letzten Einkauf hatte sie verschimmelte Tomaten für 1,29 € gekauft und erhält dafür den Kaufpreis erstattet.
a) Reichen die 10 €? Überschlage zunächst.
b) Berechne die exakte Summe möglichst geschickt. Stelle einen geeigneten Term auf.

110

8 Bestimme jeweils die Summe und die Differenz.
a) 0,4 und $\frac{1}{2}$
b) −0,25 und −0,31
c) 25 % und $\frac{2}{5}$
d) 0,045 und 45 %

9 Bruchbuden
In den Bruchbuden ist heute was los!
Im Erdgeschoss sind die Startzahlen eingezogen.
Im 1. Stock wohnt links die Summe der Erdgeschosszahlen und rechts deren Differenz.
Im 2. Stock wohnt links die Summe der Zahlen aus dem 1. Stock und rechts deren Differenz.
Übertrage die Bruchbuden in dein Heft und vervollständige sie.
Baue weitere Bruchbuden. Was stellst du fest?

10 Welche Zahlen wurden an der Tafel ausgewischt?

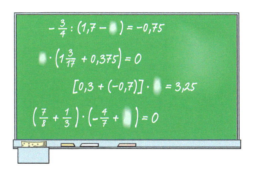

11 a) Setze im folgenden Term eine Klammer. Der Wert des Terms soll dadurch möglichst klein bzw. möglichst groß werden.
$(-2) \cdot \frac{1}{3} + \frac{1}{2} : \left(-\frac{1}{3}\right)$
b) Bilde aus den Kärtchen in Fig. 1 einen Term mit möglichst kleinem bzw. möglichst großem Wert.

Fig. 1

12 👥 **Experimente mit Brüchen**
Setze die Zahlenreihen in Fig. 2 fort. Sage die Rechnung und das Ergebnis der zehnten Zeile vorher. Erfinde eine eigene Zahlenreihe, bei der man Vorhersagen machen kann. Stelle die Aufgabe deinem Partner.

$\frac{1}{3} - \frac{1}{2}$	$\frac{3}{5} - \frac{3}{4}$
$\frac{1}{4} - \frac{1}{3}$	$\frac{3}{7} - \frac{3}{6}$
$\frac{1}{5} - \frac{1}{4}$	$\frac{3}{9} - \frac{3}{8}$
...	...

Fig. 2

13 Wahr oder falsch?
a) Die Differenz zweier verschiedener Brüche ergibt nie eine natürliche Zahl.
b) Addiert man mehrmals denselben positiven Bruch, so ergibt sich irgendwann eine natürliche Zahl.
c) Der Nenner einer Summe von zwei positiven Brüchen ist stets größer als die Nenner der Summanden.

14 👥 **Warum man durch null nicht dividieren kann**
Sophie und Lea überlegen sich, was passieren könnte, wenn man durch null dividiert.
Sophie: „Was könnte wohl 50 : 0 ergeben?"
Lea: „50 : 10 kann ich rechnen: 50 : 10 = 5, denn es gilt 5 · 10 = 50. Wenn ich durch null teile, weiß ich nicht, was herauskommt. Daher schreibe ich das mal so: 50 : 0 = ▪. Dann müsste ähnlich wie bei 50 : 10 gelten: ▪ · 0 = 50."
Sophie: „Jetzt verstehe ich, warum man durch null nicht teilen kann!"
Erklärt euch gegenseitig, was Sophie meint.

Vertiefen und Vernetzen

Exkursion

Rationale Zahlen im Koordinatensystem

Du hast gelernt, mit rationalen Zahlen zu rechnen. Bisher haben wir rationale Zahlen nur auf der Zahlengeraden dargestellt.

Man kann aber die Brüche auch in der Ebene darstellen. Man trägt in der untersten Zeile die Brüche mit dem Zähler 1 der Reihe nach ein, also $\frac{1}{1}$, $\frac{1}{2}$, $\frac{1}{3}$ usw. In der Zeile darüber stehen alle Brüche mit dem Zähler 2, also $\frac{2}{1}$, $\frac{2}{2}$, $\frac{2}{3}$ usw. Es entsteht damit das Bild rechts.

Mit einer ähnlichen Anordnung hat der berühmte Mathematiker Georg Cantor bewiesen, dass es genauso viele rationale Zahlen wie natürliche Zahlen gibt.

Er hat die in ein Koordinatensystem eingetragenen rationalen Zahlen dazu in einem geschickten System durchlaufen. Die Reihenfolge ist im Foto unten links durch Pfeile angedeutet.
In Cantors Anordnung befindet sich im Gegensatz zur Darstellung rechts der Bruch $\frac{1}{1}$ links oben.

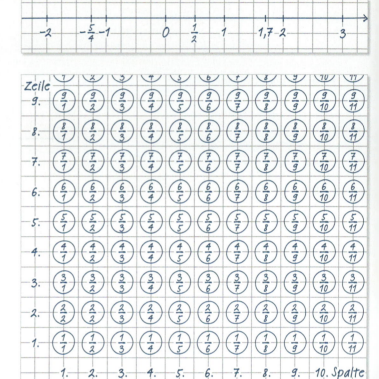

Cantor-Denkmal in Halle

Georg Cantor
(1845 – 1918)

Man kann also für jeden Bruch seine Position im Koordinatensystem angeben. So steht z.B. der Bruch $\frac{5}{8}$ in der 5. Zeile und in der 8. Spalte. Es gibt keinen Bruch, für den man keinen Platz finden kann. Ordnet man z.B. dem Bruch $\frac{3}{4}$ im Koordinatensystem den Gitterpunkt P(4|3) zu, so hat man $\frac{3}{4}$ als Punkt dargestellt. Die Brüche, die den gleichen Wert haben, liegen dann jeweils auf Halbgeraden, die vom Ursprung ausgehen.

Setzt man diese Halbgeraden über den Ursprung hinaus fort, so erkennt man, dass alle Brüche einer Geraden gleich groß sind. So ist zum Beispiel

$$\ldots \frac{-2}{-4} = \frac{-1}{-2} = \frac{1}{2} = \frac{2}{4} = \frac{3}{6} = \ldots$$

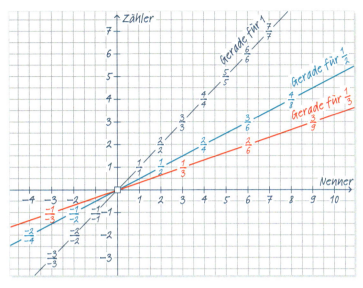

Fig. 1

1 Übertrage Fig. 1 in dein Heft und spiegele die Geraden an der Nennerachse. Welche Zahlen erhältst du jetzt?

2 Spiegele zwei Geraden (zum Beispiel die zu $\frac{1}{3}$ und $\frac{2}{3}$) an der Geraden, die durch (0|0) und (1|1) verläuft. Welche Zahl erhältst du?

3 Nenne Regeln, die man aus den Aufgaben 1 und 2 erkennen kann.

4 Auf einer Geraden liegen alle Brüche, die den gleichen Wert haben, z.B. $\frac{1}{2} = \frac{2}{4} = \frac{3}{6} = \ldots$ (vgl. Fig. 2).
a) Wie kann man an den zugehörigen Geraden erkennen, dass eine Bruchzahl größer bzw. kleiner ist als die andere?
b) Gib Brüche an, die größer als $-\frac{2}{3}$ (kleiner als $\frac{1}{2}$) sind.

Zum Forschen

5 Was bedeutet Erweitern bzw. Kürzen eines Bruches für seine Darstellung im Koordinatensystem?

6 Bei der Suche nach einer Zahl zwischen zwei gegebenen rationalen Zahlen berechnet Peter die Zahl, die genau in der Mitte liegt. Bei $\frac{1}{2}$ und $\frac{3}{4}$ erhält er $\left(\frac{1}{2} + \frac{3}{4}\right) : 2 = \left(\frac{5}{4}\right) : 2 = \frac{5}{8}$. Wo liegen diese Zahlen in der Bruchtabelle und wo liegen die zugehörigen Geraden im Koordinatensystem?

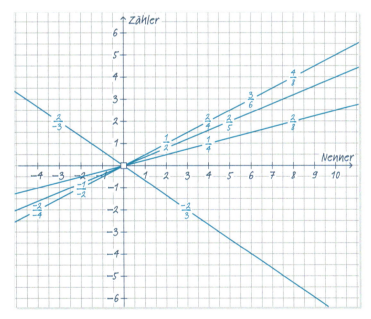

Fig. 2

Rückblick

Zahlbereiche
natürliche Zahlen ℕ (z.B. 0; 2; 45; 1024)
ganze Zahlen ℤ (z.B. –12; –5; 0; 2)
rationale Zahlen ℚ (z.B. –5; –3,41; 2; $\frac{11}{13}$)

Die Menge der rationalen Zahlen enthält alle uns bekannten Zahlen.

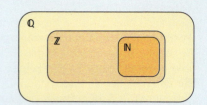

Anordnung – Gegenzahl – Betrag
Von zwei rationalen Zahlen ist diejenige größer, die auf der Zahlengeraden weiter rechts liegt. Die Gegenzahl zu einer Zahl liegt auf der Zahlengeraden spiegelbildlich zu null. Den Abstand einer ganzen Zahl zur Zahl Null nennt man ihren Betrag.

|–4| = 4 |4| = 4

Addieren und Subtrahieren
Addieren einer positiven Zahl: Gehe auf der Zahlengeraden nach rechts.
Subtrahieren einer positiven Zahl: Gehe auf der Zahlengeraden nach links.
Addieren einer negativen Zahl: Gehe auf der Zahlengeraden nach links (lässt sich als Subtraktion ausdrücken).
Subtrahieren einer negativen Zahl: Gehe auf der Zahlengeraden nach rechts (lässt sich als Addition ausdrücken).

–5 + 8 = 3

1 – 3 = –2

1 + (–3) = 1 – 3 = –2   1 – (–3) = 1 + 3 = 4

Multiplizieren und Dividieren
Multipliziert oder dividiert man zwei negative Zahlen, so ist das Ergebnis positiv.
Multipliziert oder dividiert man eine negative und eine positive Zahl, so ist das Ergebnis negativ.
Durch 0 kann man nicht dividieren.

8 · 4 = 32   8 : 4 = 2
(–8) · (–4) = 32   (–8) : (–4) = 2
(–12) · 3 = –36   (–12) : 3 = –4
12 · (–3) = –36   12 : (–3) = –4

Vorteile beim Rechnen – Rechenregeln
In Summen darf man Summanden, in Produkten darf man Faktoren vertauschen (Kommutativgesetz).

3 + 5 = 5 + 3
4 · 6 = 6 · 4

Wenn in einem Term nur addiert oder nur multipliziert wird, kann man Klammern setzen oder weglassen (Assoziativgesetz).

(2 + 7) + 11 = 2 + (7 + 11) = 2 + 7 + 11
(7 · 6) · 2 = 7 · (6 · 2) = 7 · 6 · 2

Beim Ausmultiplizieren verschwinden Klammern (Distributivgesetz).

Beim Ausklammern geht man umgekehrt vor (Distributivgesetz).

3 · (7 – 5) = 3 · 7 – 3 · 5
(6 + 9) : 3 = 6 : 3 + 9 : 3
2 · 7 + 2 · 8 = 2 · (7 + 8)
45 : 3 – 12 : 3 = (45 – 12) : 3

Beim Subtrahieren darf man die Reihenfolge nicht vertauschen. Will man dennoch die Reihenfolge in Termen verändern, in denen auch subtrahiert wird, muss man den Term als Summe schreiben.

6,75 + 3,6 – 6,75 = 6,75 + 3,6 + (–6,75)
6,75 + (–6,75) + 3,6 = 6,75 – 6,75 + 3,6 = 3,6

Eine Plusklammer darf weggelassen werden, ohne die Vorzeichen zu verändern. Will man eine Minusklammer auflösen, so ändern sich alle Vorzeichen, die in der Klammer standen.

5 + (7 – 3) = 5 + 7 – 3
7 + (–3 + 1) = 7 – 3 + 1
8 – (6 – 3) = 8 – 6 + 3
9 – (–3 + 7) = 9 + 3 – 7

Durch Anwendung der Rechenregeln kann man oft Rechenvorteile nutzen.

$17 \cdot \frac{3}{5} + 17 \cdot \frac{2}{5} = 17 \cdot \left(\frac{3}{5} + \frac{2}{5}\right) = 17 \cdot 1 = 17$

Training

III Rationale Zahlen

Runde 1

→ Lösungen | Seite 226

1 Welche Zahlen sind auf der Zahlengeraden markiert?

2 Ordne die Zahlen der Größe nach.
a) 78; −87; 780; −870; −780
b) 12,1; −21,4; −12,8; 34,5
c) $-\frac{3}{4}$; $\frac{5}{6}$; $-\frac{13}{12}$; $-\frac{5}{3}$; $\frac{3}{2}$; $\frac{4}{9}$

3 Berechne.
a) $2 + \frac{3}{2} \cdot \left(-\frac{1}{5}\right) + 9 \cdot \left(-\frac{1}{10}\right)$
b) $\left(1 + \frac{7}{-3}\right) \cdot \frac{3}{4} - \frac{1}{2} : \left(-\frac{2}{3}\right)$
c) $2\frac{2}{5} : \frac{3}{10} - \frac{2}{10}$

4 Welchen Abstand haben die beiden Zahlen auf der Zahlengeraden?
a) −15 und −21
b) 230 und −91
c) −67 und −118
d) 100 und −101
e) −0,9 und 1,3
f) $\frac{1}{4}$ und 0,25
g) $\frac{1}{4}$ und $-\frac{3}{8}$
h) $-\frac{3}{4}$ und −2,5
i) −0,0125 und 1,1

5 Berechne geschickt.
a) 23,9 + 7,1 − 6 − 23,9
b) 5,3 − 0,8 + 3,2 + $\frac{3}{2}$ − 12,2
c) −0,75 + 0,3 − 12,5 + $\frac{3}{4}$ + $\frac{7}{10}$

6 Ein Jahr lang wurde jeden Monat der höchste Pegelstand eines Sees notiert (Fig. 1).
a) In welchen Monaten stand das Wasser höher als im Juli?
b) Zwischen welchen aufeinanderfolgenden Monaten war der Unterschied der Höchststände am größten?

Monat	unter/über Normal (in cm)
Januar	−1
Februar	−17
März	22
April	68
Mai	39
Juni	5
Juli	−23
August	−41
September	−38
Oktober	−12
November	11
Dezember	19

Fig. 1

Runde 2

→ Lösungen | Seite 227

1 Trage die Zahlen auf einer Zahlengeraden ein. Wähle einen sinnvollen Maßstab.
a) −5; −7; −9; 1; 5; −10
b) −2,1; 3; 4,5; −3,7; −5,2
c) $\frac{5}{6}$; $-\frac{1}{2}$; $\frac{1}{12}$; $-\frac{1}{6}$; $-\frac{2}{3}$; $\frac{3}{4}$

2 Ordne die Zahlen der Größe nach.
a) 45; −54; −405; 540; −450; −45
b) −0,1; −0,11; −0,09; $-\frac{1}{10}$; $-\frac{1}{11}$; $-\frac{1}{9}$; $-\frac{11}{98}$
c) −7 − 9; 18 − 27; −3 + 10; 9 − 13; 6 · (−2); 24 : (−8)

3 Rechne geschickt.
a) $\left(-\frac{9}{7}\right) \cdot \frac{3}{4} + \frac{16}{7} \cdot \frac{3}{4} + 1$
b) $(-2) : \frac{7}{2} + 3 : \frac{7}{2} + 1 : \frac{2}{7}$
c) $-\left(\frac{5}{4} - \frac{6}{7}\right) + \frac{5}{4}$

4 a) Dividiere 36 durch das Produkt aus 3 und −6.
b) Subtrahiere das Produkt aus $\frac{21}{32}$ und $\frac{8}{7}$ von dem Produkt aus $-\frac{7}{16}$ und $-\frac{8}{7}$.

5 Hans verwaltet die Klassenkasse. Am Ende des Schuljahres muss er abrechnen.
a) Stelle mithilfe des Kassenbuches einen geeigneten Term auf und berechne den aktuellen Stand der Klassenkasse.
b) Hans möchte auch über den höchsten und niedrigsten Kassenbetrag berichten. Wie hoch waren diese?

15.9.	Übertrag aus Klasse 5	115,23 €
10.12.	Deko für die Party	−43,20 €
20.12.	Weihnachtsbazar	150,71 €
13.5.	Verkauf der Klassenzeitung	273,10 €
20.6.	Bus für Ausflug	−540,00 €
28.6.	Spende der Firma Trico	50,00 €
3.7.	Kuchenverkauf	75,20 €

115

IV Daten

Wenn der Kopf in einem Kühlschrank steckt und die Füße stehen auf einer Herdplatte – dann ist die Durchschnittstemperatur okay.

Andrew Robertson

Das kannst du schon

- Balken- und Säulendiagramme erstellen
- Mit Brüchen rechnen
- Anteile in Prozent schreiben
- Kreise und Winkel zeichnen

→ Sicher ins Kapitel IV
Seite 206

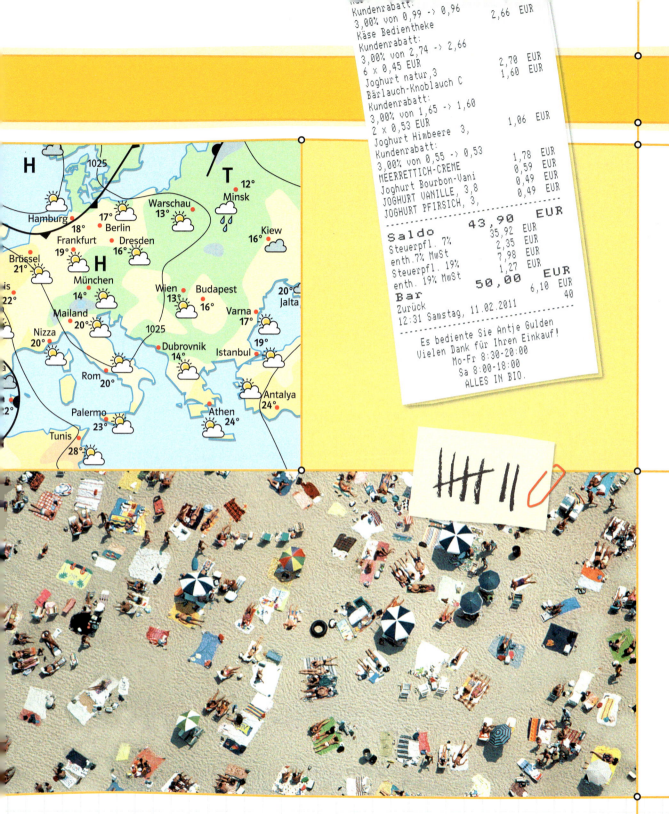

Das kannst du bald

- Mit relativen Häufigkeiten umgehen
- Kreisdiagramme erstellen und lesen
- Mittlere Werte bestimmen
- Diagramme richtig verstehen

Erkundungen

Was Kassenzettel erzählen

Es ist erstaunlich, wie viele Informationen in Kassenzetteln stecken. Schaut einmal genauer hin und versucht, so viel wie möglich über das Geschäft herauszufinden, von dem die Kassenzettel stammen.

→ Lerneinheit 1, Seite 120

Dazu teilt ihr eure Klasse in Gruppen auf und sammelt Bons in Lebensmittelläden, Baumärkten, Drogerien, Bäckereien usw. Versucht, anhand der gesammelten Kassenzettel einige der gestellten Fragen zu beantworten und die Antworten in kleinen Vorträgen zu präsentieren.

→ Lerneinheit 2, Seite 124

Sicher fallen euch weitere eigene Fragen ein, auch wenn ihr verschiedene Geschäfte vergleicht. Natürlich kann man vor der eigenen Sammelaktion auch erst einmal die hier abgedruckten Zettel studieren, die von einem Stehkaffee (mit einer einzigen Kasse) stammen, das täglich von 7:00 bis 19:00 Uhr geöffnet hat.

Ein Vormittag:

```
REG 30-04-2011 11:08
B01       1705 449202

KAFFEE GROSS *  1,70
SP.BRÖ./WECK/CR *
                1,95
ZW-SUMME   3,65
BAR        5,00
RÜCKGELD   1,35
MWST 19%   0,58
```

```
REG 30-04-2011 11:18
B01       1705 449208

SP.BRÖ./WECK/CR *
                1,95
KAFFEE GROSS *  1,70
ZW-SUMME   3,65
BAR        4,00
RÜCKGELD   0,35
MWST 19%   0,58
```

```
REG 30-04-2011 13:43
B01       1705 449271

KAFFEE GROSS *  1,70
BRÖTCHEN BELEGT 1,65
BRÖTCHEN B LEGT 1,65
TEIL.SCHNIT.STÜ 2,45
ZW-SUMME   7,45
BAR        7,45
RÜCKGELD   0,00
MWST 7%    0,16
MWST 19%   0,80
```

```
REG 30-04-2011 13:43
B01       1705 449272

TEIL/SCHNIT/*
                1,95
ZW-SUMME   1,95
BAR        2,00
RÜCKGELD   0,05
MWST 19%   0,31
```

Die gleiche Kasse, einige Wochen später:

```
REG 10-05-2011 11:35
B01       1705 451463

2GED.BELEGTES *
                2,35
BROT M.ZUS.KoRN.0,50
ZW-SUMME   2,85
BAR        3,05
RÜCKGELD   0,20
MWST 7%    0,03
MWST 19%   0,38
```

```
REG 10-05-2011 11:41
B01       1705 451465

TORTEN/KUCHEN  1,75
TORT/KUC EN/*  1,95
KAFEE KL.TASSE *
                1,30
ZW-SUMME   5,00
BAR       10,00
RÜCKGELD   5,00
MWST 7%    0,11
MWST 19%   0,52
```

```
REG 18-05-2011 13:07
B01       1705 453884

KAFFEE KL.TASSE *
                1,30
KAFFEE KL.TASSE *
                1,30
ZW-SUMME   2,60
BAR        3,00
RÜCKGELD   0,40
MWST 19%   0,42
```

```
REG 01-06-2011 12:54
B01       1705 457869

TEIL/SCHNIT/*
                1,95
KAFFEE K .TASSE *
                1,30
ZW-SUMME   3,25
BAR        5,00
RÜCKGELD   1,75
MWST 19%   0,52
```

Wie viele Waren kaufte ein Kunde bei seinem Einkauf im Mittel?
Wie viel Geld bezahlte er im Mittel?
Wie teuer waren die einzelnen Waren im Mittel?

Wie viele Kunden wurden täglich ungefähr an einer Kasse bedient?
Wie lange dauerte im Mittel die Bedienung eines Kunden?

Wie viel nahm der Kassierer im Mittel jeden Tag ein?
Wie viele Waren („Positionen") wurden dabei verbucht?

Welcher Anteil der Kunden suchte nach Kleingeld?

Wie viel Wechselgeld gab der Kassierer täglich zurück?

IV Daten

Vom Leben einer Seifenblase

Testingenieure stehen häufig vor der Aufgabe, Produkte auf ihre Qualität hin objektiv beurteilen zu müssen. Statt um Glühbirnen oder Autos geht es hier um „die beste" Seifenblasenlösung. Qualitätskriterium ist die Lebensdauer einer Seifenblase zwischen Ablösung vom Ring („Geburt") und Zeitpunkt des Zerplatzens („Tod").

→ Lerneinheit 1, Seite 120

→ Lerneinheit 2, Seite 124

Versuchsdurchführung
Man braucht mindestens zwei verschiedene Seifenblasenlösungen, z. B. eine gekaufte Lösung und die „süßen Blasen".

Dann arbeitet man in Dreiergruppen. Diese bestehen aus
- einem „Ingenieur", der ca. 50 Seifenblasen produziert,
- einem Zeitnehmer, der die Lebensdauer der Seifenblasen stoppt,
- einem Protokollführer, der die Lebensdauer der Blasen notiert.

Monsterblasen:
1,5 l Wasser
200 ml Sirup (Birne, Apfel, Mais ...)
450 ml Spülmittel

süße Blasen:
$\frac{3}{4}$ l destilliertes Wasser
70 g Puderzucker
$\frac{1}{4}$ l Spülmittel
1 Esslöffel Glyzerin

Jede Gruppe entscheidet sich für eine der Seifenblasenlösungen und dafür, ob sie die Lebensdauer kleiner oder großer Blasen untersuchen möchte.

Für kleine Blasen kann man Trinkhalme oder Kunststoffringe nutzen, für große Blasen gibt es Trichter zu kaufen. Sucht einen guten Startplatz, sodass die Blasen lange ungestört fliegen können. Optimal ist ein hoch gelegenes Fenster mit leichtem Aufwind, der die Seifenblasen weit trägt, sodass sie eines „natürlichen Todes" sterben können. Wenn die Blasen durch Bodenkontakt platzen oder an einer Wand zerschellen, zählt die Messung nicht.

Auswertung
Jede Gruppe veröffentlicht ihr Testergebnis auf einem Plakat oder einem Tabellenkalkulationsblatt. Die Gruppenmitglieder entscheiden dann gemeinsam, ob
- große Blasen länger leben als kleine,
- Blasen aus gekaufter Lösung länger leben als Blasen aus selbst gemachter Lösung.

Erkundungen

1 Relative Häufigkeiten und Kreisdiagramme

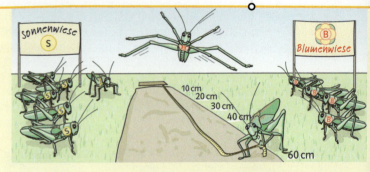

Zwei Grashüpfermannschaften treffen sich zum Weithüpfwettbewerb. Die erzielten Weiten werden in einer Tabelle zusammengefasst. Nun steht die Siegerehrung an. Welche Mannschaft hat gewonnen?

Team \ Weite	mindestens 20 cm, aber weniger als 30 cm	mindestens 30 cm, aber weniger als 40 cm	mindestens 40 cm
Blumenwiese	2	13	5
Sonnenwiese	5	19	6

Anzahlen und Größen lassen sich auf unterschiedliche Weise interpretieren.
Beim Känguru-Wettbewerb haben 480 Schüler der Schiller-Schule teilgenommen.
Die Goethe-Schule hat mit 570 Schülern mehr Teilnehmer gestellt.
Die Goethe-Schule wird von 760 Schülern besucht, die Schiller-Schule nur von 600.
Betrachtet man den Anteil der Teilnehmer am Känguru-Wettbewerb bezogen auf die jeweiligen Schüleranzahlen, so ergibt sich:

	Teilnehmer	Schüler	Anteil
Goethe-Schule	570	760	$\frac{570}{760} = \frac{75}{100} = 75\%$
Schiller-Schule	480	600	$\frac{480}{600} = \frac{80}{100} = 80\%$

Logo des Känguru-Wettbewerbs

An der Goethe-Schule haben zwar 90 Schüler mehr am Känguru-Wettbewerb teilgenommen als an der Schiller-Schule. Der Anteil der teilnehmenden Schüler ist jedoch an der Goethe-Schule 5 % geringer als an der Schiller-Schule.

Die Anzahlen 570 und 480 nennt man **absolute Häufigkeiten**, die Anteile 75 % und 80 % **relative Häufigkeiten**.

Relativ bedeutet bezogen auf.

> Anzahlen bezeichnet man als **absolute Häufigkeiten**. Den Anteil der absoluten Häufigkeiten an der Gesamtanzahl nennt man **relative Häufigkeiten**:
>
> relative Häufigkeit = $\frac{\text{absolute Häufigkeit}}{\text{Gesamtanzahl}}$.
>
> Man gibt relative Häufigkeiten oft in Prozent an.

Absolute Häufigkeiten lassen sich übersichtlich in **Säulendiagrammen**, relative Häufigkeiten in **Streifendiagrammen** und **Kreisdiagrammen** darstellen.
Die Polizei hat auf dem Schulhof 300 Fahrräder kontrolliert:

Mängelstufe	keine Mängel	leichte Mängel	mittlere Mängel	schwere Mängel
Anzahl der Fahrräder	60	135	75	30
relative Häufigkeit	20 %	45 %	25 %	10 %

Die Summe der relativen Häufigkeiten ergibt 100 %.

120

IV Daten

Die relativen Häufigkeiten lassen sich zum Beispiel durch Flächen darstellen:

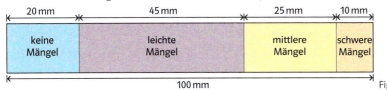
Fig. 1

Säulendiagramm zu den absoluten Häufigkeiten:

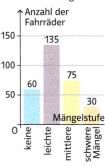

Bei einem **Streifendiagramm** (Fig. 1) ergeben sich die Streifenbreiten besonders einfach, wenn man einen Streifen der Länge 100 mm zugrunde legt. Dann entsprechen z. B. 20 % einem 20 mm breiten Streifen, 1 % entspricht einem Streifen von 1 mm Breite.

Beim Erstellen eines **Kreisdiagramms** muss man die relativen Häufigkeiten in entsprechende Anteile des Vollwinkels umrechnen. Dann entsprechen 20 % für keine Mängel $\frac{20}{100}$ des Vollwinkels. $\frac{1}{100}$ von 360° ist 3,6°, also sind $\frac{20}{100}$ dann 20 · 3,6° = 72°. Entsprechend ergeben sich die drei anderen Winkel zu 162°, 90° und 36° (Fig. 2).

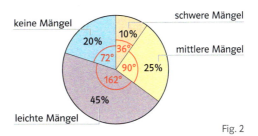
Fig. 2

Beispiel 1 Kreisdiagramm erstellen
Eine Umfrage unter den Schülern aller 6. Jahrgangsstufen des Heinrich-Heine-Gymnasiums zur Anzahl der Geschwister ergab folgendes Ergebnis:

Anzahl der Geschwister	0	1	2	3 oder mehr
absolute Häufigkeit	16	80	40	24

Berechne die relativen Häufigkeiten und stelle sie in einem Kreisdiagramm dar.
Lösung
Die Gesamtanzahl an Kindern ist
16 + 80 + 40 + 24 = 160. Keine Geschwister haben $\frac{16}{160}$ = 10 % aller Befragten. Im Kreisdiagramm entspricht das dem Winkel
10 · 3,6° = 36°. Die anderen Winkel ergeben sich auf gleiche Weise zu 180°, 90° und 54°. In Fig. 3 sind die relativen Häufigkeiten in einem Kreisdiagramm dargestellt.

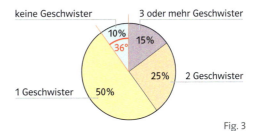
Fig. 3

Beispiel 2 Absolute Häufigkeiten aus Kreisdiagrammen schätzen
30 Kinder wurden nach ihrer Lieblingssportart befragt (Fig. 4). Schätze die jeweiligen absoluten Häufigkeiten.
Lösung
Etwa die Hälfte (15 Kinder) hat Fußball oder Schwimmen angegeben, Fußball etwas mehr als Schwimmen. Somit könnten 8 Schüler Fußball und 7 Schüler Schwimmen gewählt haben. Etwas weniger als ein Viertel (6 Kinder) hat Tennis oder Volleyball, etwas mehr als ein Viertel (9 Kinder) die drei restlichen Sportarten angegeben. Insgesamt könnte sich damit ergeben:

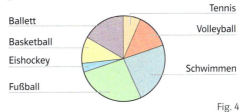
Fig. 4

Sportart	Ballett	Basketball	Eishockey	Fußball	Schwimmen	Tennis	Volleyball
absolute Häufigkeit	5	3	1	8	7	2	4

1 Relative Häufigkeiten und Kreisdiagramme

Aufgaben

1. Gib in Prozent an und zeichne ein Kreisdiagramm.
   a) Bei 20 Versuchen gab es 5 Treffer.
   b) In 100 g Fleisch sind 5 g Fett enthalten.
   c) Von 30 Schülern verspäteten sich 6.
   d) Von 85 Läufern erreichten 51 das Ziel.

2. Die Klasse 6 c wird von 18 Mädchen und 12 Jungen besucht. Veranschauliche den Mädchenanteil und den Jungenanteil
   a) in einem Kreisdiagramm,
   b) in einem Säulendiagramm.
   Welches Diagramm erscheint dir geeigneter?

3.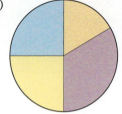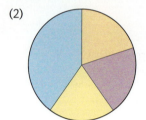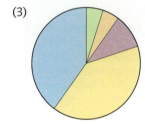

   a) Schätze die dargestellten relativen Häufigkeiten in Prozent.
   b) Schätze die zugehörigen Winkelgrößen.
   c) Kontrolliere deine geschätzten Winkelgrößen durch Nachmessen.
   d) Gib in etwa die absoluten Häufigkeiten an, wenn die Gesamtanzahl 50 (80) beträgt.
   e) Gib die jeweiligen Anzahlen der entsprechenden Farben an, wenn bekannt ist, dass die gelbe Farbe für die absolute Häufigkeit 30 steht.

4. Das Kreisdiagramm soll ein Umfrageergebnis veranschaulichen. Erfinde dazu eine passende Geschichte.
    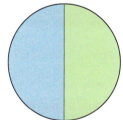 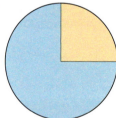 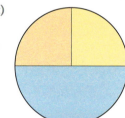

5. Das Kreisdiagramm zeigt die relativen Häufigkeiten der Wirbeltierklassen. Insgesamt gibt es ca. 45 000 verschiedene Wirbeltierarten. Bestimme für jede Wirbeltierklasse die absolute Häufigkeit und zeichne ein Säulendiagramm.

6. a) Eine Cremedose enthält 20 g Creme und wiegt insgesamt 30 g. Eine Banane wiegt ca. 230 g, wobei ihre Schale 70 g schwer ist. Ist das Verhältnis von Verpackung und Inhalt bei der Banane oder der Cremedose günstiger?
   b) Suche zu Hause nach Dingen, bei denen das Verhältnis von Inhalt und Verpackung besonders ungünstig bzw. günstig ist, und fertige Kreisdiagramme an, die du der Klasse zusammen mit der Verpackung vorstellst.

Bist du schon sicher?

7 Eine Schulklasse hat an einem Donnerstag und an einem Freitag alle Kinobesucher des „Odeon" befragt, wie alt sie sind. Die Schüler haben in Kreisdiagrammen dargestellt, wie sich die Besucher an diesen beiden Tagen auf verschiedene Altersgruppen verteilten.

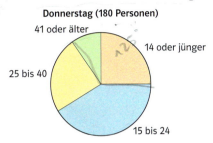
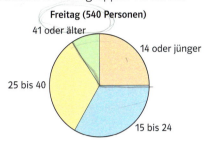

a) Wie viele Besucher waren am Donnerstag 14 Jahre oder jünger?
b) Wie viele Besucher unter 15 Jahren gab es am Freitag?
c) An welchem Tag waren mehr Besucher zwischen 15 und 40 Jahre alt?

Lösung | Seite 227

8 Bei einer Radarkontrolle vor einer Schule wurden insgesamt 100 Fahrzeuge gezählt.
a) Wie viele Pkws (Transporter, Lkws) fuhren zu schnell?
b) Berechne zur Anzahl der Schnellfahrer unter den Pkws (den Transportern, den Lkws) die relative Häufigkeit.
c) Sandra stellt in einem Streifendiagramm dar, wie sich die „Temposünder" auf die Pkws, Transporter und Lkws verteilen. Wie könnte sie vorgehen?

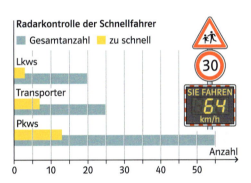

9 👥👥 Führt in eurer Klasse folgende Umfrage anonym durch.
Wertet die Fragen in Gruppen aus und zeichnet für alle fünf Bereiche Säulendiagramme.

(1) Wenn du frühstückst, trinkst du in der Regel
 a) Milch oder Kakao, b) Tee, c) Saft, d) Sprudel, e) nichts, f) etwas anderes.

(2) Wenn du frühstückst, isst du in der Regel
 a) Brot oder Brötchen, b) Müsli, c) Cornflakes o. Ä., d) Frühstücksriegel, e) Obst.

(3) Wie viel hast du heute vor Beginn des Unterrichts getrunken? Runde auf Viertelliter.
 a) nichts b) $\frac{1}{4}$ l c) $\frac{1}{2}$ l d) $\frac{3}{4}$ l e) 1 l

(4) Wie viele Brötchenhälften hast du heute vor der Schule gegessen?
 Wenn du Brot, Müsli, Cornflakes, Jogurt, Keksriegel etc. bevorzugst, schätze, wie viele belegte Brötchenhälften dem entsprechen (dich genauso satt machen) würden.

(5) Wie lange hast du heute am Frühstückstisch gesessen? Runde auf 5 Minuten.
 a) 0 Minuten b) 5 Minuten c) 10 Minuten d) 15 Minuten e) länger als 15 Minuten

Kannst du das noch?

10 a) Erweitere. (1) $\frac{2}{3}$ mit 4 (2) $\frac{5}{7}$ mit 3 (3) $\frac{2}{9}$ mit 5 (4) $\frac{3}{4}$ mit 6
 b) Kürze. (1) $\frac{8}{12}$ mit 4 (2) $\frac{14}{21}$ mit 7 (3) $\frac{35}{50}$ mit 5 (4) $\frac{36}{39}$ mit 3

vgl. Seite 211
Lösung | Seite 227

2 Mittelwert, Modalwert und Spannweite

Jan, Leon, Micha, Simon und Mika haben sich gemessen. Sie sind 147 cm, 147 cm, 157 cm, 142 cm und 149 cm groß.
Die Körpergrößen der Schüler lassen sich auf unterschiedliche Arten vergleichen.

Die drei sechsten Klassen des Theodor-Storm-Gymnasiums haben eine Vergleichsarbeit in Mathematik geschrieben, die Noten sind in der Tabelle angegeben.

Klasse \ Note	1	2	3	4	5	6
6 a		⫼⫼⫼ |||	⫼⫼⫼ ⫼⫼⫼		⫼⫼⫼ ⫼⫼⫼			
6 b			⫼⫼⫼ ⫼⫼⫼		|||	|||	|||	||
6 c	||||	⫼⫼⫼ |||	⫼⫼⫼ ||	||||		

Emma (6 a), Ben (6 b) und Mia (6 c) kommentieren die Notenspiegel.
Emma sagt: „Unsere Klasse ist am besten, denn wir liegen alle dicht beisammen!"
Daraufhin antwortet Ben: „Wir sind besser, denn wir haben die meisten 2er!"
Mia wirft ein: „Ich habe alle Durchschnittswerte schnell ausgerechnet, hier sind wir mit

$$\frac{1+1+1+1+2+2+2+2+2+2+2+2+3+3+3+3+3+3+3+4+4+4+4}{23} = \frac{57}{23} \approx 2{,}5 \text{ am besten!"}$$

Emma hat für ihre Argumentation die **Spannweite** benutzt. Dies ist die Differenz zwischen dem größten und kleinsten Wert, der auftritt, und beträgt in ihrer Klasse $4 - 2 = 2$.
Ben nutzt den **Modalwert**. Dies ist der Wert mit der größten Häufigkeit und in seiner Klasse die Note 2.
Mia berechnet die Durchschnittsnoten, man sagt dazu auch **Mittelwert**. Dieser berechnet sich durch die Summe der einzelnen Noten geteilt durch die Anzahl der Schüler.

> Um einen Überblick über gegebene Werte zu bekommen, kann man folgende **Merkmale** bestimmen:
> – Der **Mittelwert** berechnet sich aus $\frac{\text{Summe der einzelnen Werte}}{\text{Anzahl der einzelnen Werte}}$.
> – Der **Modalwert** ist der Wert mit der größten Häufigkeit.
> – Die **Spannweite** ist die Differenz des größten und des kleinsten Wertes.

Statt Mittelwert sagt man auch **arithmetisches Mittel** oder auch kurz **Durchschnitt**.

Bei gegebenen Werten kann man stets den Mittelwert und die Spannweite bestimmen. Gibt es mehrere Werte mit der gleichen maximalen Häufigkeit, so gibt es keinen Modalwert. Im obigen Beispiel gibt es keinen Modalwert für die Klasse 6 a, da die Noten 3 und 4 die größte Häufigkeit haben; beide treten 11-mal auf.

Beispiel 1 Mittelwert, Modalwert und Spannweite bestimmen

Acht Freunde haben festgestellt, dass sie unterschiedlich viel Taschengeld bekommen: 12€, 7€, 9€, 21€, 7€, 8€, 13€, 11€. Bestimme den Mittelwert, Modalwert und die Spannweite dieser Werte.

Lösung
Für den Mittelwert ergibt sich $\frac{12€ + 7€ + 9€ + 21€ + 7€ + 8€ + 13€ + 11€}{8} = \frac{88€}{8} = 11€$.
Der Wert 7€ kommt zweimal vor, alle anderen Werte nur einmal. Daher ist 7€ der Modalwert. Die Spannweite dieser Werte beträgt 21€ − 7€ = 14€.

Beispiel 2 Mit Mittelwert, Modalwert und Spannweite argumentieren

Die Tabelle zeigt die Notenspiegel zweier Klassenarbeiten. Welche Klassenarbeit ist besser ausgefallen?

	1	2	3	4	5	6
1. KA	4	7	6	10	2	1
2. KA	6	3	7	6	5	0

Lösung
Für die 1. Klassenarbeit ergibt sich der Mittelwert
$(4 \cdot 1 + 7 \cdot 2 + 6 \cdot 3 + 10 \cdot 4 + 2 \cdot 5 + 1 \cdot 6) : 30 = 92 : 30 \approx 3{,}1$. Für die 2. Klassenarbeit erhält man entsprechend $82 : 27 \approx 3{,}0$.
Der Modalwert ist für die 1. Klassenarbeit die Note 4, für die 2. Klassenarbeit die Note 3.
Bei der 1. Klassenarbeit ist die Spannweite der Noten 6 − 1 = 5, bei der 2. Klassenarbeit ist sie kleiner, nämlich 5 − 1 = 4.
Alle drei Werte ergeben ein besseres Abschneiden der 2. Klassenarbeit.

Aufgaben

1 Bestimme den Mittelwert, den Modalwert und die Spannweite.
a) 56, 40, 69, 27, 37, 88, 53, 32
b) 56, 40, 69, 27, 37, 88, 53

2 Wie groß ist die Klassenstärke der vier Klassen in Fig. 1 im Mittel?

3 a) Berechne den Mittelwert, den Modalwert und die Spannweite.
(1) 2,50 m; 2,10 m; 1,80 m; 1,90 m; 1,75 m; 2,05 m; 2,15 m
(2) 12,4 kg; 12,1 kg; 14,4 kg; 11,8 kg; 12,5 kg
(3) 1,5 dm; 1,6 dm; 1,5 dm; 1,7 dm; 1,7 dm; 1,5 dm; 1,6 dm
b) Untersuche, wie sich der Mittelwert, der Modalwert und die Spannweite ändern, wenn man den jeweils größten und kleinsten Wert streicht.

4 In einer Quizsendung wurden allen 51 Mitgliedern eines Chors zehn schwierige Fragen zum Thema Musik gestellt. Jeder musste in fünf Minuten die Fragen auf einem Zettel beantworten und den Zettel beim Quizmaster abgeben. Die Tabelle zeigt, wie die Chormitglieder geantwortet haben.

Anzahl der richtigen Antworten	0	1	2	3	4	5	6	7	8	9	10
Anzahl der Personen	0	1	2	8	8	7	5	3	2	7	8

Herr Müller hat fünf Fragen richtig beantwortet. Zu Hause möchte er seiner Frau verdeutlichen, dass er im Vergleich mit den anderen Chormitgliedern gut abgeschnitten hat. Wie argumentiert Herr Müller am besten? Wie sollte er besser nicht argumentieren?

5 Die Durchschnittstemperatur der letzten drei Tage betrug 17 °C. Welche Temperaturen könnten an den drei Tagen geherrscht haben? Gebt zwei Beispiele an und vergleicht.

6 Frank hat bei der Klassenarbeit eine 3– geschrieben. „Ich bin besser als der Durchschnitt", sagt er zu Hause. Prüfe.

Note	1	2	3	4	5	6
Anzahl	8	4	4	11	3	0

Klasse	Anzahl der Schüler
6 a	28
6 b	30
6 c	27
6 d	29

Fig. 1

Wie heißt das Musikinstrument?
☐ Oboe
☐ Klarinette
☐ Sopransaxophon

7 Im Sportunterricht wurde Weitsprung geübt. Jeder Schüler hatte sieben Sprünge. Jan und Max vergleichen ihre Ergebnisse (Fig. 1). Max behauptet, er sei der bessere Weitspringer. Jan meint, nur weil er einen Sprung verstolpert hat, wäre er nicht schlechter als Max, man könne den verstolperten Sprung ja weglassen.
Sind die beiden gleich gut oder ist einer der bessere Weitspringer?
Diskutiert miteinander und begründet eure Antwort mithilfe des Mittelwertes bzw. der Spannweite.

Jan	Max
4,20 m	3,95 m
3,95 m	4,12 m
4,10 m	4,18 m
4,15 m	4,10 m
1,90 m	4,00 m
3,95 m	4,03 m
4,03 m	4,06 m

Fig. 1

8 Eine Tageszeitung vergleicht die Preise eines DVD-Players in den Geschäften einer Stadt. Das gleiche Gerät kostet im Musikshop 167 €, im Discountladen 140 €, im Großmarkt 145 €, im Elektrocenter 155 € und im Kaufmarkt 153 €. Bestimme den Mittelwert und die Spannweite der Preise.

Bist du schon sicher?

→ Lösung | Seite 227

9 **Mittelwert ist nicht gleich Mittelwert**
Drei Schülerinnen teilen sich die Arbeit bei einer Meinungsumfrage: Amelie hat bei zehn Befragten sechs regelmäßige Leser (60 %), Claudia unter 30 Befragten 15 regelmäßige Leser (50 %) und Lina unter 20 Befragten zwei regelmäßige Leser (10 %) gefunden. Amelie meint: „Also lesen im Mittel $\frac{60\% + 50\% + 10\%}{3} = 40\%$ regelmäßig die PopNews". Lina meint, das Ergebnis sei falsch. Sie kommt auf einen Mittelwert von 38,3 %. Nimm dazu Stellung.

10 Die Zeugnisnote in einem Fach wird u.a. durch den Mittelwert der Einzelnoten bestimmt.
a) Gib ein Beispiel an, bei dem der Mittelwert nicht vom Modalwert abweicht.
b) Gib zwei Beispiele von möglichen Einzelnoten an, bei denen die Mittelwerte gleich sind, nicht aber die Spannweiten.

11 **Kopfrechnen in der Warteschlange vor Supermarktkassen**
a) Überprüfe die Aussage des Zeitungsartikels anhand des abgebildeten Kassenzettels.
b) Überprüfe die Aussage an selbst gesuchten, langen Supermarktkassenzetteln.
c) Gilt dieses Forschungsergebnis auch für Rechnungsbeträge in Restaurants? Begründe.

Einkaufen – Verflixt
Wer kennt das nicht? An der Supermarktkasse ist alles schön aufs Band gelegt, die Kassiererin beginnt die Waren zu scannen und nun grübelt man, wie viel denn wohl für den Einkauf zu berappen ist. Reicht das Geld überhaupt? Eine hastige Schätzung, vor allem bei größeren Einkäufen, führt selten zu einer richtigen Summe. Das Problem: Die verflixten Nach-Komma-Stellen, denn mal kostet etwas 1,29 Euro, mal 2,59 Euro, vieles 0,99 Euro. Und den meisten Menschen ist es zu blöd, mit dem Taschenrechner durch den Supermarkt zu laufen.

[…] Dann ging Fisher das Werk empirisch an und klaubte zwecks Studium hunderte Kassenzettel aus Supermarktpapierkörben.
Aus der Analyse ergab sich folgende Lösung: Er zählt die Beträge vor dem Komma zusammen und addiert rund zwei Drittel der Anzahl der eingekauften Artikel als Euro (bei 30 Artikeln also 20 Euro) hinzu, denn – so fand er heraus – der Durchschnittspreis hinter dem Komma beträgt 61 Cent. […]

```
KRAFT ECK BROT    1,49
KRAFT ECK BROT    1,49
EISSALAT          0,69
GEMÜSEMAIS        0,35
GEMÜSEMAIS        0,35
TRAUBE KERNLOS    2,34
  0,812 KG x 2,88 EUR/KG
HALBFETT-BUTTER   0,85
EIER GR.L         0,55
EIER GR.L         0,55
HALBFETT-BUTTER   0,85
ZITRONEN          0,69
ZITRONEN          0,69
ZITRONEN          0,69
ZITRONEN          0,69
NATURIS JOGHURT   0,39
NATURIS JOGHURT   0,39
ERDBEERE 0,5KG    0,57
GURKEN            0,45
TARRAZZU 500G     3,99
TRAUBE KERNLOS    1,68
  0,582 KG x 2,88 EUR/KG
FRISCHMILCH 1,5   0,49
FRISCHMILCH 1,5   0,49
PORREE            1,49
-----
SUMME 23 Pos     22,21
-----
```

12 a) Schreibe als Bruch.   (1) 0,4   (2) 0,75   (3) $0,\overline{3}$ (4) 0,05
    b) Schreibe als Dezimalbruch.   (1) $\frac{3}{4}$ (2) $\frac{4}{5}$ (3) $\frac{1}{6}$ (4) $\frac{3}{100}$

Kannst du das noch?

→ vgl. Seite 211
Lösung | Seite 227

3 Diagramme genauer betrachtet

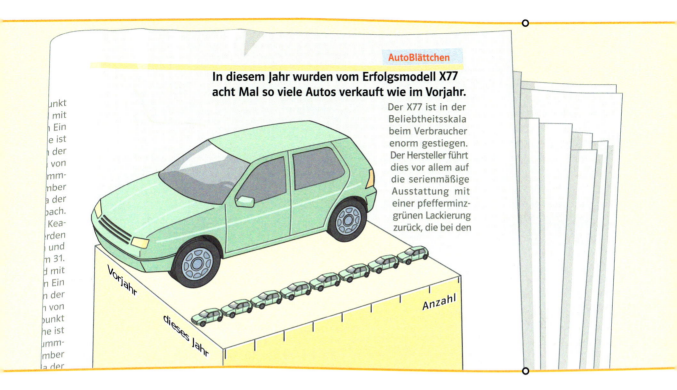

In den Medien werden Daten oft mit Diagrammen dargestellt.
Diese Darstellungen können den Leser in seiner Wahrnehmung beeinflussen.

Die Fahrradhändler Abel und Bebel sind Konkurrenten. Beide wünschen sich einen positiven Bericht in einer Veröffentlichung des Fachblattes für Fahrradhändler.
Herr Abel kennt den Journalisten Meyer und Herr Bebel ist mit der Journalistin Müller bekannt. Um ihrem jeweiligen Bekannten zu helfen, könnten Herr Meyer und Frau Müller zwei unterschiedliche Artikel gestalten, ohne Falsches zu veröffentlichen.

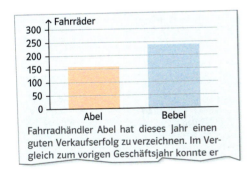

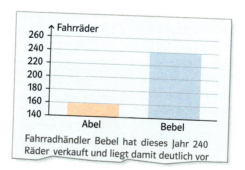

Das linke Diagramm zeigt auf der y-Achse die Anzahl der verkauften Fahrräder von 0 bis 300. Hier erscheint der Unterschied bei den Verkaufszahlen nicht so groß wie in der rechten Darstellung. In dieser Grafik beginnt die Skala erst bei 140, es wird also nur ein Ausschnitt der ganzen Säule dargestellt. Dadurch erscheint der Unterschied zwischen den Verkäufen von Herrn Abel und Herrn Bebel deutlich größer.

In der Vereinszeitschrift des Schwimmvereins SV 03 wird über die Mitgliederzahlen berichtet.
In der Grafik werden die Mitgliederzahlen von 2002 und 2012 durch die Quadrate verdeutlicht. Die Seite des oberen Quadrats ist 1 cm lang. Die Seite des unteren Quadrats ist 2 cm lang, also doppelt so groß. Die Fläche des unteren Quadrats ist jedoch viermal so groß wie die des oberen Quadrats. Im Gegensatz zu den Seitenlängen spiegeln die Quadratflächen die Verdoppelung der Mitgliederzahlen also nicht wider.

Größenangaben können mithilfe von Diagrammen dargestellt werden. Bei den Diagrammen muss man u.a. genau auf die verwendeten Skalen, Längen und Flächen achten, damit die gewünschten Inhalte korrekt dargestellt werden.

Beispiel Diagramme vergleichen

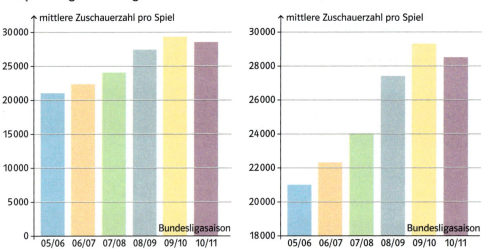

Die Säulendiagramme geben für die Heimspiele des VfL Wolfsburg die Zuschauerzahlen im Mittel an. Dabei wurden die Spielzeiten 2005/2006 bis 2010/2011 berücksichtigt.
a) Worin sind die beiden Diagramme gleich, worin unterscheiden sie sich?
b) Welche Informationen werden in den Diagrammen unterschiedlich hervorgehoben?
c) Welche Folgen können sich aus einer Darstellung wie der im rechten Diagramm ergeben?

Lösung
a) Beide Diagramme stellen die Zuschauerzahlen mithilfe gleich breiter Säulen dar. Das linke Diagramm hat eine Skala für die Zuschauerzahlen von 0 bis 30 000. Die entsprechende Skala reicht beim rechten Diagramm dagegen von 18 000 bis 30 000.
b) Im rechten Diagramm werden die Unterschiede der Zuschauerzahlen pro Spiel im Vergleich der einzelnen Spielzeiten stärker hervorgehoben als im linken Diagramm.
c) Man kann sehr leicht falsche Schlüsse ziehen. So könnte man irrtümlicherweise meinen, dass in der Saison 09/10 gut dreieinhalbmal so viele Zuschauer pro Spiel gekommen sind wie in der Saison 05/06.

IV Daten

Aufgaben

1 Seit Beginn seiner Schlankheitskur notiert Herr Kugel jeden Sonntagmorgen sein Gewicht und veranschaulicht es in einem Säulendiagramm.
a) Wie viel wiegt Herr Kugel zwei Wochen nach Kurbeginn?
b) Wie groß ist die Gewichtsabnahme in den ersten vier Wochen der Kur?
c) Zeichne ein Diagramm, bei dem die Gewichtsabnahme besonders deutlich wird.

2 Ist die Darstellung in der Werbeanzeige für Fruchtsaftgetränke angemessen? Begründe und gib Verbesserungsvorschläge an.

3 👥 Tragt Informationsmaterial zum Trinkwasserverbrauch zusammen. Erstellt Diagramme, die verdeutlichen, wozu und in welchen Mengen wir täglich Trinkwasser verbrauchen.

Bist du schon sicher?

4 Anna, Charlotte, Paul und Maximilian haben für das Amt des Schülersprechers kandidiert. Insgesamt wurden 800 Stimmen abgegeben.
a) Wer wurde zum Schülersprecher gewählt, wer zum Stellvertreter?
b) Zeichne ein Säulendiagramm, das die Stimmenunterschiede besonders deutlich hervorhebt.

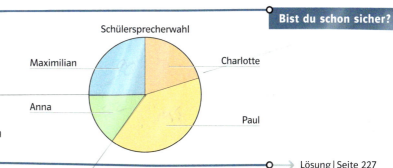

→ Lösung | Seite 227

5 👥 Die Grafik zeigt die Anzahl an Sparkassen und die Einwohnerzahl dreier Bundesländer im Jahr 2010.
a) Überlege dir Fragen, die man mithilfe des Diagramms beantworten kann und stelle diese Fragen deinem Partner.
b) Suche in Zeitungen nach Diagrammen, überlege dir Fragen dazu und stelle sie deinem Partner. Stellt der Klasse die Ergebnisse vor.

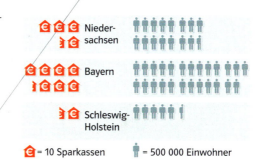

Kannst du das noch?

6 Wie viel sind
a) 15 % von 100 €,
b) 20 % von 8 €,
c) 25 % von 2 m,
d) 13 % von 4 km,
e) 10 % von 1 m²,
f) 5 % von 5 t,
g) 60 % von 5 a,
h) 20 % von 7 ha?

7 Notiere den Term.
Subtrahiere die Summe der Zahlen 11 und 53 von der Differenz der Zahlen 124 und 31.

→ Lösungen | Seite 227

3 Diagramme genauer betrachtet

Vertiefen und Vernetzen

1 Felix hat in den Fächern Mathematik und Latein jeweils fünf Klassenarbeiten geschrieben.
a) Bestimme für jedes Fach den Mittelwert, Modalwert und die Spannweite der Noten.
b) Die Zeugnisnote bestimmen die Lehrer u.a. mithilfe des Mittelwertes der Klassenarbeitsnoten. Felix hat in Mathematik und Latein den gleichen Mittelwert der Klassenarbeitsnoten. Dennoch unterscheiden sich die Notenbilder. Beschreibe diesen Unterschied, indem du die einzelnen Noten mit dem jeweiligen Mittelwert vergleichst.

	Mathe	Latein
1. KA	3	5
2. KA	2	2
3. KA	3	1
4. KA	3	5
5. KA	3	1

2 Eine Zeitung hat eine Grafik abgedruckt, um den jährlich anfallenden Hausmüll zu verdeutlichen. Insgesamt fallen pro Person laut dieser Zeitung 300 kg Hausmüll im Jahr an.
a) Zeichne zu der Darstellung der Zeitung ein Säulendiagramm.
b) Vergleiche das Säulendiagramm mit der Grafik der Zeitung. Beschreibe deinen Eindruck, den das Säulendiagramm im Vergleich zur Darstellung der Zeitung vermittelt.

3 Die Gewichte von Schultaschen sollen im Rahmen einer Klassenarbeit sinnvoll grafisch dargestellt werden. Tim und Annika haben verschiedene Diagramme gezeichnet.
a) Welches Diagramm bekommt vermutlich die geringere Punktzahl, weil es nach Auffassung des Lehrers sinnlos ist? Wie könnte die Begründung des Lehrers aussehen?
b) Versuche, durch einen geeigneten Erläuterungstext den Lehrer umzustimmen, sodass er auch das kritisierte Diagramm gut bewertet.

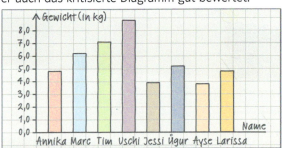
Tim

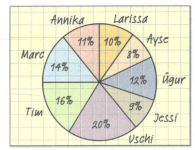
Annika

Name	Gewicht (in kg)
Annika	4,8
Marc	6,2
Tim	7,1
Uschi	8,8
Jessi	3,9
Ügur	5,2
Ayse	3,8
Larissa	4,8

4 Italienische und argentinische Zitronen werden in Beuteln zum gleichen Preis angeboten. Ein Käufer wiegt einige Beutel:
Sorte A: 526 g, 554 g, 516 g, 500 g, 526 g, 516 g, 516 g, 510 g, 544 g, 534 g.
Sorte B: 528 g, 532 g, 502 g, 420 g, 510 g, 540 g, 492 g, 498 g, 516 g, 519 g, 480 g, 492 g, 492 g, 572 g, 522 g, 522 g, 516 g, 520 g, 518 g, 496 g, 524 g, 530 g.
a) Bei welcher Sorte bekommt man im Mittel mehr Zitronen fürs Geld? Wie viel mehr?
b) Bestimme den jeweiligen Modalwert und die Spannweite bei Sorte A und Sorte B.
c) Gib eine begründete Kaufentscheidung für eine der beiden Sorten an.

5 Schreibe zehn Zahlen auf, die den Mittelwert 5 besitzen. Gib mindestens drei Wege an, wie man die Zahlenreihe so abändern kann, dass der Mittelwert unverändert bleibt. Bearbeite die gleiche Fragestellung auch mit dem Modalwert.

Statistik mit dem Computer

Mit **Tabellenkalkulationsprogrammen** kann man Daten schnell auswerten und grafisch darstellen. Grundlegende Schritte werden hier an Beispielen vorgestellt.
Hier wird beispielhaft Excel benutzt. Andere Tabellenkalkulationsprogramme sind zum Durcharbeiten der Exkursion ebenso geeignet.

Die Kenntnisse helfen sowohl bei der Aufbereitung von Forschungsergebnissen aus den Erkundungen als auch beim Kontrollieren der Lösungen zu Aufgaben aus den vorangegangenen Lerneinheiten.

Arbeitet die folgenden Beispiele in kleinen Gruppen an einem PC durch.

In der Klasse 6 c wurde nach den Haarfarben der Schülerinnen und Schüler gefragt: zwei Kinder sind blond, neun hellbraun, zwölf dunkelbraun, ein Kind hat rötliche und vier Kinder haben schwarze Haare.

Aus absoluten Häufigkeiten ein Säulendiagramm erstellen

1. Man öffnet ein Tabellenkalkulationsblatt. Die Spalten sind mit A, B, C… und die Zeilen mit 1, 2, 3… bezeichnet. Man überträgt die Haarfarben in die Spalte A und die zugehörigen absoluten Häufigkeiten in die Spalte B (Fig. 1).

	A	B	C	D	E
1	blond	2			
2	hellbraun	9			
3	dunkelbraun	12			
4	rötlich	1			
5	schwarz	4			
6					

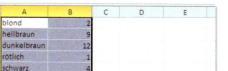

Fig. 1

2. Man markiert die Eingaben, indem man zuerst mit der Maus die Zelle A1 mit „blond" anklickt, die linke Maustaste drückt und mit gedrückter Taste bis zur Zelle B5 geht. Dann lässt man die Maustaste los und die Zellen A1 bis B5 sind markiert (Fig. 2).

	A	B	C	D	E
1	blond	2			
2	hellbraun	9			
3	dunkelbraun	12			
4	rötlich	1			
5	schwarz	4			
6					

Fig. 2

3. Nun kann man auch schon ein Säulendiagramm erstellen.
Dazu wählt man auf der Registerkarte *Einfügen* in der Gruppe *Diagramme* den Eintrag *Säule* und dann zum Beispiel *3D-Säulen (gruppiert)* in der Rubrik *3D-Säulen* (Fig. 3). Das Diagramm wird im Tabellenblatt eingefügt (Fig. 4) und kann dort verschoben werden.

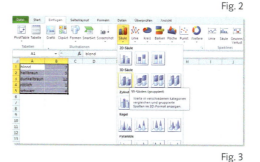

Fig. 3

4. Man kann das Diagramm mit einem Titel versehen, indem man mit der Maus auf das Diagramm klickt und in den *Diagrammtools* unter *Layout – Diagrammtitel* zum Beispiel bei *Über Diagramm* den Titel eingibt (Fig. 4).
Mit den *Diagrammtools* können noch weitere Einstellungen und Formatierungen vorgenommen werden. Probiert es einfach aus!

Fig. 4

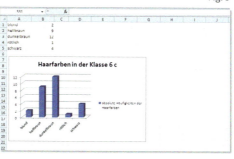

Exkursion

Relative Häufigkeiten berechnen und ein Kreisdiagramm erstellen

(1.) Man bestimmt zunächst die Gesamtanzahl aller Schüler. Dazu klickt man auf die Zelle B7, gibt die Formel =Summe(B1:B5) ein und schließt die Eingabe mit der Return-Taste ab (Fig. 1). In B7 steht dann das Ergebnis 28.

(2.) Die relative Häufigkeit der Haarfarbe blond erhält man, indem man die absolute Häufigkeit 2 (Zelle B2) durch die Summe 28 (Zelle B7) teilt. Man trägt also in der Zelle C1 die Formel =2/28 oder =B1/B7 ein und erhält das Ergebnis 0,07 (Fig. 2).

(3.) Um das Ergebnis in Prozent darzustellen, markiert man durch Mausklick die Zelle C1, wählt *Format* auf der Registerkarte *Start* in der Gruppe *Zellen* und dann *Zellen formatieren… – Prozent* und stellt die gewünschte Anzahl an Nachkommastellen ein. Man trägt in die Zelle C2 die Formel =B2/B7 ein, =B3/B7 in C3 usw. und erhält Fig. 3.

(4.) Um ein Kreisdiagramm für die relativen Häufigkeiten zu erstellen, geht man ähnlich wie beim Erstellen eines Säulendiagramms vor. Man markiert die Zellen, die verwendet werden sollen, hier A1:A5 sowie C1:C5, und wählt auf der Registerkarte *Einfügen* in der Gruppe *Diagramme* den Eintrag *Kreis*. Dort kann man die gewünschte Form wählen, zum Beispiel *Kreis* in der Rubrik *2D-Kreis*. Das Diagramm wird wieder im Tabellenblatt eingefügt. Wie beim Säulendiagramm kann man einen Titel einfügen und weitere Einstellungen und Formatierungen vornehmen (Fig. 4).

Fig. 1

Fig. 2

Fig. 3

Fig. 4

Tipp: Setzt in Schritt 2 vor die 7 ein $, also =B2/B$7. Dann könnt ihr die ganze Spalte C nur durch Kopieren einer einzigen Formel ausfüllen. Recherchiert, warum dies so ist.

Zahlenlisten auswerten

An einem anderen Beispiel sollen nun mit Excel Mittelwert, Modalwert und Spannweite berechnet werden. In Spalte A stehen die Namen, in Spalte B die Gewichte (in kg) der Schultaschen von acht Schülern.

(1.) Man trägt z.B. =Mittelwert(B1:B8) in der Zelle B10 ein. Wenn man auf eine andere Zelle klickt oder die Return-Taste drückt, steht der ausgerechnete Mittelwert (5,6) in der Zelle B10 (Fig. 5). In A10 fügt man eine Beschriftung ein.

Fig. 5

arithmetisches Mittel: =MITTELWERT(B1:B8)
Modalwert: =MODALWERT(B1:B8)
Spannweite: =MAX(B1:B8)-MIN(B1:B8)

Tipp: Wenn Excel nur ### anzeigt, ist meist die Spaltenbreite zu klein. Man wählt dann Start – Format – Spaltenbreite automatisch anpassen oder zieht mit gedrückter linker Maustaste die Spalte breiter.

IV Daten

(2.) Entsprechend berechnet man mit den Formeln von Seite 132 den Modalwert, den kleinsten und den größten Wert der Zahlenliste und damit die Spannweite. Man braucht sich diese Formeln nicht zu merken. Man kann sie durch Klicken auf Σ ▼ auf der Registerkarte *Start* unter *Weitere Funktionen…* auswählen.

Zahlenlisten nachträglich verändern – Excel „denkt mit"

Wenn man im obigen Beispiel das Gewicht einer Tasche ändert, werden die berechneten Größen, wie z.B. der Mittelwert, automatisch neu berechnet. Probiert es aus! Man kann nachträglich auch Zeilen einfügen, etwa zwischen Ayse und Larissa. Dazu markiert man die Zeile 8, indem man auf die 8 in der linken Randspalte klickt. Dann wählt man *Start – Zellen – Einfügen – Blattzeilen einfügen* (Fig. 1). Es entsteht eine Leerzeile, in die man einen weiteren Schüler und das Gewicht seiner Schultasche einträgt. Der Mittelwert wird aktualisiert. Zudem hat sich die Formel in der Zelle B12 zu =Mittelwert(B1:B9) verändert. Excel denkt mit!

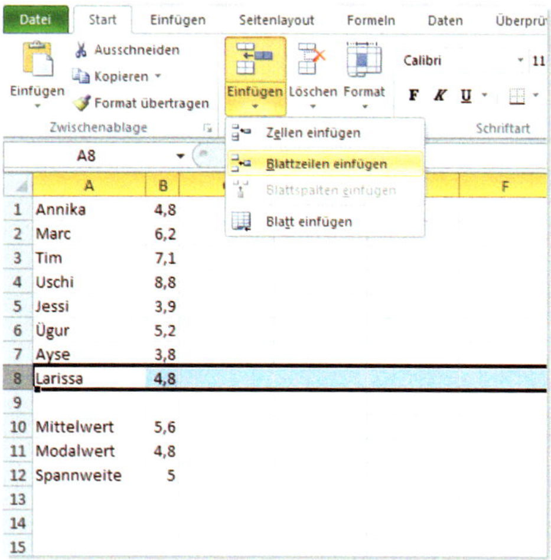

Fig. 1

Daten sortieren

Excel kann Listen natürlich auch sortieren.

(1.) Man markiert in der Tabelle den Bereich von A1 bis B9, wählt *Sortieren und Filtern* auf der Registerkarte *Start* in der Gruppe *Bearbeiten* und dann *Benutzerdefiniertes Sortieren* (Fig. 2).

(2.) Man sortiert nach Spalte B (Fig. 2), also nach den Gewichten der Schultaschen, und erhält Fig. 3.
Wie man sieht, wird die Berechnung der Kennwerte wie Mittelwert und Modalwert durch das Sortieren nicht gestört.

Fig. 2

Fig. 3

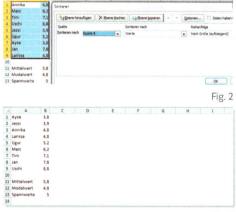

Um das in dieser Exkursion Gelernte zu üben, könnt ihr die Lösungen zu Aufgaben aus diesem Kapitel mit dem PC kontrollieren.

Exkursion 133

Rückblick

Absolute und relative Häufigkeiten
Durch Auszählen von Daten ermittelt man absolute Häufigkeiten. Beim Vergleichen von absoluten Häufigkeiten, kann man jeweils die relative Häufigkeit verwenden:

relative Häufigkeit = $\frac{\text{absolute Häufigkeit}}{\text{Gesamtanzahl}}$.

Die Summe der relativen Häufigkeiten ergibt 100 %.
Absolute Häufigkeiten lassen sich übersichtlich in Säulendiagrammen darstellen.

Tier	kein Haustier	Hund	Katze	Vogel	Hamster
absolute Häufigkeit	6	3	6	6	9
relative Häufigkeit	20 %	10 %	20 %	20 %	30 %

Umfrageergebnis zu „Ich habe (k)ein Haustier"

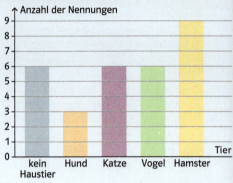

Kreis- und Streifendiagramm
Beim Darstellen und Vergleichen von Zahlen helfen Diagramme. Bei den Diagrammen muss man u.a. genau auf die verwendeten Skalen, Längen und Flächen achten.
Zum Darstellen von relativen Häufigkeiten eignen sich Kreisdiagramme und Streifendiagramme besonders gut.
Bei einem Kreisdiagramm spiegeln die Größen der Mittelpunktswinkel die relativen Häufigkeiten wider.
Bei einem Streifendiagramm spiegeln Streifenbreiten die relativen Häufigkeiten wider.

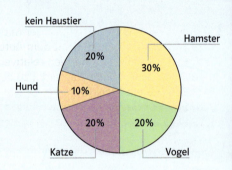

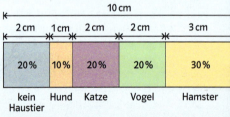

(verkleinerte Darstellung)

Mittelwert, Modalwert und Spannweite
Ist eine bestimmte Anzahl von Werten gegeben, so heißt der Wert $\frac{\text{Summe der einzelnen Werte}}{\text{Anzahl der einzelnen Werte}}$ ihr Mittelwert.

Der Modalwert ist der Wert mit der größten Häufigkeit.
Die Spannweite ist die Differenz des größten und des kleinsten Wertes.

Liste:
2, 4, 7, 14, 4, 5, 2, 4, 11, 2, 7, 4
Mittelwert: 5,5
Modalwert: 4
Spannweite: 12

Training

IV Daten

Runde 1

→ Lösungen | Seite 228

1 Kai hat aufgeschrieben, welche Automarken er innerhalb einer halben Stunde von seinem Zimmerfenster aus gesehen hat. Zusätzlich hat er ihre Anzahlen notiert.

Automarke	Audi	Mazda	Volkswagen	Mercedes	Nissan	Volvo
Anzahl	ⵏⵏⵏⵏ I	III	IIII	II	ⵏⵏⵏⵏ	I

a) Erstelle für die Strichliste ein Säulendiagramm und ein Kreisdiagramm.
b) Erstelle ein Diagramm, das den Eindruck erweckt, es seien deutlich mehr Pkws aus deutscher Fabrikation (Audi, VW, Mercedes) gewesen als Autos von ausländischen Firmen (Mazda, Nissan, Volvo).
c) Erstelle ein Diagramm, das den Eindruck erweckt, es seien etwa genauso viele Pkws aus deutscher Fabrikation gewesen wie Autos von ausländischen Firmen.

2 Lea hat in den Fächern Deutsch und Englisch jeweils fünf Klassenarbeiten geschrieben.
Noten der Klassenarbeiten in Deutsch: Noten der Klassenarbeiten in Englisch:

1. KA	2. KA	3. KA	4. KA	5. KA
4	1	2	4	3

1. KA	2. KA	3. KA	4. KA	5. KA
3	3	2	2	3

a) Was wäre für Lea jeweils günstiger, der Modalwert oder der Mittelwert?
b) Welche Gesamtnote wird sie vermutlich jeweils für die Klassenarbeiten erhalten?

3 In der 6 a kommen zwölf Schüler mit dem Fahrrad zur Schule, neun mit dem Bus, sechs zu Fuß und drei werden mit dem Auto gebracht.
a) Berechne die zugehörigen relativen Häufigkeiten als Brüche und in Prozent.
b) Zeichne ein Säulendiagramm zu den absoluten Häufigkeiten.
c) Zeichne ein Kreisdiagramm zu den relativen Häufigkeiten.
d) Sina hat das Säulendiagramm gezeichnet. Ihre Lehrerin bittet sie, auch noch ein Streifendiagramm anzufertigen. Wie könnte Sina dazu ihr Säulendiagramm geschickt nutzen?

Runde 2

→ Lösungen | Seite 229

1 Veranschauliche die Aussage durch ein selbst gewähltes Zahlenbeispiel.
 a) Durchschnittlich kamen 26 000 Zuschauer zu den Heimspielen.
 b) Durchschnittlich wurden im Diktat 6,2 Fehler gemacht.
 c) Bei jedem zweiten Fahrrad funktioniert die Beleuchtung nicht.

2 Deutsche Frauen haben im Mittel 1,3 Kinder. Was bedeutet das?

3 Das Diagramm zeigt die Geschwindigkeiten von 1198 Fahrzeugen, die während eines Tages auf einer Straße in einer geschlossenen Ortschaft gemessen wurden.
a) Wie viel Prozent der Autofahrer fuhren schneller als die erlaubten 50 km/h?
b) Wie viel Bußgeld wäre an diesem Tag fällig geworden, wenn die Polizei jeden Temposünder geblitzt hätte?
c) Zeichne ein Diagramm, mit dem du die Höhe der eingenommenen Bußgelder gut veranschaulichen kannst.

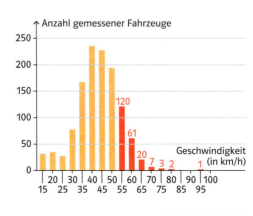

Bußgeldkatalog (2012)
Kosten für eine Geschwindigkeitsüberschreitung innerorts:
bis 10 km/h: 15 €
11–15 km/h: 25 €
16–20 km/h: 35 €
21–25 km/h: 80 €
26–30 km/h: 100 €
31–40 km/h: 160 €
41–50 km/h: 200 €
51–60 km/h: 280 €
61–70 km/h: 480 €
über 70 km/h: 680 €
In den letzten fünf Fällen wird der Führerschein für ein bis drei Monate eingezogen.

135

V Zuordnungen

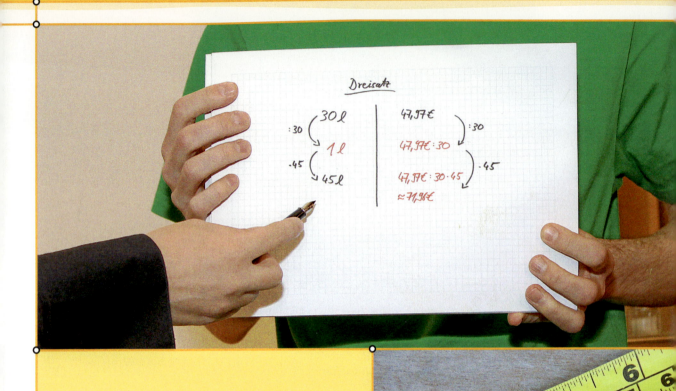

Das kannst du schon

- Mit rationalen Zahlen rechnen
- Punkte in ein Koordinatensystem einzeichnen

→ Sicher ins Kapitel V
Seite 207

Das kannst du bald

- Beziehungen zwischen Werten als Zuordnung aufschreiben und darstellen
- Eigenschaften von Zuordnungen aus ihren Darstellungen ablesen
- Aus bekannten Werten weitere Werte berechnen
- Dreisatzaufgaben lösen

Erkundungen

An der Obst- und Gemüsewaage

In vielen Lebensmittelläden muss man das Obst oder das Gemüse selbst abwiegen. Die Waage gibt dabei einen Aufkleber wie abgebildet aus.

→ Lerneinheit 4, Seite 151

- Welche Informationen könnt ihr dem Aufkleber entnehmen? Erläutert, was man unter dem Nettogewicht versteht.
- Welche Angaben stehen auf einem Aufkleber für Bananen bei einem Nettogewicht von 3,136 kg?
- Beschreibt in eigenen Worten, wie man mithilfe eines solchen Aufklebers bestimmen kann, welche Bananenmenge man ungefähr für 2,50 € kaufen kann oder wie teuer 1,5 kg Bananen sind.
- Überlegt euch zu zweit verschiedene Aufgaben zu den unten stehenden Aufklebern und tauscht sie mit einer anderen Zweiergruppe aus. Vergleicht eure Ergebnisse anschließend gemeinsam.

Zum Weiterdenken

Runden die Waagen auf oder ab, wenn sie die Preise berechnen? Untersucht anhand der abgebildeten Aufkleber, wie bei der Preisberechnung von Obst und Gemüse gerundet wurde.

V Zuordnungen

Wenn ein Rechteck „die Kurve kratzt"

- Schneidet aus kariertem Papier möglichst viele Rechtecke mit 24 Karos aus.
  Legt die Rechtecke wie abgebildet auf kariertes Papier, sodass die Eckpunkte links unten übereinanderliegen. Markiert für jedes Rechteck die Eckpunkte oben rechts und verbindet diese anschließend zu einer Kurve.
- Überlegt, wie die Kurve weiter verlaufen wird. Was passiert, wenn eine Seitenlänge ein halbes Kästchen lang, ein Viertelkästchen lang oder noch kürzer ist?
  Welcher Zusammenhang besteht zwischen den beiden Seitenlängen?
- Beschreibt, wie man die zweite Seitenlänge bestimmen kann, wenn man die erste Seitenlänge kennt.
  Wie könnt ihr eine Seitenlänge berechnen, wenn die andere gegeben ist?
- Wie würden sich die Rechnung und die Kurve verändern, wenn die Rechtecke aus 36 oder 20 Kästchen bestehen würden?

→ Lerneinheit 5, Seite 155

⊕ **Interaktives Üben**
Messungen am Rechteck
9k4vr3

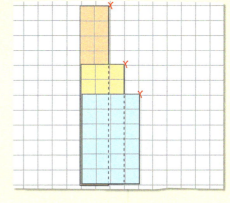

Nach Diagrammen laufen (Spiel für 3 bis 4 Personen)

Die Abbildung zeigt in einem Diagramm die Entfernung, die ein Schüler bei einem „Spaziergang" von einem vorher vereinbarten Punkt (z. B. Stuhl) hat.
Der „Spaziergang" könnte z. B. so ausgesehen haben:
Der Schüler geht zunächst vom Stuhl weg, kehrt dann zurück, bleibt kurz vor dem Stuhl stehen, um dann nach einer kleinen Pause langsam zum Stuhl zu gehen. Dort setzt er sich für den Rest der Zeit hin.

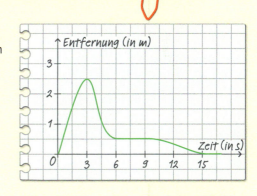

→ Lerneinheit 2, Seite 143

Als Vorbereitung des Spiels skizziert jeder Spieler verdeckt ein Diagramm wie das abgebildete und überlegt sich, wie sein „Spaziergang" aussehen könnte.

Nun begibt sich der erste Spieler auf seinen „Spaziergang". Hierbei muss er möglichst genau die in seinem Diagramm vorgegebene Entfernung zum Ausgangspunkt einhalten.
Die anderen Spieler beobachten den „Spaziergang" und überlegen sich, wie das Diagramm ausgesehen haben könnte. Nun erstellt jeder Mitspieler ein Diagramm. Anschließend werden die Diagramme mit dem ursprünglichen verglichen.
Wenn ein Diagramm stark abweicht, überlegt, woran dies gelegen haben könnte.
In der nächsten Runde werden die Rollen vertauscht.

Erkundungen

1 Zuordnungen

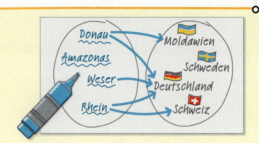

Kannst du die Bedeutung der Pfeile in der Abbildung erklären? Nenne weitere Flüsse und Länder und ergänze die Darstellung.

In einer Eisdiele werden verschiedene Eisbecher angeboten. Jeder Becher hat einen bestimmten Preis. Fig. 1 zeigt die **Zuordnung**

Anzahl der Eiskugeln → Preis (in €)

(sprich: „Der Anzahl der Kugeln wird der Preis in Euro zugeordnet.")

Hier nennt man die Anzahlen 1, 2 und 4 der Eiskugeln **Ausgangswerte** und die Preise 0,80 €, 1,60 € und 3,20 € **zugeordnete Werte**.

In Fig. 2 bis Fig. 6 sind weitere Zuordnungen auf verschiedene Weisen dargestellt:

Fig. 1

Fig. 2   Fig. 3

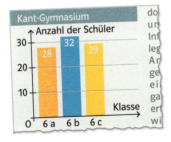

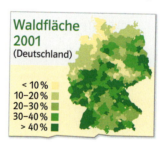

Fig. 4   Fig. 5   Fig. 6

Die Zuordnung *Klasse → Anzahl der Schüler* ist in Tabellenform gegeben (Fig. 2) und durch ein Diagramm verdeutlicht (Fig. 5).
Die Zuordnung *Fahrkarte → Preis (in €)* wird durch einen Text beschrieben (Fig. 3).
Die Zuordnung *Schüler → Hobby* wird mit Pfeilen veranschaulicht (Fig. 4).
Die Zuordnung *Region → Anteil der Waldfläche (in %)* ist bildlich auf einer Landkarte dargestellt (Fig. 6).

> **Zuordnungen** können durch Tabellen, Diagramme, Pfeile oder Texte dargestellt werden. Bei der Angabe einer Zuordnung benennt man die **Ausgangswerte** und die **zugeordneten Werte** und verbindet die beiden Begriffe durch einen Pfeil. Die Einheiten werden in Klammern angegeben.
> Beispiel: *Fahrstrecke mit dem Auto (in km) → verbrauchte Menge Benzin (in l)*
>   Ausgangswerte   →   zugeordnete Werte

Beispiel Eine Zuordnung auf verschiedene Weisen darstellen

Die 24 Schüler der Klasse 6 b haben überprüft, wie die Augenfarben in ihrer Klasse verteilt sind. Zwölf Schüler haben blaue Augen, acht braune Augen. Die übrigen Schüler haben grüne Augen.

a) Welche Zuordnung wird durch den Text beschrieben?
b) Stelle die Zuordnung in einer Tabelle dar.
c) Veranschauliche sie auf verschiedene Weisen durch ein Diagramm.

Lösung
a) Es wird die Zuordnung *Augenfarbe → Schüleranzahl* beschrieben.
Auch die Zuordnung *Schüleranzahl → Augenfarbe* wäre möglich.
b) Die Tabelle ist in Fig. 1 dargestellt.
c) Man kann die Zuordnung z. B. durch ein Kreis- oder ein Säulendiagramm veranschaulichen (Fig. 2).

Es kommt manchmal vor, dass Ausgangswerte und zugeordnete Werte keine Einheit besitzen. Die Angabe in Klammern wird dann weggelassen.

Augenfarbe	Anzahl der Schüler
blau	12
braun	8
grün	4

Fig. 1

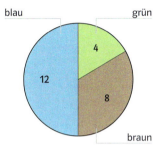

Fig. 2

Aufgaben

1 Miss die Länge der Finger deiner rechten Hand. Lege eine Tabelle für die Zuordnung *Finger → Länge (in cm)* an.

2 a) Stelle fest, wie viele Kinder deiner Klasse 11 Jahre, 12 Jahre, 13 Jahre … alt sind. Stelle die Ergebnisse in einer Tabelle dar.
b) Veranschauliche die Zuordnung *Alter (in Jahren) → Anzahl der Kinder dieses Alters*.

3 Macht eine Umfrage in der Klasse, bei der ihr nach
a) dem Lieblingsessen,   b) dem Lieblingsfach,   c) der Lieblingsfarbe
fragt. Ihr könnt vereinbaren, dass Mehrfachnennungen erlaubt sind. Stellt die Zuordnungen *Schüler → Lieblingsessen*, *Schüler → Lieblingsfach* und *Schüler → Lieblingsfarbe* für eure Klasse auf einem großen Plakat mit Pfeilen dar.

Bist du schon sicher?

4 Katrin besorgt sich für ihren Urlaub in der Schweiz eine Währungstabelle bei der Bank.

Umtauschkurs Euro – Schweizer Franken (02. 08. 2012)										
EUR	1	2	3	4	5	10	20	50	100	300	500
CHF	1,20	2,40	3,61	4,81	6,01	12,02	24,04	60,11	120,22	360,66	601,10

Umtauschkurs Schweizer Franken – Euro (02. 08. 2012)									
CHF	1	2	3	4	5	10	20	50	100	300	500
EUR	0,83	1,66	2,50	3,33	4,16	8,32	16,64	41,59	83,18	249,54	415,90

Bei Währungstabellen schreibt man EUR und CHF, ansonsten € und SFr.

a) Welche Zuordnungen sind in der Tabelle dargestellt?
b) Wie viele Schweizer Franken (SFr.) bekommt Katrin für 50 € (300 €, 3 €)?
c) Wie viele Euro bekommt sie für 50 SFr. (300 SFr., 3 SFr.)?

Lösung | Seite 229

5 a) Man kann auch für Euro-Beträge, die nicht in der Tabelle von Aufgabe 4 stehen, den Wert in Schweizer Franken bestimmen. Gib zu 8 €, 25 € und 7,50 € den Wert in Schweizer Franken an.
b) Wähle zwei Franken-Beträge und lass deinen Partner die Werte in Euro angeben. Tauscht dann die Rollen. Erklärt euch gegenseitig, wie ihr gerechnet habt.

6 Schuhgrößen werden in Deutschland und England unterschiedlich angegeben.

a) Welche Zuordnungen sind in der Tabelle dargestellt?
b) Was kannst du der englischen Größe 9 zuordnen?
c) Welche Schuhgrößen entsprechen der Fußlänge 27 cm?
d) Miss, wie viele Zentimeter dein Fuß etwa lang ist. Bestimme deine deutsche und deine englische Schuhgröße.

7 Die Zahl 6 hat die Teiler 1, 2, 3 und 6, da man 6 ohne Rest durch diese Zahlen teilen kann.
a) Notiere alle Teiler der natürlichen Zahlen 12, 16 und 19.
b) Lege eine Tabelle für die Zuordnung *natürliche Zahl → Anzahl der Teiler* an. Betrachte dabei die natürlichen Zahlen 2, 3, ... , 20.
c) Welche Zahlen besitzen die wenigsten Teiler? Wie nennt man diese Zahlen?

8 Das Morse-Alphabet ordnet jedem Großbuchstaben des Alphabets und den Ziffern 0 bis 9 eine Folge von kurzen und langen Signalen zu.
a) Mithilfe des Morse-Alphabets kann man jedem Wort eine Folge von Signalen zuordnen, wenn man zwischen zwei Signalen für einen Buchstaben eine Pause einfügt. Ordne den Wörtern HAUS und MORSE die entsprechenden Signalfolgen zu.
b) Jeder Signalfolge, in der nur Zeichen des Morsealphabets vorkommen, lassen sich Buchstaben- und Wortfolgen zuordnen. Ordne die richtigen Wörter zu:

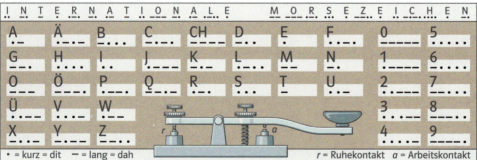

Kannst du das noch?

9 Ein Fußballplatz hat bisher eine 45 m breite und 86 m lange Rasenfläche. Das Spielfeld wird an allen Seiten um 5 m verbreitert. Für die Zuschauer soll rundum ein 10 m breiter Streifen angelegt werden.
a) Zeichne in einem geeigneten Maßstab.
b) Wie lang sind die Diagonalen des bisherigen Spielfeldes und des neuen Spielfeldes? Wie groß ist der Flächenanteil des Zuschauerbereichs an der Gesamtfläche?

→ Lösung | Seite 229

142

2 Graphen von Zuordnungen

Die Mädchenmannschaft und die Jungenmannschaft des Fußballvereins 1. FC Sorgensen haben ihre Mitgliederzahlen unterschiedlich dargestellt. Vergleiche.

Jahr	2007	2008	2009	2010	2011	2012
Mitglieder (Jungen)	185	192	190	188	181	179

Das folgende Beispiel zeigt, wie man aus einer Tabelle eine Darstellung im Koordinatensystem gewinnt. An einem Wintertag wurde auf dem Annaturm im Deister stündlich die Temperatur gemessen. Man betrachtet also die Zuordnung *Uhrzeit → Temperatur (in °C)*.

Uhrzeit	0	1	2	3	4	5	6	7	8	9	10	11	12	13	14	15	16	...
Temperatur (in °C)	−2,1	−2,8	−3,2	−3,7	−3,8	−3,6	−3,2	−2,7	−1,4	0,9	3,1	5,0	6,4	6,9	6,9	6,5	5,8	...

Wertepaare als Punkte im Koordinatensystem:
... (6|−3,2), (7|−2,7), (8|−1,4), (9|0,9), (10|3,1), (11|5,0), (12|6,4), (13|6,9) ...

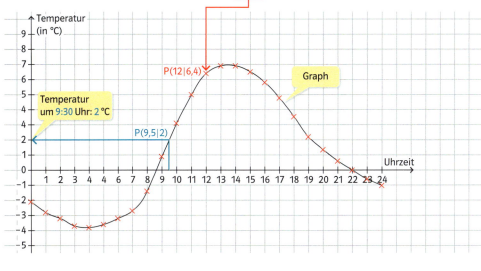

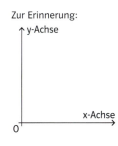

Zur Erinnerung:

Auf der x-Achse werden die Ausgangswerte, auf der y-Achse die zugeordneten Werte abgetragen.

In ein Koordinatensystem mit sinnvoll eingeteilten und beschrifteten Achsen zeichnet man zu jedem Wertepaar in der Tabelle den entsprechenden Punkt. Die Menge aller so entstandenen Punkte nennt man den **Graphen** der Zuordnung. Da man zu jeder Uhrzeit die Temperatur messen könnte, kann man die Punkte in diesem Beispiel durch eine passende Linie verbinden.
Umgekehrt lassen sich aus dem Graphen weitere Wertepaare ablesen. So könnte z. B. zur Uhrzeit 9:30 Uhr die Temperatur 2 °C gehört haben.

Man erhält den **Graphen einer Zuordnung**, indem man die Ausgangswerte auf der x-Achse und die zugeordneten Werte auf der y-Achse abträgt.

Eigenschaften von Zuordnungen lassen sich am Graphen leicht ablesen. Man erkennt z. B. auf einen Blick, wo die zugeordneten Werte
- positiv oder negativ sind,
- am größten oder am kleinsten sind,
- ansteigen oder abfallen.

Beispiel Einen Graphen zeichnen und untersuchen
In Hannover-Herrenhausen wird alle 15 Minuten der Pegelstand der Leine gemessen. In der folgenden Tabelle ist für verschiedene Uhrzeiten am 7. Juli 2012 der Pegelstand angegeben.

Uhrzeit	6	7	8	9	10	11	12	13	14	15	16	17
Pegelstand (in mm)	1042	997	968	926	895	865	829	820	820	939	1207	1187

a) Zeichne den Graphen der Zuordnung *Uhrzeit → Pegelstand (in mm)* in ein Koordinatensystem.
b) Wie hoch war der Pegelstand um 10:30 Uhr etwa?
c) Lies aus dem Graphen ab, wann der höchste und wann der niedrigste Pegelstand im angegebenen Zeitraum war.
d) In welchem Zeitraum war der Pegelstand niedriger als 900 mm?
e) In welchem Zeitraum ist der Pegelstand nur gestiegen und in welchem ist er nur gefallen?

Lösung
a) *Es ist sinnvoll, wenn man auf der y-Achse erst bei 800 mm beginnt.*
Graph: vgl. Fig. 1.
b) Um 10:30 Uhr war der Pegelstand bei etwa 880 mm.
c) Der höchste Pegelstand war gegen 16:30 Uhr, der niedrigste Pegelstand gegen 14:00 Uhr.
d) Der Pegelstand war von etwa 10:00 Uhr bis 14:45 Uhr niedriger als 900 mm.
e) Der Pegelstand ist zwischen 14:00 Uhr und 16:00 Uhr nur gestiegen und zwischen 6:00 Uhr und 13:00 Uhr nur gefallen.

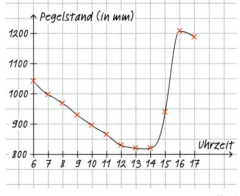

Fig. 1

Hier ist es sinnvoll, die Punkte zu verbinden, da es zu jedem Zeitpunkt einen Pegelstand gibt.

Aufgaben

1 In Torfhaus (Harz) wurden zu verschiedenen Zeiten die Schneehöhen gemessen und in eine Tabelle eingetragen.

Uhrzeit	9	10	11	12	13	14	15	16	17
Schneehöhe (in cm)	57	57	57	62	67	75	78	77	72

a) Zeichne den Graphen der Zuordnung *Uhrzeit → Schneehöhe (in cm)* in ein Koordinatensystem.
b) Wie hoch wird der Schnee um 12:30 Uhr etwa gelegen haben?
c) In welchem Zeitraum ungefähr war die Schneehöhe größer als 70 cm, in welchem Zeitraum kleiner als 60 cm?

2 Zwei Gefäße werden mit heißem Wasser gefüllt. Dann wird gemessen, wie das Wasser innerhalb von einer Stunde abkühlt, indem man alle fünf Minuten die Wassertemperatur misst.

Zeit (in min)	0	5	10	15	20	25	30	35	40	45	50	55	60
Temperatur (in °C), Gefäß 1	50,0	34,2	26,7	23,2	21,5	20,7	20,3	20,2	20,1	20,0	20,0	20,0	20,0
Temperatur (in °C), Gefäß 2	50,0	40,1	33,5	29,5	26,1	24,1	22,7	21,8	21,2	20,8	20,5	20,4	20,2

Hinweis: Es kommt auf den Sachverhalt an, ob es sinnvoll ist, die Punkte des Graphen zu verbinden oder nicht. Überlege dies bei allen Aufgaben.

a) Zeichne die Graphen der Zuordnungen *Zeit (in min) → Temperatur (in °C)* für beide Gefäße in dasselbe Koordinatensystem.
b) Welche ungefähre Temperatur hat das Wasser in den beiden Gefäßen nach 22 Minuten?
c) Nenne mögliche Ursachen für den unterschiedlichen Verlauf der Graphen. Wie hoch ist vermutlich die Umgebungstemperatur?

3 Kerstin hat bei einer Autofahrt mit ihrer Mutter von der Rückbank die Geschwindigkeiten beobachtet und alle 30 Sekunden in eine Tabelle eingetragen. Zuhause angekommen, zeichnet sie drei verschiedene Graphen. Welcher Graph stellt die Zuordnung *Zeit (in min) → Geschwindigkeit (in km/h)* am besten dar? Begründe.

(1) (2) (3)

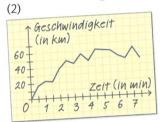
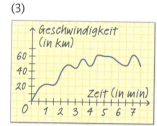

4 a) Öffne einen Wasserhahn, sodass das Wasser gleichmäßig fließt. Stelle ein Gefäß unter den Wasserhahn und miss die Füllhöhe in geeigneten Zeitabständen.
Zeichne den Graphen der Zuordnung *Zeit (in s) → Füllhöhe (in cm)* in ein Koordinatensystem.
b) Wiederhole den Versuch für verschiedene Gefäße. Skizziere vorher, wie der Graph aussehen könnte, und überprüfe anschließend deine Vermutung.

5 Eine Schnecke möchte eine 8 m hohe Mauer hinaufkriechen. In zwei Stunden schafft sie 5 m. Dann muss sie sich zwei Stunden lang ausruhen, wobei sie wieder 2 m nach unten rutscht. Betrachte die Zuordnung *Zeit (in h) → Höhe (in m)*.
a) Schreibe die Zuordnung als Tabelle und zeichne den zugehörigen Graphen.
b) Nach welcher Zeit ist die Schnecke oben angekommen?
c) Zu welchen Zeitpunkten hat sie gerade die Hälfte der Gesamthöhe erreicht?

Bist du schon sicher?

6 Die Tabelle zeigt die durchschnittliche Körpergröße von Kleinkindern.

Alter (in Monaten)	0	2	4	6	9	12
Körpergröße (in cm)	50	58	63	67	72	76

a) Veranschauliche in einem Koordinatensystem, wie die Körpergröße vom Lebensalter abhängt. Ist es sinnvoll, die einzelnen Punkte durch eine Kurve zu verbinden? Begründe deine Entscheidung.
b) In welchem Zeitraum wächst ein Kleinkind am schnellsten? Wie groß wäre es mit drei Jahren, wenn es gleichmäßig so weiterwachsen würde wie in den ersten beiden Monaten?

Lösung | Seite 230

7 Die abgebildeten Gefäße werden unter einen Wasserhahn gestellt, aus dem das Wasser gleichmäßig fließt. Die Graphen veranschaulichen die Zuordnung *Zeit (in s) → Füllhöhe (in cm)*. Welcher Graph gehört zu welchem Gefäß? Begründe.

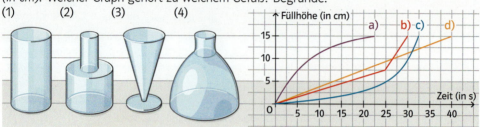

8 Um von Ort A zu Ort E zu gelangen, gibt es drei mögliche Wege (rot, gelb, blau).
a) Beschreibe für jeden der drei Wege, wie sich die Geschwindigkeit während einer Autofahrt verändern würde.
b) Skizziere für jeden der drei Wege je einen möglichen Graphen der Zuordnung *zurückgelegte Wegstrecke → Geschwindigkeit*.

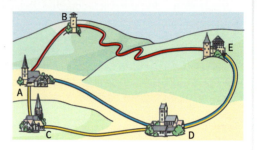

9 👥 Skizziere einen Graphen für die Zuordnung *zurückgelegte Wegstrecke → Geschwindigkeit* für eine Autofahrt. Lass deinen Partner den Verlauf der Fahrt in einer kurzen Geschichte beschreiben. (Beispiel: Welche Straßen wurden benutzt? Wurden Pausen eingelegt? Gab es Besonderheiten?) Geht dann umgekehrt vor: Einer erzählt von einer Fahrt, der andere skizziert den zugehörigen Graphen.

10 Auf dem Jahrmarkt kostet der Chip für den Auto-Scooter 1 €. Kauft man mehrere Chips auf einmal, so wird ein Preisnachlass gewährt: 3 Chips kosten 2,50 € und 5 Chips kosten 3 €. Für elf Fahrten müssen im günstigsten Fall 3 € + 3 € + 1 € = 7 € bezahlt werden.
a) Erstelle für die Zuordnung *Anzahl der Fahrten → günstigster Preis (in €)* eine Tabelle, die bis zu 15 Fahrten berücksichtigt.
b) Zeichne den Graphen der Zuordnung. Ist es sinnvoll, die einzelnen Punkte miteinander zu verbinden? Begründe.

11 Eine Kugel rollt auf der in Fig. 1 abgebildeten Bahn hinunter. Welche der drei in Fig. 2 abgebildeten Graphen gehört zu der Zuordnung *Zeit → Geschwindigkeit*? Begründe deine Entscheidung.

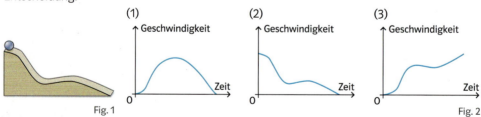

12 Rechne möglichst geschickt.
a) $21 + 183 - 11$
b) $\frac{1}{4} - \frac{1}{7} + \frac{1}{4} + \frac{3}{21}$
c) $21 \cdot \left(\frac{7}{3} + \frac{3}{7}\right)$
d) $\frac{5}{2} + \frac{1}{4} - \frac{3}{2}$
e) $\frac{3}{17} \cdot \frac{2}{5} + \frac{3}{17} \cdot \frac{6}{10}$
f) $33 \cdot \left(-\frac{2}{11}\right) - \frac{11}{13} \cdot 33 + \frac{4}{11} \cdot 33 + 33 \cdot \frac{33}{39}$

Kannst du das noch?
vgl. Merkkasten, Seite 106
Lösung | Seite 230

3 Zuordnungsvorschriften

Kannst du herausfinden, welche Zahlen unter den Münzen stehen?

Man kann für Quadrate die Zuordnung *Seitenlänge (in cm) → Flächeninhalt (in cm²)* betrachten. Hierbei kann man den zugeordneten Wert Flächeninhalt durch A = s · s berechnen.

Seitenlänge (in cm)	1	2	3	4	...	s
Flächeninhalt (in cm²)	1	4	9	16	...	s · s

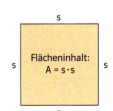

Der Flächeninhalt ist also abhängig von der jeweiligen Seitenlänge des Quadrats. Dafür schreiben wir kurz s ↦ s · s (gesprochen: „s wird s · s zugeordnet") und nennen dies die **Zuordnungsvorschrift**. Den Pfeil ↦ verwenden wir nur bei der Zuordnungsvorschrift, den Pfeil → bei der Angabe der Ausgangswerte und der zugeordneten Werte.

> Viele Zuordnungen können durch eine **Zuordnungsvorschrift** beschrieben werden. Mithilfe dieser kann man die zugeordneten Werte berechnen, Wertetabellen erstellen und Zuordnungen grafisch darstellen.

Beispiel Eine Zuordnungsvorschrift angeben und verwenden
In den USA wird die Temperatur in Grad Fahrenheit gemessen. Man rechnet von Grad Celsius (°C) in Grad Fahrenheit (°F) folgendermaßen um: „Multipliziere die Temperatur in °C mit $\frac{9}{5}$ und addiere anschließend 32. So erhältst du die Temperatur in °F."
a) Rechne die Temperatur 25 °C in Grad Fahrenheit um.
b) Gib für die Zuordnung *Temperatur (in °C) → Temperatur (in °F)* eine Zuordnungsvorschrift an.
c) Erstelle für die Zuordnung eine Wertetabelle für die Temperaturen 0 °C, 5 °C, ..., 30 °C und zeichne den Graphen.

Lösung
a) $\frac{9}{5} \cdot 25 + 32 = 77$
Der Temperatur von 25 °C entsprechen 77 °F.
b) Kürzt man die Temperatur in °C mit T ab, so lautet die Zuordnungsvorschrift:
T ↦ $\frac{9}{5}$ · T + 32
c) *Wie in Teilaufgabe a) berechnet man die Werte der Tabelle.*

Temperatur (in °C)	0	5	10	15	20	25	30
Temperatur (in °F)	32	41	50	59	68	77	86

Da auch jeder Zwischentemperatur ein Wert zugeordnet werden kann, ist es sinnvoll, die Punkte zu verbinden (Fig. 1).

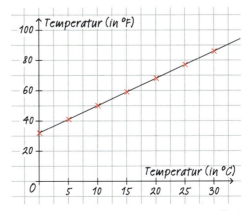

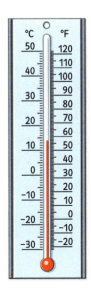

Fig. 1

Aufgaben

1 a) Beschreibe in Worten, wie sich der Flächeninhalt in Fig. 1 und in Fig. 2 mithilfe der Kantenlänge s berechnen lässt.
b) Gib jeweils eine Zuordnungsvorschrift für die Zuordnung *Kantenlänge (in cm) → Flächeninhalt (in cm²)* an.
c) Erstelle für die Zuordnungen aus Teilaufgabe b) jeweils eine Wertetabelle für die Kantenlängen 1 cm, 2 cm, …, 5 cm.
d) Zeichne zu beiden Zuordnungen jeweils den Graphen.

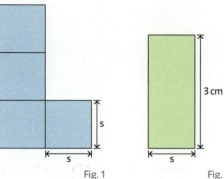

Fig. 1   Fig. 2

Für die Angabe einer Zuordnungsvorschrift musst du einen Buchstaben zur Abkürzung der Ausgangswerte auswählen. Oft handelt es sich um den Anfangsbuchstaben der Ausgangswerte.

2 Es wird die Zuordnung *Kantenlänge (in cm) → Volumen (in cm³)* bei Würfeln betrachtet.
a) Gib für diese Zuordnung eine Zuordnungsvorschrift an.
b) Erstelle eine Wertetabelle für die Kantenlängen 0,5 cm, 1 cm, 2 cm, 3 cm und 4 cm und zeichne den Graphen der Zuordnung. Lies am Graphen ab, bei welcher Kantenlänge das Volumen 20 cm³ beträgt.
c) Oliver behauptet: „Wenn die Kante doppelt so lang ist, dann ist auch das Volumen doppelt so groß." Was meinst du?

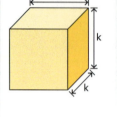

3 Zur Ermittlung des „Normalgewichts" eines Erwachsenen findet man häufig die folgende Faustregel: „Körpergröße in cm minus 100 ergibt das Normalgewicht in kg."
a) Gib für die Zuordnung *Körpergröße (in cm) → Normalgewicht (in kg)* eine Zuordnungsvorschrift an.
b) Lege eine Wertetabelle für Körpergrößen zwischen 150 cm und 195 cm (in Schritten von jeweils 5 cm) an und zeichne den Graphen.
c) Gilt die Faustregel für alle Menschen? Begründe.

4 In der Fahrschule lernt man eine Faustregel, wie man zu jeder Geschwindigkeit eines Autos den Bremsweg berechnen kann: „Dividiere die Tachoanzeige durch 10 und multipliziere das Ergebnis mit sich selbst. So erhältst du den Bremsweg in m."
a) Gib für die Zuordnung *Geschwindigkeit (in km/h) → Bremsweg (in m)* eine Zuordnungsvorschrift an.
b) Lege eine Wertetabelle für die Geschwindigkeiten 20 km/h, 30 km/h, 50 km/h und 100 km/h an.
c) Zeichne den Graphen der Zuordnung.

Bist du schon sicher?

5 Bevor ein Autofahrer beim Auftreten einer plötzlichen Gefahr reagiert, vergeht die „Schrecksekunde". Der in dieser Zeitspanne zurückgelegte Weg heißt Reaktionsweg. Er kann mithilfe einer Faustregel berechnet werden: „Dividiere die Tachoanzeige durch 10 und multipliziere das Ergebnis mit 3. So erhältst du den Reaktionsweg in m."
a) Gib für die Zuordnung *Geschwindigkeit (in km/h) → Reaktionsweg (in m)* eine Zuordnungsvorschrift an.
b) Lege eine Wertetabelle für die Geschwindigkeiten 10 km/h, 20 km/h, 30 km/h, …, 100 km/h an.
c) Zeichne den Graphen der Zuordnung.

→ Lösung | Seite 230

Zuordnungen mithilfe eines Tabellenkalkulationsprogramms darstellen

Kennt man bei einer Zuordnung die Zuordnungsvorschrift, so lassen sich Wertetabellen und der Graph sehr leicht mithilfe eines Tabellenkalkulationsprogramms erstellen.

Hierzu werden zunächst die Ausgangswerte (auch x-Werte genannt) in die Tabelle eingetragen:

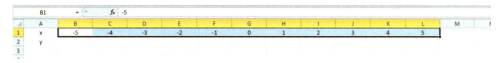

Bei der Berechnung der zugeordneten Werte (auch y-Werte genannt) benötigt man die Zuordnungsvorschrift. Bei der Zuordnungsvorschrift $x \mapsto 2 \cdot x^2 - 1$ wird =2*B1^2−1 in die Zelle B2 eingetragen. (Das „^2" bedeutet hier „hoch 2".) Wenn man dies für einen y-Wert eingegeben hat, kann man den Eintrag für die anderen y-Werte einfach kopieren (vgl. hierzu auch den Tipp auf dem Rand).

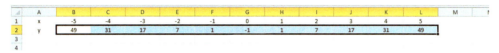

Um den Graphen zu erhalten, muss man die gesamte Wertetabelle markieren, hier also B1:L2. Dann wählt man auf der Registerkarte *Einfügen* in der Gruppe *Diagramme* den gewünschten Diagrammtyp, z. B. *Punkt*, und dann einen der Diagrammuntertypen, z. B. *Punkte mit interpolierten Linien und Datenpunkten*.

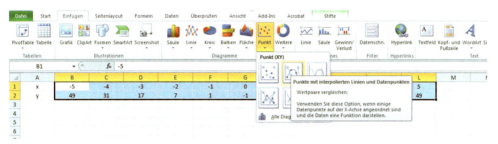

Anschließend wird das Diagramm mit dem Graphen der Zuordnung im Tabellenblatt eingefügt und kann beliebig platziert werden.

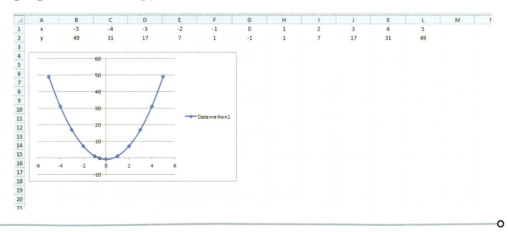

Info

Es wird hier Excel verwendet. Andere Tabellenkalkulationsprogramme sind ebenso geeignet.

Interaktives Üben
Von der Wertetabelle zum Graphen
4c6td4

Tipp:
Wenn man die ersten beiden y-Werte einträgt, die beiden Felder mit der linken Maustaste markiert und dann (mit gedrückter linker Maustaste) an der unteren rechten Ecke der markierten Felder nach rechts zieht, werden die anderen y-Werte automatisch ergänzt.

6 a) Erstelle mithilfe eines Tabellenkalkulationsprogramms eine Wertetabelle und einen Graphen für die Zuordnung.

(1) $x \mapsto 3 \cdot x$ (2) $x \mapsto -x$ (3) $x \mapsto \frac{1}{x}$ (4) $x \mapsto \frac{1}{x^2}$

(5) $x \mapsto -x^2 + 4$ (6) $x \mapsto x^3$ (7) $x \mapsto x^4$ (8) $x \mapsto x^3 - 6x$

b) Überlegt euch drei verschiedene Zuordnungsvorschriften. Erstellt mithilfe eines Tabellenkalkulationsprogramms die zugehörigen Wertetabellen und zeichnet die Graphen.

Einige der folgenden Aufgaben lassen sich auch mit einem Tabellenkalkulationsprogramm lösen.

7 Aus einem quadratischen Pappstück mit der Seitenlänge 10 cm soll ein Quadrat mit der Seitenlänge x herausgeschnitten werden (Fig. 1). Betrachtet wird die Zuordnung *Seitenlänge x (in cm) → Inhalt der grauen Restfläche (in cm²)*.
a) Bestimme den Flächeninhalt der Restfläche für fünf verschiedene Seitenlängen x.
b) Gib eine Zuordnungsvorschrift an.
c) Erstelle die Wertetabelle und zeichne den Graphen der Zuordnung (z. B. mithilfe eines Tabellenkalkulationsprogramms).
d) Lies am Graphen ab, wie groß x etwa gewählt werden muss, damit der Flächeninhalt des ursprünglichen Quadrats durch das Herausschneiden halbiert wird.

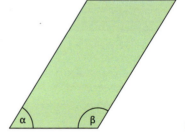
Fig. 1

8 Gib zur angegebenen Zuordnung eine Rechenvorschrift in Worten und die Zuordnungsvorschrift an.
a) bei einem Quadrat: *Kantenlänge (in cm) → Umfang (in cm)*
b) bei einem Würfel: *Kantenlänge (in cm) → Oberflächeninhalt (in cm²)*
c) bei einem Parallelogramm: *Winkelgröße von α → Winkelgröße von β* (Fig. 2)

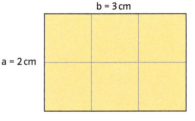
Fig. 2

9 Das Rechteck in Fig. 3 hat den Flächeninhalt 6 cm².
a) Vervollständige die Tabelle so, dass das Rechteck mit der Länge a und der Breite b ebenfalls den Flächeninhalt 6 cm² hat.

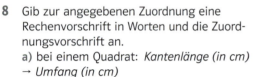
Fig. 3

Länge a (in cm)	3	4		10
Breite b (in cm)	2		3	6

b) Bestimme die Zuordnungsvorschriften und zeichne die Graphen der Zuordnungen *Länge a → Breite b* und *Breite b → Länge a*.
Was stellst du fest?
c) Berechne zu den betrachteten Rechtecken mit dem Flächeninhalt 6 cm² jeweils den Umfang. Erstelle zur Zuordnung *Länge a (in cm) → Umfang (in cm)* eine Wertetabelle und zeichne den Graphen.

Kannst du das noch?

10 Schreibe als Subtraktionsaufgabe und fülle die Kästchen passend aus.
a) $-4 + \square = 11$ b) $\square + \frac{3}{4} = \frac{5}{8}$ c) $\square - \frac{4}{5} = -\frac{3}{10}$ d) $\frac{2}{3} + \square = -\frac{4}{9}$

11 Schreibe als Divisionsaufgabe und fülle die Kästchen passend aus.
a) $\square \cdot (-7) = 56$ b) $(-12) \cdot \square = -72$ c) $\square \cdot 9 = -108$ d) $15 \cdot \square = -120$
e) $\left(-\frac{3}{4}\right) \cdot \square = -6$ f) $\square \cdot \frac{3}{2} = \frac{9}{10}$ g) $\square \cdot \left(-\frac{3}{5}\right) = -\frac{2}{5}$ h) $3,5 \cdot \square = -1$

12 Übertrage in dein Heft und setze für $\square$ die passende Zahl ein. Mache die Probe.
a) $\square + 2,5 = 17$ b) $\square : 2 + 2 = 8$ c) $\square - 2,5 \cdot 3 = -1$ d) $24 + \square \cdot 13 = 89$

Lösungen | Seite 230

150

V Zuordnungen

4 Proportionale Zuordnungen

Bei der Gemüsewaage im Supermarkt wird der Preis für die jeweilige Menge eines bestimmten Gemüses sofort angezeigt. Pias Opa kauft 452 g Äpfel für 0,89 €. Pia fragt sich, was die dreifache Menge kosten würde. Kannst du ihr auch den Preis für 1 kg Paprika nennen?

Aus 3 kg Äpfeln kann man etwa 2 l Apfelsaft pressen. Doppelt so viele Äpfel ergeben auch doppelt so viel Saft. Entsprechend erhält man bei der halben Menge an Äpfeln nur halb so viel Saft.

Apfelgewicht (in kg)	1,5	3	6	9	15	30
Saftmenge (in l)	1	2	4	6	10	20

Bei der Zuordnung *Apfelgewicht (in kg) → Saftmenge (in l)* ist dem doppelten (halben, dreifachen, fünffachen, n-fachen) Gewicht die doppelte (halbe, dreifache, fünffache, n-fache) Menge zugeordnet. Zuordnungen mit dieser Eigenschaft nennt man **proportional**. Man sagt auch: Das Gewicht und die Menge sind zueinander proportional.

Dividiert man eine beliebige Saftmenge (in l) durch das zugehörige Apfelgewicht (in kg), so erhält man stets denselben Wert: $20:30 = 10:15 = 6:9 = 4:6 = 2:3 = 1:1,5 = \frac{2}{3}$.
Man sagt: Die Wertepaare einer proportionalen Zuordnung sind **quotientengleich**.
Diesen Wert nennt man den **Proportionalitätsfaktor** der Zuordnung. Umgekehrt kann man mit dem Proportionalitätsfaktor aus einem beliebigen Apfelgewicht die entsprechende Saftmenge berechnen: $\frac{2}{3} \cdot 60 = 40$, also ergeben 60 kg Äpfel 40 l Saft.
Da man aus einem beliebigen Apfelgewicht auf diese Weise die Saftmenge berechnen kann, lautet die Zuordnungsvorschrift $G \mapsto \frac{2}{3} \cdot G$.

Oft kann man den Proportionalitätsfaktor deuten. Hier gibt er an, dass man $\frac{2}{3}$ l Saft aus 1 kg Äpfel erhält.

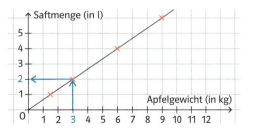

Zeichnet man den Graphen der Zuordnung, so stellt man fest, dass alle Punkte auf einer Geraden liegen.
Weil man jedem Apfelgewicht eine Saftmenge zuordnen kann, ist es sinnvoll, die Punkte zu verbinden. Da 0 kg Äpfel 0 l Saft liefern, verläuft die Gerade durch den Koordinatenursprung.

Proportionale Zuordnungen sind **Je-mehr-desto-mehr-Zuordnungen**. Hier gilt „Je mehr desto mehr" und „Je weniger desto weniger". Aber nicht jede Je-mehr-desto-mehr-Zuordnung ist auch proportional.

Wird der Ausgangswert erhöht (vermindert), erhöht (vermindert) sich auch der zugeordnete Wert.

151

Bei einer **proportionalen Zuordnung** wird dem 2-, 3- bzw. n-fachen Ausgangswert auch der 2-, 3- bzw. n-fache zugeordnete Wert zugeordnet.

Der Quotient aus einem zugeordneten Wert und dem zugehörigen Ausgangswert ist stets gleich. Die Wertepaare einer proportionalen Zuordnung sind **quotientengleich**. Man nennt diesen Quotienten k den **Proportionalitätsfaktor** der proportionalen Zuordnung.

Die **Zuordnungsvorschrift** einer proportionalen Zuordnung mit dem Proportionalitätsfaktor k lautet x ↦ k · x.

Die **Punkte des Graphen** liegen auf einer **Geraden durch den Koordinatenursprung**.

Beispiel 1 Eine proportionale Zuordnung anhand einer Wertetabelle erkennen
In Fig. 1 ist eine Zuordnung dargestellt.
a) Auf welchen Sachverhalt könnte sich die Zuordnung beziehen? Setze anstelle von ☐ und △ geeignete Überschriften ein.
b) Liegt eine proportionale Zuordnung vor? Begründe. Gib gegebenenfalls drei weitere Wertepaare an.

☐ (in km)	△ (in l)
50	3,8
200	15,2
500	38,0
1000	76,0

Fig. 1

Lösung
a) Es könnte der Benzinverbrauch eines Autos in Abhängigkeit von der gefahrenen Strecke dargestellt sein. Geeignete Überschriften sind: „gefahrene Strecke" für ☐ und „verbrauchte Benzinmenge" für △.
b) Zur vierfachen, zehnfachen, zwanzigfachen Fahrstrecke ergibt sich der vierfache, zehnfache, zwanzigfache Verbrauch. Dabei ist eine gleichbleibende Fahrweise vorausgesetzt. Also handelt es sich um eine proportionale Zuordnung.
Ausgehend von zum Beispiel dem Wertepaar (50|3,8) erhält man durch Halbieren, Verdoppeln und Verdreifachen:
Für 25 km werden 1,9 l Benzin verbraucht, für 100 km 7,6 l und für 150 km 11,4 l.

Beispiel 2 Zuordnungsvorschrift bestimmen
Ein Draht von 100 m Länge hat ein Gewicht von 1,2 kg.
a) Begründe, warum die Zuordnung *Drahtlänge (in m) → Gewicht (in g)* proportional ist. Bestimme und deute den Proportionalitätsfaktor.
b) Gib eine Zuordnungsvorschrift an. Berechne das Gewicht von 130 m Draht.
c) Zeichne den Graphen der Zuordnung *Drahtlänge (in m) → Gewicht (in g)*.

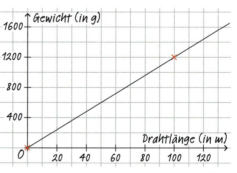

Fig. 2

Lösung
a) Nimmt man die halbe, doppelte, dreifache Länge des Drahtes, so erhält man das halbe, doppelte, dreifache Gewicht. Also ist die Zuordnung proportional.
1,2 kg = 1200 g. Proportionalitätsfaktor: 1200 : 100 = 12. Jeder Meter Draht wiegt also 12 g.
b) Zuordnungsvorschrift: L ↦ 12 · L
Gewicht von 130 m Draht: 12 · 130 = 1560. Also wiegen 130 m Draht 1560 g = 1,56 kg.
c) vgl. Fig. 2

Aufgaben

1 Ist die Zuordnung proportional? Begründe deine Antwort.
a) bei Kopierpapier: *Anzahl der Blätter → Höhe des Stapels (in cm)*
b) bei einem Menschen: *Alter (in Jahren) → Körpergewicht (in kg)*
c) bei einem Quadrat: *Seitenlänge (in cm) → Umfang (in cm)*
d) bei einem Quadrat: *Seitenlänge (in cm) → Flächeninhalt (in cm^2)*

2 Ist eine Je-mehr-desto-mehr-Zuordnung angegeben? Wenn ja, ist sie auch proportional?
a) *Anzahl an Personen → Gewicht der Personen (in kg)*
b) bei einem Auto: *Verbrauch (in l) → Reichweite (in km)*
c) bei einem Würfel: *Seitenlänge (in cm) → Gesamtlänge aller Seiten (in cm)*

3 Nennt zwei Je-mehr-desto-mehr-Zuordnungen, die proportional sind, und zwei, die nicht proportional sind.

4 Die Schülerinnen und Schüler der Klasse 6 d haben Fotos von ihrer Klassenfahrt nachbestellt. Paula zahlt für 8 Fotos 1,92 €.
a) Erstelle eine Tabelle, in der du den Bildanzahlen 1, 2, 3, …, 20 den Preis zuordnest.
b) Nenne und deute den Proportionalitätsfaktor der Zuordnung *Bildanzahl → Preis (in €)*.

5 Kann die Tabelle zu einer proportionalen Zuordnung gehören? Begründe deine Antwort.

a)
x-Wert	1	2	3	4	5	6	7
y-Wert	7	14	21	28	35	42	49

b)
x-Wert	0,25	0,5	1	2,5	3	3,5
y-Wert	3	6	12	30	36	45

c)
x-Wert	3	6	12	36	45	72	96
y-Wert	0,5	1	2	6	7,5	14	16

d)
x-Wert	1,2	3,6	9,6	14,4	18	30
y-Wert	0,3	0,9	2,4	3,6	4,5	7,5

Die Ausgangswerte einer Zuordnung nennt man zur Abkürzung auch x-Werte und die zugeordneten Werte bezeichnet man auch als y-Werte.

6 Die Tabelle gehört zu einer proportionalen Zuordnung. Übertrage die Tabelle in dein Heft und fülle die Lücken aus.

a)
x-Wert	0	1	2	3	5	7
y-Wert				6		

b)
x-Wert	3	6		12		
y-Wert	7		21		35	70

7 a) Ist die Zuordnung *Gewicht des Packungsinhaltes (in g) → Preis der Packung (in €)* bei den Waschmittelpackungen proportional? Begründe.
b) 150 g Joghurt kosten 0,29 €, 250 g kosten 0,39 €. Ist die Zuordnung *Gewicht (in g) → Preis (in €)* proportional?
c) Welche Gründe sprechen dafür, dass Zuordnungen wie die beiden angegebenen proportional sein sollten, welche dagegen?

8 Unter welchen Voraussetzungen ist die Zuordnung proportional?
a) *Zeit, in der Wasser in eine zunächst leere Tonne fließt (in min) → Wasserhöhe (in cm)*
b) *Anzahl Schritte → zurückgelegte Strecke (in m)*
c) bei einer Autofahrt: *Streckenlänge (in km) → Benzinverbrauch (in l)*
d) *Anzahl der Personen → Fahrtkosten (in €)*

9 Die Tabellen gehören zu proportionalen Zuordnungen.

(1)
Zeit (in s)	Volumen (in l)
10	5
8	
25	

(2)
Gewicht (in kg)	Preis (in €)
0,5	0,75
0,8	
1,5	

(3)
Länge (in m)	Gewicht (in kg)
2	
3,5	
5	4,5

(4)
Zeit (in min)	Strecke (in km)
30	
120	48
125	

a) Bestimme und deute jeweils den Proportionalitätsfaktor.
b) Übertrage die Tabellen in dein Heft und ergänze sie.
c) Überlege dir zu jeder Tabelle einen möglichen Sachzusammenhang.

10 Ein Radrennfahrer legt in 3 h eine Strecke von 126 km zurück.
a) Unter welchen Bedingungen ist die Zuordnung *Fahrzeit (in h) → Fahrstrecke (in km)* eine proportionale Zuordnung? Bestimme und deute den Proportionalitätsfaktor.
b) Erstelle eine Tabelle, aus der du ablesen kannst, welche Strecke der Radrennfahrer innerhalb von 20 min, 40 min, 60 min, …, 200 min zurücklegen kann.

11 Prüfe, ob durch die Tabelle eine proportionale Zuordnung dargestellt werden kann. Wenn ja, bestimme die fehlenden Werte.

x-Wert	3	6	9	15	30
y-Wert	2	4	6	10	20

Bist du schon sicher?

12 Die Tabelle zeigt einige Weltrekorde im Eisschnelllauf der Frauen (Stand: Januar 2013).

Strecke	500 m	1000 m	1500 m	5000 m
Weltrekordzeit	0:36,94 min	1:12,68 min	1:51,79 min	6:42,66 min

Welche Zeiten für 500 m, 1500 m und 5000 m würde man aus der Zeit für 1000 m erhalten, wenn die Zuordnung *Strecke (in m) → Weltrekordzeit (in min)* proportional wäre? Wie kannst du dir die Abweichungen von den tatsächlichen Weltrekorden erklären?

13 Hängt man Gewichte an eine Feder, so dehnt sie sich aus. Ein Experiment ergab:

Gewicht (in g)	10	15	25	40	55	60	65
Ausdehnung (in cm)	2,5	3,7	6,3	10,1	13,7	14,8	16,3

a) Sind die Wertepaare annähernd quotientengleich? Was ist mit „annähernd" gemeint?
b) Zeichne den zugehörigen Graphen in ein Koordinatensystem.
c) Wie weit würde sich die Feder bei einem Gewicht von 30 g ausdehnen, wie weit bei einem Gewicht von 300 g?

14 1120 Schülerinnen und Schüler besuchen das Hermann-Hesse-Gymnasium. Sie durften in einer Umfrage wählen, um welches Gericht das Angebot der Mensa erweitert wird. Ungefähr jeder Vierte hat vergessen, seinen Umfrage-Zettel abzugeben. Schätze ab, wie viele Schülerinnen und Schüler die verschiedenen Gerichte angekreuzt haben. Erkläre deine Überlegungen.

Kannst du das noch?

vgl. Seite 121
Lösung | Seite 231

Lösungen | Seite 230

154

5 Antiproportionale Zuordnungen

Jan und Arne kaufen dasselbe Fischfutter. Jan hat 12 Fische in seinem Aquarium und eine Dose reicht bei ihm für etwa 90 Tage. Arne hat 36 Fische in seinem Aquarium.

Wenn man einen Papierstreifen in gleich lange Stücke schneidet, hängt die Länge der Stücke von deren Anzahl ab. Verdoppelt man die Anzahl, so halbiert sich die Länge eines jeden Stückes. Die Tabelle zeigt einige Werte der Zuordnung *Anzahl der Stücke → Stücklänge (in mm)* für einen Streifen der Länge 180 mm.

Anzahl der Stücke	1	2	4	6	10	15
Stücklänge (in mm)	180	90	45	30	18	12

Bei dieser Zuordnung ist der doppelten (halben, dreifachen, fünffachen, n-fachen) Anzahl der Stücke der zweite (doppelte, dritte, fünfte, n-te) Teil der Stücklänge zugeordnet. Solche Zuordnungen nennt man **antiproportional**. Man sagt auch: Die Anzahl der Stücke und die Stücklänge sind antiproportional zueinander.
Multipliziert man eine beliebige Anzahl an Stücken mit der zugehörigen Stücklänge (in mm), so erhält man stets denselben Wert: $1 \cdot 180 = 2 \cdot 90 = 4 \cdot 45 = 6 \cdot 30 = 10 \cdot 18 = 15 \cdot 12 = 180$. Man sagt: Die Wertepaare einer antiproportionalen Zuordnung sind **produktgleich**.

Umgekehrt kann man die Stücklänge berechnen, indem man 180 durch die zugehörige Anzahl an Stücken dividiert, z. B. $180 : 4 = 45$. Also gehört zur Anzahl 4 an Stücken die Stücklänge 45 mm. Die **Zuordnungsvorschrift** der Zuordnung *Anzahl der Stücke → Stücklänge (in mm)* lautet daher $z \mapsto \frac{180}{z}$.

Das Produkt gibt die „Gesamtgröße" an. Hier gibt es an, dass die Gesamtlänge des Papierstreifens 180 mm beträgt.

Trägt man die Wertepaare aus der Tabelle sowie weiterer Wertepaare in ein Koordinatensystem ein, so ergibt sich Fig. 1. Die Gestalt des Graphen ist typisch für eine antiproportionale Zuordnung. Je größer die Stückzahl, desto kleiner ist die Stücklänge; daher nähert sich der Graph rechts immer mehr der x-Achse an. Es ist hier nicht sinnvoll, die Punkte zu verbinden, denn es gibt nur ganze Stückzahlen.

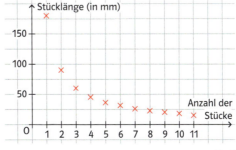

Fig. 1

Der Graph nähert sich rechts immer mehr der x-Achse an, berührt sie aber nie.

Antiproportionale Zuordnungen sind **Je-mehr-desto-weniger-Zuordnungen**. Hier gilt „Je mehr desto weniger" und „Je weniger desto mehr". Aber nicht jede Je-mehr-desto-weniger-Zuordnung ist auch antiproportional.

Wird der Ausgangswert erhöht, vermindert sich der zugeordnete Wert. Wird umgekehrt der Ausgangswert vermindert, erhöht sich der zugeordnete Wert.

> Bei einer **antiproportionalen Zuordnung** wird dem 2-, 3- bzw. n-fachen Ausgangswert der 2., 3. bzw. n-te Teil des zugeordneten Wertes zugeordnet.
>
> Die Wertepaare einer antiproportionalen Zuordnung sind **produktgleich**, d.h., das Produkt aus Ausgangswert und zugeordnetem Wert ist für alle Wertepaare dieselbe Zahl p.
>
> Die **Zuordnungsvorschrift** einer antiproportionalen Zuordnung lautet $x \mapsto \frac{p}{x}$.

Beispiel Erkennen einer antiproportionalen Zuordnung
Marcel plant eine Radtour von Braunschweig nach Lübeck. Je mehr Tage er sich Zeit nimmt, desto weniger Kilometer muss er pro Tag zurücklegen. Er hat ausgerechnet, wie viele Kilometer er jeweils im Durchschnitt pro Tag schaffen muss:

Zeitdauer (in Tagen)	2	3	4	5	6
durchschnittliche Tagesetappe (in km)	120	80	60	48	40

a) Begründe, warum die Zuordnung *Zeitdauer (in Tagen) → durchschnittliche Tagesetappe (in km)* antiproportional ist und gib die Zuordnungsvorschrift an.
b) Gib drei weitere Wertepaare an und zeichne den Graphen der Zuordnung.
Lösung
a) Bei doppelter Zeitdauer ist die durchschnittliche Tagesetappe halb so groß, bei dreifacher Zeitdauer nur ein Drittel. Das Produkt ist bei allen Wertepaaren 240. Die Zuordnung ist daher antiproportional. Die Gesamtstrecke beträgt 240 km. Die Zuordnungsvorschrift lautet somit $t \mapsto \frac{240}{t}$.
b) Bei eintägiger Fahrt beträgt die Tagesetappe 240 km, bei acht Tagen 30 km und bei zehn Tagen 24 km (Fig. 1). Der Graph der Zuordnung ist in Fig. 2 gezeichnet.

Fig. 1   Fig. 2

Da die Zeitdauer keine natürliche Zahl sein muss, ist es sinnvoll, die Punkte durch eine „Kurve" zu verbinden.

Aufgaben

1 Ist die Zuordnung antiproportional? Begründe.
  a) bei einem Brot: *Dicke der Brotscheiben (in cm) → Anzahl der Brotscheiben*
  b) bei einer Wanderung: *zurückgelegte Strecke (in km) → verbleibende Strecke (in km)*
  c) bei einer Wanderung: *Schrittlänge (in cm) → Anzahl der Schritte*
  d) beim Kugelstoßen: *Gewicht der Kugel (in g) → Wurfweite (in m)*

2 Handelt es sich um eine Je-mehr-desto-weniger-Zuordnung? Ist sie gegebenenfalls auch antiproportional?
  a) beim Einkaufen: *Anzahl an Artikeln → Kosten (in €)*
  b) bei flächengleichen Rechtecken: *Seitenlänge a (in cm) → Seitenlänge b (in cm)*
  c) beim 100-m-Lauf: *zurückgelegte Strecke (in m) → verbleibende Strecke (in m)*

3 Nennt zwei Je-mehr-desto-weniger-Zuordnungen, die antiproportional sind, und zwei, die nicht antiproportional sind.

4 Bei einer Expedition mit 15 Teilnehmern reicht der Trinkwasservorrat für 24 Tage.
a) Wie lange reicht der gleiche Wasservorrat bei 4, 6, 8, 10, 12, 16, 20, 24, 30 Teilnehmern? Notiere deine Ergebnisse in einer Tabelle.
b) Berechne und deute das Produkt zu allen Wertepaaren der Zuordnung *Teilnehmerzahl → Zeitdauer, bis der Wasservorrat verbraucht ist (in Tagen)*.

5 Kann die Tabelle zu einer antiproportionalen Zuordnung gehören? Begründe.

a)

x-Wert	1	2	3	4	6	8
y-Wert	48	24	16	12	8	6

b)

x-Wert	2	5	10	20	25	50
y-Wert	2,5	1	0,5	0,3	0,2	0,1

6 Die Tabelle gehört zu einer antiproportionalen Zuordnung. Übertrage sie in dein Heft und fülle die Lücken aus.

a)

x-Wert	1	2	4	6	10	20
y-Wert	12					

b)

x-Wert	1		5	10		
y-Wert		100	40		10	4

7 Unter welchen Voraussetzungen ist die Zuordnung antiproportional?
a) beim Gehen einer Strecke der Länge 100 m: *Schrittlänge (in cm) → Anzahl der Schritte*
b) *Anzahl der Arbeiter → Dauer der Arbeit (in h)*
c) beim Füllen eines Beckens durch mehrere Leitungen: *Anzahl der geöffneten Leitungen → Füllzeit (in min)*

8 Die Kosten für einen Tagesausflug betragen 147 €. Sie werden gleichmäßig auf die Teilnehmer verteilt.
a) Lege zur Zuordnung *Teilnehmerzahl → Kostenanteil je Teilnehmer (in €)* eine Tabelle an, aus der die Kostenanteile bei 10, 15, 20, …, 40 Teilnehmern abgelesen werden können.
b) Wie viele Personen müssen mitfahren, damit der Kostenanteil nicht über 8 € liegt?

9 a) In einem Blumengeschäft werden Rosen zu 1,25 € das Stück angeboten.
Wie viel Euro kostet ein Strauß mit 15 (20, 25, 30) Rosen? Um welche Art von Zuordnung handelt es sich bei der Zuordnung *Anzahl der Rosen → Preis des Straußes (in €)*?
b) Die Belegschaft einer Firma hat zum Jubiläum eines Kollegen einen Blumenstrauß für 30 € bestellt. Wie viel Euro muss jeder bezahlen, wenn sich 15 (20, 25, 30) Personen zu gleichen Teilen an den Kosten beteiligen? Um welche Art von Zuordnung handelt es sich bei der Zuordnung *Anzahl der Personen → Kostenanteil je Person (in €)*?

Arten von Zuordnungen:
– proportionale Zuordnung
– antiproportionale Zuordnung
– Je-mehr-desto-mehr-Zuordnung
– Je-mehr-desto-weniger-Zuordnung

Bist du schon sicher?

10 Die Wanderkasse einer Jugendgruppe enthält 840 €.
a) Wie viel Euro kann die Jugendgruppe täglich ausgeben, wenn sie 4 (6, 8) Tage unterwegs ist und die Ersparnisse vollständig aufgebraucht werden können?
b) Stelle die Zuordnung *Anzahl der Tage → Ausgaben pro Tag (in €)* in einer Tabelle dar. Um welche Art von Zuordnung handelt es sich?
c) Die Gruppe möchte pro Tag 120 € ausgeben. Wie viel Geld benötigt sie für die Wanderkasse, wenn sie 5 Tage (8 Tage, 14 Tage) unterwegs ist?
d) Stelle die Zuordnung *Anzahl der Tage → Betrag in der Wanderkasse (in €)* in einer Tabelle dar. Um welche Art von Zuordnung handelt es sich dabei?

Lösung | Seite 231

11 Ein Rechteck soll den Flächeninhalt 12 cm² besitzen. Es kann zum Beispiel 6 cm lang und 2 cm breit sein (Fig. 1).
a) Übertrage die Tabelle in dein Heft und fülle die Lücken aus.

Länge a (in cm)	0,5	1	2	3	4	5	6	8	10	12
Länge b (in cm)							2			

b) Gib die Zuordnungsvorschrift für die Zuordnung *Länge a (in cm) → Breite b (in cm)* an.
c) Zeichne den Graphen der Zuordnung.

12 Können die in der Tabelle angegebenen Werte zu einer proportionalen oder antiproportionalen Zuordnung gehören? Begründe und gib, falls möglich, eine Zuordnungsvorschrift an.

a)
x-Wert	2	4	8	12	75
y-Wert	2,8	5,6	11,2	16,8	105

b)
x-Wert	1	2	3	4	5
y-Wert	4	5	6	7	8

c)
x-Wert	3	6	9	18	24
y-Wert	60	30	20	10	7,5

d)
x-Wert	0	1	2	3	4
y-Wert	4	7	10	13	16

Fig. 1

13 Der Graph in Fig. 2 beschreibt eine antiproportionale Zuordnung.
a) Übertrage die Tabelle in dein Heft und lies die y-Werte am Graphen ab.

x-Wert	1	1,5	2	3	4	6	8	12
y-Wert								

b) Rechne nach, ob deine abgelesenen Werte zu einer antiproportionalen Zuordnung gehören können. Wenn nicht, verbessere deine abgelesenen Werte.

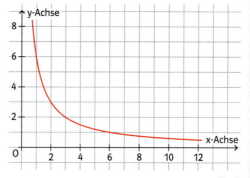

Fig. 2

14 a) Fig. 3 zeigt drei Graphen von Zuordnungen. Lies für alle drei Graphen den y-Wert für x = 1 ab.
b) Berechne damit die y-Werte für x = 2, 3, 4, 5 und 6 für den Fall einer antiproportionalen Zuordnung. Vergleiche mit dem Graphen. Kann es sich um antiproportionale Zuordnungen handeln?

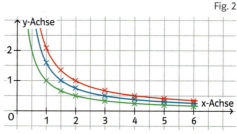

Fig. 3

15 a) Lies die Koordinaten der Punkte A und B ab.
b) Übertrage die Abbildung in dein Heft und spiegele die Punkte A und B an der eingezeichneten Geraden.
c) Gib die Koordinaten der Spiegelpunkte A' und B' an.
Zeichne die Punkte C(0,5|1), D(2,5|4), E(3,5|3,5), F(5|3,5) und G(1,5|0) in das Koordinatensystem.

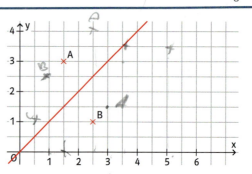

Kannst du das noch?

vgl. Beispiel, Seite 6
Lösung | Seite 231

V Zuordnungen

6 Drei Werte sind gegeben – Dreisatz

Der Auszubildende Timm soll für die Tischlerei Nägel kaufen. Weil immer viele Nägel benötigt werden, soll er mindestens 2000 Stück mitbringen.
Natürlich möchte Timm möglichst günstig kaufen. Was würdest du ihm raten?

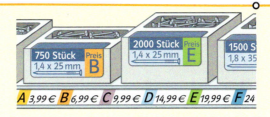

Dreisatz bei proportionalen Zuordnungen

In einem Rezept ist angegeben, dass man für 8 Brötchen 200 g Mehl benötigt. Wie viel Mehl benötigt man für 15 Brötchen? Weil die **Zuordnung** *Anzahl der Brötchen → benötigte Menge Mehl (in g)* proportional ist, kann man die Frage mit einer Wertetabelle beantworten.

Anzahl der Brötchen	benötigte Menge Mehl (in g)
8	200
15	?

Beim Dreisatz sind drei gegebene Werte zueinander ins Verhältnis gesetzt.

Anzahl der Brötchen	benötigte Menge Mehl (in g)
8	200
1	25
15	375

:8 ↓ ·15 ↓   :8 ↓ ·15 ↓

1. Für 8 Brötchen benötigt man 200 g Mehl.
2. Für 1 Brötchen benötigt man 200 g : 8 = 25 g Mehl.
3. Für 15 Brötchen benötigt man 25 g · 15 = 375 g Mehl.

Diese Lösungs-Methode nennt man **Dreisatz**.

Will man umgekehrt wissen, für wie viele Brötchen 500 g Mehl ausreichen, kann man ganz ähnlich vorgehen. In der mittleren Zeile der Tabelle hätte man auch auf 1 g Mehl schließen können.
Es ist jedoch praktischer, von 200 g über 100 g auf 500 g zu schließen.
In diesem Beispiel konnte man mithilfe des Dreisatzes rechnen, weil die betrachtete Zuordnung proportional war.

Anzahl der Brötchen	benötigte Menge Mehl (in g)
8	200
4	100
20	500

:2 ↓ ·5 ↓   :2 ↓ ·5 ↓

Der Rechenweg über 1 in der mittleren Zeile führt immer zum Ziel. Häufig ist ein anderer Zwischenschritt aber geschickter!

Dreisatz bei antiproportionalen Zuordnungen

Auch bei antiproportionalen Zuordnungen kann man einen Dreisatz verwenden.
Eine große Tüte Gummibären wird gerecht an 6 Kinder verteilt. Jedes Kind erhält 16 Gummibären. Wie viele Gummibären erhält jedes Kind, wenn die Tüte auf 8 Kinder aufgeteilt wird? Weil die Zuordnung *Anzahl der Kinder → Anzahl der Gummibären je Kind* antiproportional ist, kann man auch diese Frage mit einer Wertetabelle beantworten:

Anzahl der Kinder	Anzahl der Gummibären je Kind
6	16
1	96
8	12

:6 ↓ ·8 ↓   ·6 ↑ :8 ↓

1. Bei 6 Kindern erhält jedes 16 Gummibären.
2. Ein einziges Kind erhält 16 · 6 = 96 Gummibären.
3. Bei 8 Kindern erhält jedes 96 : 8 = 12 Gummibären.

Man spricht auch hier von einem Dreisatz.

Weil es sich hier um eine antiproportionale Zuordnung handelt, muss man in der rechten Spalte multiplizieren, wenn links dividiert wird und umgekehrt.

159

Liegt eine proportionale oder eine antiproportionale Zuordnung vor, so kann man Wertetabellen über einen Zwischenschritt vervollständigen.
Beispiele:

proportionale Zuordnung

Ausgangswert	zugeordneter Wert
5	35
1	7
8	56

$:5$, $\cdot 8$ (links); $:5$, $\cdot 8$ (rechts)

antiproportionale Zuordnung

Ausgangswert	zugeordneter Wert
7	20
1	140
10	14

$:7$, $\cdot 10$ (links); $\cdot 7$, $:10$ (rechts)

Man nennt dieses Verfahren **Dreisatz**.

Proportional
Wird links multipliziert (dividiert), so auch rechts.

Antiproportional
Wird links multipliziert, so wird rechts dividiert und umgekehrt.

Bevor man einen Dreisatz anwendet, muss man stets prüfen, ob eine proportionale oder eine antiproportionale Zuordnung vorliegt.
Ist die Zuordnung weder proportional noch antiproportional, so kann man keinen Dreisatz anwenden.

Beispiel 1 Dreisatz bei einer proportionalen Zuordnung
Bei einem Handballspiel bezahlten die 400 Zuschauer zusammen 2400 € Eintritt. Wie hoch wären die Einnahmen bei 500 Zuschauern gewesen, wenn alle Eintrittskarten denselben Preis haben?
Lösung
Da alle Eintrittskarten denselben Preis haben, ist die Zuordnung *Anzahl der Zuschauer →* *Gesamteinnahme (in €)* proportional.

Anzahl der Zu-schauer	Gesamt-einnah-men (in €)
400	2400
100	600
500	3000

$:4$, $\cdot 5$ (links); $:4$, $\cdot 5$ (rechts)

Durch Vervollständigen der Wertetabelle erhält man:

1. Bei 400 Zuschauern betragen die Gesamteinnahmen 2400 €.

2. Bei 100 Zuschauern betragen die Gesamteinnahmen 600 €.

3. Bei 500 Zuschauen betragen die Gesamteinnahmen 3000 €.

Der Zwischenschritt auf 1 hätte zusätzlich den Preis für eine Eintrittskarte geliefert (2400 € : 400 = 6 €).

Beispiel 2 Dreisatz bei einer antiproportionalen Zuordnung
Wenn Vera jeden Tag zehn Seiten in ihrem Buch liest, braucht sie zwölf Tage, bis sie es durchgelesen hat.
a) Wie lange braucht sie, wenn sie pro Tag nur sechs Seiten liest?
b) Wie viele Seiten muss sie pro Tag lesen, wenn sie schon nach acht Tagen fertig sein möchte?

Lösung
Wenn Vera täglich zum Beispiel doppelt so viele Seiten liest, ist sie in der halben Zeit fertig. Die Zuordnung *Anzahl Seiten pro Tag → Lesedauer (in Tagen)* ist antiproportional.

a)

Anzahl Seiten pro Tag	Lesedauer (in Tagen)
10	12
1	120
6	20

$:10$, $\cdot 6$ (links); $\cdot 10$, $:6$ (rechts)

b)

Anzahl Seiten pro Tag	Lesedauer (in Tagen)
10	12
30	4
15	8

$\cdot 3$, $:2$ (links); $:3$, $\cdot 2$ (rechts)

Vera braucht 20 Tage, bis sie das Buch durchgelesen hat.

Vera muss täglich 15 Seiten lesen, um in acht Tagen fertig zu sein.

Als Zwischenschritt kann bei Teilaufgabe a) statt 1 auch 2 gewählt werden. Bei Teilaufgabe b) kann statt 4 auch 1 oder 2 gewählt werden.

V Zuordnungen

Beispiel 3 Sinnvolles Runden bei Dreisatzaufgaben

Eine Wandfläche von 287 m² soll gestrichen werden. Für die ersten 14 m² wurden 3 l Farbe verwendet. Wie viel Farbe braucht man ungefähr für die gesamte Wand?

Lösung

Setzt man für den Rest der Wand einen gleichbleibenden Farbverbrauch voraus, dann ist die Zuordnung *Wandfläche (in m²) → Farbverbrauch (in l)* proportional.

Wandfläche (in m²)	Farbverbrauch (in l)
14	3
1	3 : 14
287	61,5

Es ist hier nicht sinnvoll, im Zwischenschritt zu runden. Man rechnet stattdessen im letzten Schritt

$$3 : 14 \cdot 287 = \frac{3 \cdot 287}{14} = 3 \cdot \frac{287}{14} = 3 \cdot 20,5 = 61,5.$$

Beim Dreisatz sollte man nicht im Zwischenschritt runden. Man kann dort eine Rechnung stehen lassen.

Wenn nötig kann man am Ende runden.
Man benötigt etwa 62 l Farbe für die gesamte Wand.

Aufgaben

1 In der Tabelle ist eine proportionale Zuordnung dargestellt. Übertrage ins Heft, fülle die Lücken aus und gib Beispiele für eine mögliche Zuordnung an.

a)

h	km
3	210
1	□
□	8

b)

g	Anzahl
250	3,50
□	□
□	600

(:5 auf g-Seite)

c)

m	min
150	240
□	16
□	48

2 In der Tabelle ist eine antiproportionale Zuordnung dargestellt. Übertrage ins Heft, fülle die Lücken aus und gib Beispiele für eine mögliche Zuordnung an.

a)

l	Anzahl
0,7	30
0,1	□
0,5	□

b)

h	km/h
$2\frac{1}{2}$	120
□	□
□	4

(:5 auf h-Seite)

c)

Anzahl	Tage
9	49
□	□
□	21

3 Ein Auto verbraucht auf 100 km durchschnittlich 6,0 l Diesel. Wie hoch ist der Verbrauch bei einer 250 km langen Fahrt? Wie weit kann man mit einer Tankfüllung von 51 l fahren?

4 Mit dem Inhalt eines Weintanks werden 1360 Flaschen mit je 0,75 l Inhalt abgefüllt.
a) Wie viele Glasballons mit je 4 l Inhalt könnte man aus diesem Tank füllen?
b) Der Wein soll in zwölf gleich große Fässer umgefüllt werden. Wie groß ist der Inhalt eines Fasses?

5 Entscheide, ob ein Dreisatz anwendbar ist. Wenn ja, löse die Aufgabe.
a) In ein Regal passen 8 Ordner mit einer Breite von je 5 cm. Wie viele Ordner mit einer Breite von je 4 cm passen in das Regal?
b) Aus einem Kanister mit Fruchtsaft können 15 Gläser mit je 0,25 l gefüllt werden. Wie viele Gläser mit je 0,3 l hätte man füllen können?
c) Lara und ihre zwei Freundinnen benötigen etwa 5 Minuten, um eine Tüte Chips zu essen. Wie lange würde ihre Clique (5 Personen), ihre Klasse (30 Personen) oder die gesamte Schule (650 Personen) zum Essen der Tüte brauchen?

6 Drei Werte sind gegeben – Dreisatz

6 Anne und Steffi machen eine Radtour von Oldenburg nach Salzgitter. Auf der sechstägigen Hinfahrt müssen im Durchschnitt täglich 42 km geschafft werden. Für die Rückfahrt sind 4 Tage (7 Tage, 9 Tage, 12 Tage) vorgesehen.

7 Affen sind verrückt nach Erdnüssen. Ein Erdnussvorrat reicht für 8 Affen 45 Tage. Wie lange reicht der Vorrat für 12 (3, 5, 18, 40) Affen, wenn gleicher und gleichbleibender Appetit auf Erdnüsse vorausgesetzt wird?

8 Wenn man entsteinte Kirschen mit Gelierzucker aufkocht, kann man Kirschkonfitüre herstellen. Für eine Packung Gelierzucker braucht man 750 g Kirschen.
a) Wie viel Gelierzucker benötigt man für 2,5 kg Kirschen?
b) Wie viele Kilogramm Kirschen braucht man, wenn 1200 g Gelierzucker verbraucht werden sollen?
c) Wie viel Gelierzucker und wie viele Kirschen werden für 1,5 kg Konfitüre benötigt?

9 Eine Radtour soll bei einer Fahrstrecke von täglich 56 km 6 Tage dauern.
a) Berechne, wie viele Tage benötigt werden, wenn man täglich 84 km fährt.
b) Berechne, wie viele Kilometer durchschnittlich pro Tag gefahren werden müssten, wenn für die Radtour 7 Tage zur Verfügung stehen würden.

Bist du schon sicher?

Lösungen | Seite 231

10 Überlege dir zu den folgenden Situationen Aufgaben, die sich mit dem Dreisatz berechnen lassen. Tausche die Aufgaben mit deinem Partner. Besprecht die Lösungen anschließend gemeinsam.
a) Zwei Bagger heben eine Baugrube in zehn Stunden aus.
b) Lukas misst die Länge des Schulgebäudes mit 72 Schritten; seine Schrittlänge beträgt 50 cm.
c) Von einer Rolle Bindfaden kann man 25 Stücke mit einer Länge von je 30 cm abschneiden.

11 Zwei Maler benötigen zum Tapezieren einer Wohnung drei Tage. Wie lange brauchen 50 Maler?

12 Die schwerste Tafel Schokolade der Welt (Stand: August 2012) wurde im Jahr 2010 in Armenien hergestellt. Hätte man sie in lauter 50 g schwere Portionen aufgeteilt, so hätte man 88 200 Portionen erhalten. Wie schwer wäre eine Portion gewesen, wenn man die Tafel in 5000 Teile aufgeteilt hätte?

13 Ein Stück Schafskäse wiegt 210 g und kostet 2,52 €, ein Stück Butterkäse von 360 g kostet 3,06 € und 125 g Camembert kosten 2,75 €.
a) Wie viel kosten 350 g Schafskäse (400 g Butterkäse, 200 g Camembert)?
b) Wie viel Butterkäse bekommt man für 4,59 €?

V Zuordnungen

14 Vor fast 2000 Jahren bauten die Römer eine 50 km lange Wasserleitung, die die damalige römische Metropole Nîmes (in Südfrankreich) mit frischem Wasser versorgte. Die Quelle lag nur 17 m höher als das Ende der Leitung in Nîmes. Etwa auf halber Strecke musste das Tal des Flüsschens Gardon überquert werden. Dafür wurde ein 275 m langer Aquädukt errichtet, der Pont du Gard. Berechne den Höhenunterschied zwischen den beiden Enden des Pont du Gard.

15 Ein Passagierschiff startet eine Kreuzfahrt mit 348 Personen an Bord. Der Lebensmittelvorrat reicht für 18 Tage.
a) Nach sechs Tagen werden 87 Personen zusätzlich an Bord genommen. Wie lange reicht der Vorrat jetzt noch?
b) Wie viele Personen könnten nach sechs Tagen noch zusteigen, wenn die Kreuzfahrt insgesamt 14 Tage dauert?

Die Größe des Winkels im Kreisdiagramm ist proportional zur Stimmenanzahl.

Stimmenanzahl	Winkelgröße
?	360°
12	?
...	

16 Zwölf Schülerinnen und Schüler der Klasse 6 b geben Sport als ihr Lieblingsfach an. Für Deutsch entscheiden sich fünf, für Englisch vier, für Mathematik nur drei. Auf die übrigen Fächer entfallen insgesamt sechs Stimmen.
a) Ordne den Fächern die jeweilige Anzahl an Stimmen zu. Schreibe das Umfrageergebnis als Tabelle.
b) Zeichne ein Kreisdiagramm. Berechne zunächst die erforderlichen Winkelgrößen.

17 Erstelle zum Umfrageergebnis in Aufgabe 16 ein Säulendiagramm, bei dem die Säule für das Fach Sport 6 cm hoch wird.

18 Eine Kabeltrommel mit 50 m Kabel wiegt 6,5 kg. Die gleiche Trommel mit 30 m Kabel wiegt 4,9 kg. Wie kann man das Gewicht der Trommel ohne Kabel bestimmen, ohne das Kabel abzuwickeln?

19 Bei den Olympischen Spielen 2012 in London starteten 77 deutsche Teilnehmerinnen und Teilnehmer in der Leichtathletik, 38 in den verschiedenen Wassersportarten, 48 beim Rudern, 25 im Radsport und 58 waren Mannschaftsmitglieder von Ballsportarten. Die restlichen 146 gehörten zu 16 anderen Sportarten. Erstelle ein Kreisdiagramm für die Zusammensetzung der deutschen Mannschaft nach Sportarten.

20 Zum Experimentieren
a) Öffne einen Wasserhahn so, dass er gerade zu tropfen beginnt. Stelle unter den Hahn einen Messbecher und bestimme die Zeit, bis in den Messbecher 100 cm^3 (= 0,1 l) Wasser getropft sind.
b) Berechne den Wasserverlust, der durch einen tropfenden Wasserhahn in einer Woche entsteht.
c) Wie viel Geld geht dabei in einem Jahr verloren?

Erkundigt euch z. B. im Internet über den Tarif eures Ortes für Wasser.

Kannst du das noch?

21 Schreibe als Bruch mit einem der Nenner 10, 100 oder 1000.
a) 0,7
b) 0,48
c) 0,012
d) 4,25
e) 2,34
f) 0,073
g) 0,03
h) 5

vgl. Seite 211
Lösung | Seite 231

6 Drei Werte sind gegeben – Dreisatz

Vertiefen und Vernetzen

1 Die Entwicklung der Erdbevölkerungszahlen von 1650 bis 2010 ist in folgender Tabelle angegeben.

Entwicklung der Erdbevölkerung seit 1650										
Jahr	1650	1750	1850	1900	1950	1970	1980	1990	2000	2010
Einwohnerzahl (in Mio.)	470	694	1091	1571	2555	3708	4455	5275	6079	6934

a) Zeichne den Graphen der Zuordnung *Jahr → Anzahl der Erdbewohner (in Mio.)*.
b) Wie viele Menschen haben im Jahr 1800 vermutlich auf der Erde gelebt?
c) In einem Zeitungsartikel aus dem Jahr 2010 war folgender Satz zu lesen: „Bis zum Jahr 2050 wird die Weltbevölkerung von heute 6,9 Milliarden Menschen auf 9,3 Milliarden anwachsen." Bist du mit dieser Prognose einverstanden? Begründe.

2 Ein Wald muss im Laufe seines etwa 100-jährigen Wachstums dreimal durchforstet werden. Der Graph zeigt den Holzbestand in einem 1 ha großen Wald.
a) Erkläre, was das Wort „durchforsten" vermutlich bedeutet.
b) Nach wie vielen Jahren beträgt der Holzbestand 300 m³ (400 m³, 275 m³)?
c) Wann wurde jeweils durchforstet und wie viele Kubikmeter Holz wurden bei den Durchforstungen insgesamt geschlagen?

3 Ein Auto fährt auf der skizzierten Straße von A nach B. Welche der drei abgebildeten Graphen gehört vermutlich zur Zuordnung *Zeit → Geschwindigkeit*? Begründe deine Entscheidung.

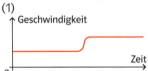
(1)

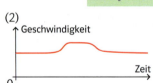
(2)

(3)

4 Wenn Herr Wassenberg sein Auto vollgetankt hat, befinden sich 50 l Benzin im Tank. Er kann damit erfahrungsgemäß etwa 600 km weit fahren.
a) Wie weit könnte Herr Wassenberg fahren, wenn sein Tankinhalt 70 l betragen würde? Wovon bist du hierbei ausgegangen?
b) Gib für die Zuordnung *Tankinhalt (in l) → Reichweite (in km)* eine Zuordnungsvorschrift an.
c) Zeichne den Graphen der Zuordnung.
d) Wie würde sich der Graph verändern, wenn Herr Wassenberg energiesparender fahren würde?

5 Übertrage die Tabelle in dein Heft und fülle sie aus. Verwende die Angaben auf dem Konfitürenglas.

Konfitürenmenge (in g)	0	10	50	100	200	250	500	800
Fruchtgehalt (in g)								
Zuckergehalt (in g)								

164

V Zuordnungen

6 Geschwindigkeiten von Schiffen werden in Knoten angegeben. Die Geschwindigkeit 1 Knoten bedeutet, dass das Schiff in einer Stunde eine Seemeile zurücklegt. Eine Seemeile sind 1,852 km.
a) Die Höchstgeschwindigkeit eines Katamarans beträgt 30 Knoten. Welche Strecke kann er in 5 Stunden höchstens zurücklegen? Gib das Ergebnis in Seemeilen und Kilometer an.
b) Wie lange braucht er mindestens für eine Strecke von 75 km?

Bei dieser Aufgabe darfst du einen Taschenrechner verwenden.

7 Eine 2,40 m lange Schnur wird in gleich lange Stücke zerschnitten.
a) Lege eine Tabelle für die Zuordnung *Anzahl der Stücke → Länge der Stücke (in cm)* für 1, 2, … , 10 Stücke an.
b) Gib für die Zuordnung eine Zuordnungsvorschrift an.
c) Um welche Art von Zuordnung handelt es sich?
d) Zeichne den Graphen der Zuordnung. Ist es hier sinnvoll, die eingetragenen Punkte zu verbinden? Begründe.

8 Lara experimentiert an einem defekten Wasserhahn, der seit einiger Zeit gleichmäßig tropft. Sie stellt ein Gefäß unter den Wasserhahn und sieht nach 15 Minuten, dass die Höhe des Wasserspiegels 35 cm beträgt.
a) Nach welcher Zeit wird das Gefäß überlaufen, wenn es 50 cm hoch ist?
b) Nach welcher Zeit würde das Gefäß überlaufen, wenn aus dem Wasserhahn die dreifache Wassermenge in gleicher Zeit tropft?
c) Nach welcher Zeit würde das Gefäß überlaufen, wenn Lara das Gefäß durch ein gleich hohes ersetzt, bei dem eine Seite der rechteckigen Grundfläche nur halb so lang ist?

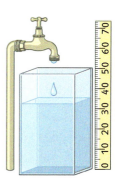

9 Die Steinlaus (Petrophaga lorioti) ist das kleinste Nagetier unserer Heimat. Bis auf wenige Exemplare in einigen zoologischen Gärten Europas ist es wahrscheinlich ausgestorben.
Bis vor einigen Jahren lebte die Steinlaus noch zu Tausenden in den Wohn- und Geschäftshäusern unserer Großstädte und ernährte sich von allerlei Baumaterial, wobei sie auch gelegentlich einen Eisenträger nicht verschmähte. Der Appetit einer geschlechtsreifen Steinlaus ist erstaunlich. Etwa 28 kg Beton und Ziegelsteine benötigt das Männchen zur täglichen Sättigung. Während der Schwangerschaft verzehrt ein Weibchen fast das Doppelte.

a) In Bremerhaven gibt es zwei Windräder von je 188 m Höhe. Pro Windrad wurden 10 000 t Beton verbaut. Diese Betonmenge kann einer Kolonie von 196 Männchen knapp 10 Jahre als Nahrungsquelle dienen. Wie lange reicht die Betonmenge für 49 Männchen?
b) Nach 2 Jahren stoßen 46 schwangere Weibchen hinzu. Wie lange reicht das Windrad noch als Vorrat? Welche Annahme hast du dabei gemacht?
c) Wie viele Männchen könnten sich den 196 Männchen nach 3 Jahren anschließen, wenn der Vorrat insgesamt 5 Jahre genügen soll?

Vertiefen und Vernetzen 165

Exkursion

Uhren

Schon sehr früh versuchten die Menschen, die Zeit zu messen. Erste Hinweise dazu findet man in den ägyptischen Hieroglyphen, die vor etwa 5000 Jahren aufgezeichnet wurden. Durch einen Stab im Boden konnte der Tag mithilfe der Schattenlänge und Schattenrichtung in Zeitabschnitte unterteilt und so die Zeit gemessen werden.

Bauanleitung für eine Sonnenuhr

Steckt einen etwa 1 Meter langen Stab in den Boden. Der Schatten des Stabes ist der Stundenzeiger der Uhr; er bewegt sich mit der Sonne.

Damit der Schatten in gleichen Zeiten gleiche Winkel überstreicht, muss der Stab parallel zur Erdachse stehen. Das erreicht man dadurch, dass der Stab nicht senkrecht in den Boden gesteckt wird, sondern schräg in nördlicher Richtung.

Der Winkel zwischen Stab und Erdboden entspricht dabei dem Breitengrad, auf dem die Sonnenuhr aufgestellt wird. Sucht den passenden Breitengrad (Winkel) im Atlas. Soltau liegt zum Beispiel auf dem 53. Grad (Winkel) nördlicher Breite.

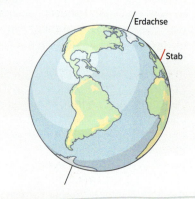

1 Messt den Winkel, den der Schatten des Stabes von Stunde zu Stunde überstreicht. Was lässt sich feststellen?
Wenn ihr schließlich ein Zifferblatt für die Sonnenuhr (z. B. mit Steinchen) markiert, ist die Sonnenuhr fertig. Überprüft sie zu verschiedenen Zeiten.

Es gab auch tragbare Sonnenuhren. Die abgebildete Taschenuhr aus Elfenbein stammt aus der Zeit um 1650. Sie hatte eine Einstellmöglichkeit für die Breitengrade von 42° (z. B. Rom) bis 56° (z. B. Kopenhagen) und konnte sowohl vertikal als auch horizontal abgelesen werden.

2 Wozu diente wohl der eingebaute Kompass?

Sonnenuhren hatten jedoch einen Nachteil: Bei Nacht oder schlechter Witterung konnte man sie nicht benutzen. Deshalb hat man schon früh auch andere Uhren gebaut.

3 Könnt ihr erklären, wie die dargestellten „Uhren" funktionieren?
Welche messbare Größe wird jeweils der Zeit zugeordnet?

a)

b)

c)

4 Versucht selbst, eine Uhr zu entwickeln und zu bauen.

5 Bis ins 19. Jahrhundert hinein benutzte man im Bergischen Land (Nordrhein-Westfalen) Öluhren. Der sinkende Ölspiegel zeigte die verstrichene Zeit an. Bei einer Öluhr, bei der das Gefäß ein Quader mit quadratischer Grundfläche ist, lässt sich der Ölstand leicht berechnen.
In einem quadratischen Messgefäß mit 3 cm Kantenlänge und 8 cm Höhe steht das Öl 6 cm hoch. Innerhalb von 40 Minuten sinkt die Höhe des Ölstandes um 2 cm.
Der Ölverbrauch, der durch das Absinken des Ölstandes sichtbar wird, ist ein Maß für die verstrichene Zeit: Nach 40 min sind 3 cm · 3 cm · 2 cm = 18 cm^3 Öl verbraucht.
a) Legt eine Wertetabelle für die Zuordnung *Zeit (in min) → Ölverbrauch (in cm^3)* an. Geht in 10-min-Schritten vor. Welcher Zeitraum wird durch die Uhr abgedeckt?
b) Wie groß muss die Grundfläche des Gefäßes sein, damit der Ölspiegel alle 10 Minuten um 1 mm, 2 mm bzw. 1 cm sinkt? Bei welcher der drei Grundflächen lässt sich die Uhr am genauesten ablesen?
c) Erstellt eine Skizze dieser Öluhr.

6 a) Betrachtet den Abbrand der Kerze und erstellt eine Wertetabelle für die Zuordnung *Brenndauer (in h) → Abbrand (in cm)*.
b) Zeichnet den dazugehörigen Graphen. Welche Art von Zuordnung liegt vor?
c) Wie weit wird die Kerze nach 1,5 h (40 min) abgebrannt sein?
d) Nach welcher Zeit ist die Kerze vollständig abgebrannt?

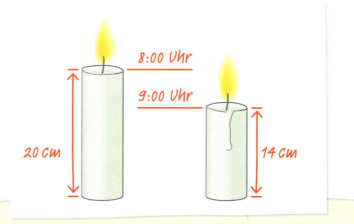

Rückblick

Darstellungen von Zuordnungen
Eine Zuordnung kann dargestellt werden
- in Form einer Tabelle,
- durch einen Text,
- mithilfe von Pfeilen,
- durch ein Diagramm oder eine andere bildliche Veranschaulichung.

Bei der Angabe einer Zuordnung benennt man die Ausgangswerte und die zugeordneten Werte und verbindet die beiden Begriffe durch einen Pfeil. Die Einheiten werden in Klammern angegeben.

Uhrzeit	6	9	12	15
Temperatur (in °C)	−4	0	2	1

Uhrzeit → Temperatur (in °C)

Graphen von Zuordnungen
Um eine Zuordnung durch einen Graphen darzustellen, werden die Wertepaare als Punkte in ein Koordinatensystem eingetragen. Wenn es sinnvoll ist, werden die Punkte durch eine passende Linie verbunden.
Verschiedene Eigenschaften einer Zuordnung lassen sich anhand des Graphen auf einen Blick erkennen.

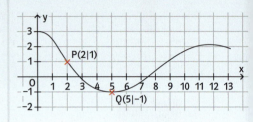

Zuordnungsvorschriften
Viele Zuordnungen können durch eine Zuordnungsvorschrift beschrieben werden.
Beispiel: Bei Quadraten mit der Seitenlänge s betrachtet man die Zuordnung *Seitenlänge (in cm) → Umfang (in cm)*.

$s \mapsto 4 \cdot s$
(sprich: „s wird $4 \cdot s$ zugeordnet.")

Proportionale Zuordnungen
Bei einer proportionalen Zuordnung wird dem 2-, 3- bzw. n-fachen Ausgangswert auch der 2-, 3- bzw. n-fache zugeordnete Wert zugeordnet. Der Quotient aus einem zugeordneten Wert und dem dazugehörigen Ausgangswert ist stets gleich (Quotientengleichheit); man nennt diesen Proportionalitätsfaktor. Ist der Proportionalitätsfaktor z. B. 3,5, so lautet die Zuordnungsvorschrift $x \mapsto 3,5 \cdot x$.

25 l Benzin kosten 30 €. Wie viel kosten 60 l Benzin?
Die Zuordnung *Benzinmenge (in l) → Preis (in €)* ist proportional. Dreisatz:

Benzinmenge (in l)	Preis (in €)
25	30
5	6
60	72

60 l Benzin kosten 72 €.

Dreisatz bei proportionalen Zuordnungen
Liegt eine proportionale Zuordnung vor, so kann man Wertetabellen über einen Zwischenschritt vervollständigen. Man rechnet dabei auf beiden Seiten „gleichartig".

Antiproportionale Zuordnungen
Bei einer antiproportionalen Zuordnung wird dem 2-, 3- bzw. n-fachen Ausgangswert der 2., 3. bzw. n-te Teil des zugeordneten Wertes zugeordnet. Das Produkt aus einem Ausgangswert und dem zugeordnetem Wert ist für alle Wertepaare gleich (Produktgleichheit). Ist dieses Produkt z. B. 5, so lautet die Zuordnungsvorschrift $x \mapsto \frac{5}{x}$.

Ein Heuvorrat reicht für 6 Kühe 50 Tage. Wie lange reicht der Vorrat für 10 Kühe?
Die Zuordnung *Anzahl der Kühe → Zeit (in Tagen)* ist antiproportional. Dreisatz:

Anzahl der Kühe	Zeit (in Tagen)
6	50
1	300
10	30

Für 10 Kühe reicht der Vorrat 30 Tage.

Dreisatz bei antiproportionalen Zuordnungen
Liegt eine antiproportionale Zuordnung vor, so kann man Wertetabellen über einen Zwischenschritt vervollständigen. Man rechnet dabei auf den unterschiedlichen Seiten „auf entgegengesetzte Weise".

Training

V Zuordnungen

Runde 1

Lösungen | Seite 232

1 Welcher der Graphen gehört zu welcher Zuordnung? Begründe.
a) Brenndauer → Höhe einer brennenden Kerze
b) Alter eines Menschen → Körpergröße
c) Zeit → Höhe einer Schaukel
d) Zeit → Temperatur eines sich abkühlenden Getränks

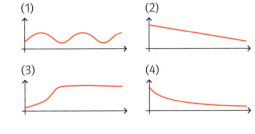

2 Eine Brezel kostet 50 ct, drei Brezeln werden zum Sonderpreis von 1,20 € verkauft.
a) Wie viel kosten fünf Brezeln?
b) Erstelle eine Tabelle, aus der der günstigste Preis für 1, 2, …, 10 Brezeln ablesbar ist.
c) Zeichne den Graphen der Zuordnung *Anzahl Brezeln → günstigster Preis (in €)*.

3 Bauunternehmer Heidjer will 24 t Erdaushub auf die Deponie bringen. Er erinnert sich: „Letztes Mal musste ich 64,80 € für 18 Tonnen bezahlen."
a) Wie viel muss er bezahlen, wenn sich der Preis nicht verändert hat?
b) Wie viel muss er bezahlen, wenn der Preis um 30 ct pro Tonne erhöht wurde?

4 Bei der Wahl zum Vereinsvorsitzenden bewarben sich Frau Brand, Herr Kahn, Frau Lenz und Herr Mohn. Das Kreisdiagramm zeigt das Wahlergebnis.
a) Es wurden 128 Stimmen abgegeben. Wie viele Stimmen erhielt Herr Mohn etwa?
b) Veranschauliche das Wahlergebnis durch ein Säulendiagramm. Schätze dazu die Stimmverteilung aus dem Kreisdiagramm ab.

Runde 2

Lösungen | Seite 232

1 Aus der Grafik kannst du die mittleren Jahrestemperaturen von 90 000 v. Chr. bis heute ablesen.
a) Lies die Temperatur in Zeitabständen von 10 000 Jahren ab und erstelle eine Wertetabelle.
b) Welche Vorteile hat der Graph gegenüber der Tabelle?

2 Bei der Wahl zum Sprecher der Tischtennisabteilung erhielten Frau Budde 3, Frau Krämer 5, Herr Pahl 8 und Frau Ruf 2 Stimmen. Veranschauliche das Wahlergebnis durch ein Kreisdiagramm.

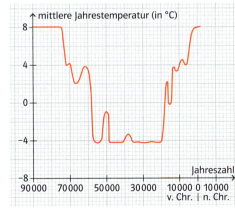

3 Eine 1-Cent-Münze wiegt 2,30 g, eine 2-Cent-Münze 3,06 g und eine 5-Cent-Münze 3,92 g.
a) Wie viel wiegen 8 ct mindestens, wie viel höchstens?
b) Übertrage die Tabelle in dein Heft und ergänze sie.

Geldbetrag (in ct)	1	2	3	4	5	6	7	8	9
Mindestgewicht (in g)									

4 Ein Futtervorrat für sechs Kühe reicht für 30 Tage. Nach zwei Wochen kommen zwei weitere Kühe hinzu, die versorgt werden müssen. Wann ist das Futter verbraucht?

VI Prozente und Zinsen

Steilste Straße der Welt!
(maximale Steigung 35%)

Das kannst du schon

- Anteile mithilfe von Brüchen und in Prozent angeben
- Zahlen in Prozent-, Bruch- und Dezimaldarstellung vergleichen
- Mit Brüchen und Dezimalbrüchen rechnen
- Dreisatzaufgaben für proportionale Zuordnungen lösen

Sicher ins Kapitel VI
Seite 208

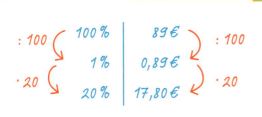

Das kannst du bald

- Mit Prozenten rechnen
- Grundaufgaben der Prozentrechnung lösen
- Zinsen berechnen

Erkundungen

Prozentgummi

Die Breite deines Mathematikbuches ist kleiner als die Länge des Mathematikbuches. Aber wie viel Prozent der Buchlänge entspricht der Buchbreite? Um dies zu bestimmen, kann man ein Prozentgummi verwenden.

→ Lerneinheit 3, Seite 180

Prozentgummi basteln
Für die Herstellung eines Prozentgummis benötigt ihr zunächst ein breites, mindestens 14 cm langes Gummiband. Schneidet das Gummiband auf und markiert anschließend wie im Foto auf dem Rand zehn Abschnitte der Länge 1 cm. An den beiden Enden sollten jeweils mindestens 2 cm zum Festhalten übrig bleiben. Beschriftet die Markierungen mit „0" bis „100" in 10er-Schritten, sodass eine Skala entsteht. Das Prozentgummi ist fertig.

Prozente messen
Haltet wie unten gezeigt das Prozentgummi so an zwei Mathematikbücher, dass die Skala (also 100 %) der gesamten Länge des Buches entspricht. Jetzt könnt ihr an der Skala ablesen, wie groß der Anteil der Breite in Prozent ist.
Messt in gleicher Form mit dem Prozentgummi, wie groß der Anteil
– der Länge des kleinsten Stiftes von der Länge des größten Stiftes in eurem Federmäppchen ist,
– der Länge eures Taschenrechners von der Länge eures Mathematikheftes ist.
Sucht weitere Gegenstände und bestimmt die Anteile der Längen in Prozent.
Im Foto mit dem Taschenrechner wird gezeigt, wie man die Länge einer Strecke bestimmen kann, sodass die Länge des Taschenrechners 70 % dieser Strecke beträgt. Bestimmt genauso eine Strecke, sodass die Länge eines Füllers 80 % bzw. 95 % von dieser Strecke beträgt.

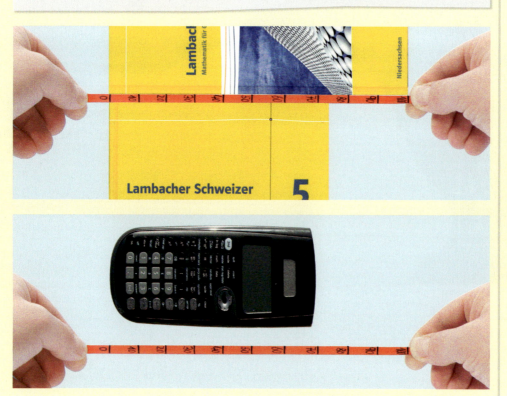

172

VI Prozente und Zinsen

Schnäppchen gesucht

Welche Angebote sind besonders günstig?
Sucht weitere Beispiele für Sonderangebote in Werbeanzeigen und Prospekten.

→ Lerneinheit 1, Seite 174

Prozente im Straßenverkehr

→ Lerneinheit 3, Seite 180

Schilder mit Prozenten
Gewinnt eine Straße wie in Fig. 1 gleichmäßig auf 100 Metern 15 Meter an Höhe, so sagt man, dass die Straße eine Steigung von 15 % hat.
Fertigt für die nicht maßstäblichen Skizzen aus Fig. 2 Straßenschilder an.
Fertigt für einen Straßenabschnitt mit einer Steigung von 100 % eine Skizze an.
Informiert euch über die Steigungen besonders steiler Passstraßen.

Steigungen selbst bestimmen
Neben Straßen und Wegen können auch Rampen, Bahnstrecken oder Treppen eine Steigung haben. Bestimmt die Steigung einer Treppe in Prozent.

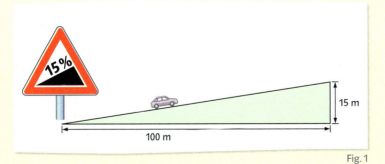

Fig. 1

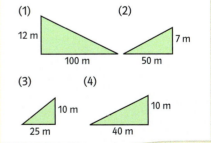

Fig. 2

Erkundungen

1 Prozente – Vergleiche werden einfacher

Till: „Ich habe gewonnen, denn ich habe die meisten Treffer."
Kim: „Nein, du hast verloren, denn du hast öfter geworfen als Daniela und ich."
Daniela: „Dann habe ich gewonnen, weil ich weniger Würfe hatte als ihr beiden."

Im Alltag findet man häufig Prozentangaben wie in Fig. 1. Dabei ist 20 % nur eine andere Schreibweise für $\frac{20}{100}$ (oder 0,20). Die Angabe „20 % billiger" in der Werbung für die Stiefmütterchen bedeutet: Man spart $\frac{20}{100}$ (oder das 0,20-Fache) vom normalen Preis.
Eine Prozentangabe ist also dasselbe wie ein Bruch mit dem Nenner 100. Man kann sie auch als Dezimalbruch schreiben.

Fig. 1

> Die **Prozentschreibweise** ist eine andere Schreibweise für Brüche mit dem Nenner 100.
> Beispiel: 15 % = $\frac{15}{100}$ = 0,15

Prozentangaben sind vorteilhaft, wenn man Anteile vergleicht, weil dann Brüche mit dem gleichen Nenner (100) verglichen werden. Man sieht z. B. sofort, dass 7 % mehr sind als 5 %, aber nicht, welcher der Brüche $\frac{3}{20}$ und $\frac{4}{25}$ größer ist.
Diese Brüche können mithilfe von Prozentangaben verglichen werden, indem man sie auf den Nenner 100 erweitert:

$\frac{3}{20} = \frac{15}{100}$ = 15 % und $\frac{4}{25} = \frac{16}{100}$ = 16 %.

Also ist der Bruch $\frac{4}{25}$ größer als $\frac{3}{20}$, denn 16 % sind mehr als 15 %.

Beispiel 1 Brüche in Prozentschreibweise umwandeln
Schreibe in Prozent.

a) $\frac{2}{5}$ b) $\frac{5}{4}$ c) $\frac{2}{3}$

Lösung

a) $\frac{2}{5} = \frac{40}{100}$ = 40 %   b) $\frac{5}{4} = \frac{125}{100}$ = 125 %   c) $\frac{2}{3}$ = 2 : 3 = 0,666… ≈ 66,7 %

Beispiel 2 Prozentangaben in Brüche umwandeln
Stelle als Bruch dar und kürze so weit wie möglich.
a) 35 %   b) 2,8 %   c) 120 %
Lösung

a) 35 % = $\frac{35}{100} = \frac{7}{20}$ b) 2,8 % = $\frac{2,8}{100} = \frac{28}{1000} = \frac{7}{250}$ c) 120 % = $\frac{120}{100} = \frac{6}{5}$

Beispiel 3 Vergleichen mithilfe von Prozentangaben
Anja und Tim üben Elfmeterschießen. Anja trifft bei 20 Schüssen 14-mal, Tim bei 25 Schüssen 17-mal. Gib die Trefferquoten in Prozent an und vergleiche.
Lösung
Anjas Trefferquote ist $\frac{14}{20} = \frac{70}{100} = 70\%$, Tims Trefferquote ist $\frac{17}{25} = \frac{68}{100} = 68\%$.
Anja hat die höhere Trefferquote.

Aufgaben

1 Gib in Prozent an. Rechne dabei im Kopf.

a) $\frac{7}{100}$ b) $\frac{27}{100}$ c) $\frac{3}{50}$ d) $\frac{47}{50}$ e) $\frac{1}{20}$ f) $\frac{4}{25}$

g) $\frac{3}{12}$ h) $\frac{3}{5}$ i) $\frac{21}{30}$ j) $\frac{50}{1000}$ k) $\frac{5}{1000}$ l) $\frac{3}{8}$

2 Schreibe als Bruch. Rechne dabei im Kopf und kürze wenn möglich.

a) 23% b) 10% c) 75% d) 99% e) 60% f) 72%
g) 11% h) 70% i) 120% j) 0,5% k) 35% l) 7,2%

3 Wie viel Prozent der Gesamtfläche sind jeweils gefärbt? Ordne die Anteile der Größe nach. Die Buchstaben können bei der Kontrolle eine Hilfe sein.

⊕ **Interaktives Üben**
Verschiedene Schreibweisen
37g6cn

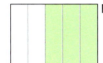

4 Gib in Prozentschreibweise an. Runde auf eine Dezimalstelle.

a) $\frac{9}{40}$ b) $\frac{45}{60}$ c) $\frac{3}{500}$ d) $\frac{475}{2000}$ e) $\frac{1}{6}$ f) $\frac{7}{9}$

g) $\frac{1}{30}$ h) $\frac{3}{7}$ i) $\frac{42}{30}$ j) $\frac{2}{3}$ k) 0,333 l) $1\frac{1}{5}$

Sich das zu merken, ist oft nützlich:
$\frac{1}{2} = 50\%$
$\frac{1}{3} = 33\frac{1}{3}\%$
$\frac{1}{4} = 25\%$
$\frac{1}{5} = 20\%$
$\frac{1}{8} = 12,5\%$
$\frac{1}{10} = 10\%$
$\frac{1}{1} = 100\%$
$\frac{2}{1} = 200\%$

5 Übertrage die Tabelle in dein Heft und ergänze die fehlenden Angaben.

	a)	b)	c)	d)	e)
Bruch	$\frac{1}{4}$			$\frac{3}{2}$	
Dezimalbruch			0,9		
Prozentangabe		64%			2,4%

6 Eine 100-g-Tafel Schokolade enthält 23 g Mandeln, ein 30-g-Knusperriegel enthält 7 g Mandeln. Bei welcher Süßigkeit ist der Anteil der Mandeln größer?

7 Schreibe die Sätze mit Prozentangaben.
a) Elf von hundert Niedersachsen waren 2010 zwischen 10 und 20 Jahre alt.
b) Von 100 Bergunfällen sind 50 Lawinenunglücke.
c) Ein Meisterschütze trifft bei zehn Schüssen neunmal ins Schwarze.
d) Von den rund 10 000 Eisbergen, die jährlich von Westgrönland ausgehen, driften 375 in den Nordatlantik und gefährden dort die Schifffahrt.

8 Welcher der beiden Anteile ist größer? Gib beide in Prozent an und vergleiche.
a) 3 von 5 oder 52 von 80   b) 9 von 12 oder 37 von 50   c) 9 von 10 oder 19 von 20

9 Welche Zahl ist größer?
a) 5% oder 8%   b) 20% oder $\frac{1}{4}$ c) 0,65 oder $\frac{5}{6}$ d) $\frac{4}{5}$ oder $\frac{7}{11}$ e) 5,6% oder 5,6   f) $\frac{9}{11}$ oder 99%

10 Petra hat von den 40 Seiten ihres Fotoalbums bereits 12 Seiten mit Bildern beklebt. Wie viel Prozent der Seiten sind noch leer?

Bist du schon sicher?

11 Gib den Anteil in Prozent an. Runde auf zwei Nachkommastellen.
a) 35 m vom 56 m   b) 120 € von 1920 €   c) 15 kg von 125 kg
d) $\frac{5}{16}$ Pizza   e) 5 von 11 Bussen   f) 6 von 33 Schulklassen

12 Sven wirft 30-mal auf einen Basketballkorb und trifft 19-mal, Svenja bei 20 Würfen 12-mal. Wer hat die höhere Trefferquote?

→ Lösungen | Seite 233

13 Die drei sechsten Klassen des Einstein-Gymnasiums werden von 90 Schülerinnen und Schülern besucht. Davon sind 30 in der 6 a und 32 in der 6 b. Bei der Klassensprecherwahl in der 6 a wurde Tanja mit 16 Stimmen, in der 6 b wurde David mit 17 Stimmen und in der 6 c wurde Steffi mit 15 Stimmen gewählt. Wer hatte den größten Stimmenanteil?

14 Wie viel Prozent der Gummibären in Fig. 1 sind rot (gelb, grün, blau)?

15 Stelle den Anteil wie rechts auf unterschiedliche Arten dar.
a) 10%   b) 20%   c) 30%
d) 40%   e) 60%   f) 100%

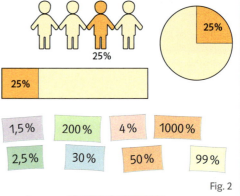

16 Welche der Prozentangaben in Fig. 2 könnte eher auf Ausverkaufsschildern vorkommen, welche eher bei einer Banken-Werbung? Erläutere.

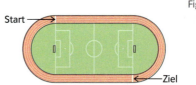

Fig. 2

17 Du läufst 1000 m auf einer 400-m-Rundbahn. Gib an, an welcher Stelle auf der Bahn du dich befindest, wenn du jeweils den auf den Schildern in Fig. 2 angegebenen Anteil der Strecke zurückgelegt hast.

18 👥 Erfinde zu der Angabe eine Aufgabe. Löse sie erst selbst und stelle sie dann deiner Partnerin oder deinem Partner. Erhaltet ihr dieselben Ergebnisse?
a) Niedersachsen hatte 2011 fast 8,0 Millionen Einwohner, davon waren gut 0,5 Millionen Ausländer.
b) Von den etwa 55 Millionen Kraftfahrzeugen in Deutschland sind etwa 5,5 Millionen in Niedersachsen zugelassen.

Fig. 1

Kannst du das noch?

19 Berechne.
a) 2,11 + 7,19   b) 3,5 – 4,2   c) 6 · 5,9   d) 3 : 0,6   e) 3,2 · 0,05   f) 0,36 : 0,09

→ vgl. Seite 44
Lösung | Seite 233

VI Prozente und Zinsen

2 Prozentsatz – Prozentwert – Grundwert

Tanja: „Wenn wir alle Lose unserer Tombola verkaufen, dann haben wir 100 € eingenommen."
Frank: „Das schaffen wir mit unserem Losverkauf schon, wenn wir die Lose für die Hälfte eures Preises verkaufen."

Eine Schule wird von 980 Schülern besucht, davon essen 294 Schüler mittags in der Mensa. Der Anteil der Schüler, die in der Mensa essen, kann in gewohnter Weise berechnet und anschließend in Prozent umgewandelt werden: $\frac{294}{980}$ = 294 : 980 = 0,3 = 30 %.

Bei dieser Berechnung nennt man
- den Zähler des Bruches (hier 294) **Prozentwert**,
- den Nenner des Bruches (hier 980) **Grundwert**,
- das Ergebnis der Rechnung (hier $\frac{294}{980}$ = 0,3 = 30 %) **Prozentsatz**.

Um den **Prozentsatz** auszurechnen, teilt man den **Prozentwert** durch den **Grundwert**.
Beispiel: Wenn bei einer Klassensprecherwahl auf Paul 7 von 20 Stimmen entfielen, sind das $\frac{7}{20} = \frac{35}{100}$ = 35 % aller Stimmen.

Prozentsatz
= $\frac{\text{Prozentwert}}{\text{Grundwert}}$

Beispiel 1 Ein Prozentsatz – verschiedene Prozentwerte und Grundwerte
Gib zu der Werbung „Ausverkauf – unsere Schuhe kosten nur noch 60 % des alten Preises" je zwei mögliche Prozentwerte und zugehörige Grundwerte an. Schreibe dazu Antwortsätze auf.
Lösung
Prozentwert: 60 €; Grundwert: 100 €. Die Schuhe kosten jetzt 60 € statt bisher 100 €.

Begründung: $\frac{60}{100}$ = 60 %

Prozentwert: 48 €; Grundwert: 80 €. Der alte Preis der Schuhe war 80 €, der neue ist 48 €.

Begründung: $\frac{48}{80}$ = 60 %

Beispiel 2 Vergleichen von Prozentsätzen
Das Lise-Meitner-Gymnasium (LMG) wird von 720 Kindern und Jugendlichen besucht, davon sind 380 Mädchen. Das Willy-Brandt-Gymnasium (WBG) besuchen 275 Mädchen und 265 Jungen.
Bei welcher Schule ist der Mädchenanteil größer?
Lösung
LMG:
Grundwert: 720; Prozentwert: 380; also Prozentsatz: $\frac{380}{720}$ = 380 : 720 ≈ 52,8 %
WBG:
Grundwert: 275 + 265 = 540; Prozentwert: 275; also Prozentsatz: $\frac{275}{540}$ = 275 : 540 ≈ 50,9 %
Am LMG ist der Mädchenanteil etwas größer als am WBG.

177

Aufgaben

1 a) Übertrage die Tabelle ins Heft und ergänze in einer dritten Zeile den Prozentsatz, den du im Kopf berechnet hast.

Prozentwert	5	5	5	30	12	50	2	7	14	1	37
Grundwert	10	20	25	40	40	40	40	35	35	8	37

b) Gib zu dem Prozentsatz 20 % je zwei mögliche Prozentwerte und zugehörige Grundwerte an.

2 Bei welchem Lebensmittel ist der prozentuale Anteil der Kohlenhydrate am größten?

Kirschen
in 500 g:
insgesamt
65 g Kohlenhydrate

Orangen
in 150 g:
insgesamt
13,8 g Kohlenhydrate

Nudeln
in 500 g:
insgesamt
360 g Kohlenhydrate

3 a) Gegeben sind der Prozentwert mit W und der Grundwert mit G. Berechne den Prozentsatz.
(1) W = 18 und G = 120   (2) W = 1,5 und G = 2,5   (3) W = 0,31 und G = 3,2
(4) W = 57 und G = 60   (5) W = G   (6) W ist halb so groß wie G.
b) Formuliere zu (1) bis (3) in Teilaufgabe a) jeweils eine weitere Aufgabe, die den gleichen Prozentsatz liefert.

4 a) Zähle, wie oft der Buchstabe „e" in dem Text auf dem Rand vorkommt. Lass deinen Partner die Anzahl der „n" zählen. Kontrolliert eure Ergebnisse gegenseitig.
b) Berechnet, zu wie viel Prozent die Buchstaben „e" und „n" in dem Text auf dem Rand auftauchen. Berechnet auch die Anteile für andere Buchstaben.
c) Sucht selbst einen Text aus und bestimmt die Anteile, mit denen bestimmte Buchstaben auftreten. Vergleicht die Prozentsätze bei verschiedenen Texten.

> Hier habt ihr einen Satz, bei dem ihr zählen könnt, wie häufig verschiedene Buchstaben vorkommen.

5 Um wie viel Prozent ist die obere Zahl größer als die untere Zahl? Um wie viel Prozent ist die untere Zahl kleiner als die obere Zahl?

	a)	b)	c)	d)	e)	f)
	15	6	12	1,1	1,3	1250
	10	5	9	1	1,25	500

6 Auf einer Internetseite fand sich folgende Angabe: Mindestens 16 Millionen Bundesbürger sind Linkshänder, das sind 20 bis 30 Prozent der Deutschen.
a) Was ist bei dieser Angabe bekannt – Prozentwert, Grundwert oder Prozentsatz?
b) Überprüfe die Prozentangabe, falls man von 80 Millionen Bundesbürgern ausgeht.
c) Trifft die Prozentangabe auch in deiner Klasse zu?

Bist du schon sicher?

7 a) Kira hat im Diktat von 150 Wörtern nur 6 falsch geschrieben. Wie viel Prozent der Wörter sind dies?
b) Im Vokabeltest hat Tim von 24 Wörtern 3 nicht gewusst. Wie viel Prozent der Wörter hat er gewusst?

8 In der Klasse 6 a sind von 30 Schülerinnen und Schülern 12 Einzelkinder. In der Klasse 6 b haben von 15 Mädchen und 13 Jungen insgesamt 21 Schülerinnen und Schüler Geschwister. In welcher der beiden Klassen ist der Anteil an Einzelkindern größer?

→ Lösungen | Seite 233

178

9 Übertrage die Tabelle ins Heft und ergänze.

	a)	b)	c)	d)	e)	f)
Prozentwert	8	9	18	18		
Grundwert	10	25	40		50	
Prozentsatz				100 %	25 %	50 %

10 Gib zu dem Prozentsatz mögliche Werte für Prozentwert und Grundwert an.
a) Daniel erhält eine Taschengelderhöhung von 20 Prozent.
b) Im Schlussverkauf werden Jeans um 40 Prozent reduziert angeboten.
c) Eine Spielshow im Fernsehen hatte am Samstag eine Einschaltquote von 12 Prozent.

11 Vervollständige den Satz und erläutere an einem Beispiel.
a) Bei gleichem Grundwert ist der Prozentsatz umso größer, je … der Prozentwert ist.
b) Bei gleichem Prozentwert ist der Prozentsatz umso größer, je … der Grundwert ist.

12 a) Lies den Zeitungsartikel und gib in Prozent an,
– wie viele Schüler Angst haben, anderen bei Gewaltübergriffen zu helfen,
– wie viele schon mal angegriffen wurden und
– wie viele sagen, dass die Mitschüler bei Gewalt wegsehen.
Vergleiche die Angaben.
b) Wie viele Schüler sind dies jeweils bei der durchgeführten Umfrage?

> **Jeder dritte Schüler hat Angst**
> **München** Jeder dritte Schüler hat Angst vor Gewalt an der Schule, jeder fünfte wurde dort selbst schon einmal angegriffen. Das ergab eine Umfrage unter 1000 Schülern in Deutschland im Alter von 12 bis 17 Jahren, die ein Meinungsforschungsinstitut durchführte. Weitere Ergebnisse: Jeder dritte Schüler hat Angst, dem Opfer eines Angriffs zu helfen. Jeder vierte meint, dass seine Mitschüler bei Gewalt wegsehen.

13 Was sind Prozentsatz, Prozentwert und Grundwert bei folgenden Angaben?

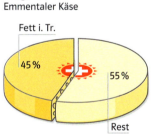

Fettgehalt beim Emmentaler Käse

Fig. 1

Fig. 2

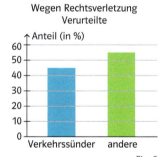

Wegen Rechtsverletzung Verurteilte

Fig. 3

Kannst du das noch?

14 Die in Fig. 4 bis 6 blau eingezeichneten Geraden sind Symmetrieachsen der Figuren.
a) Welche Strecken und Winkel sind aufgrund der Symmetrie gleich groß?
b) Haben die Figuren noch weitere Symmetrieachsen oder liegt eine Punktsymmetrie vor?
c) Haben die Figuren besondere Namen?

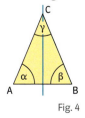

Fig. 4 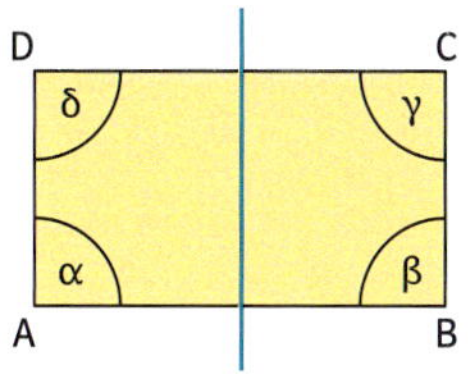   Fig. 5 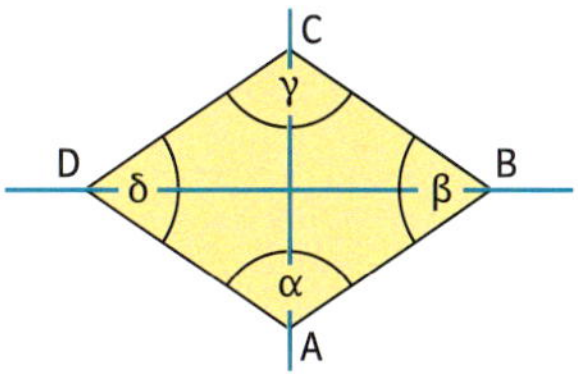   Fig. 6

vgl. Seiten 211 und 212
Lösung | Seite 233

3 Grundaufgaben der Prozentrechnung

Sind die Angaben korrekt bzw. vollständig?

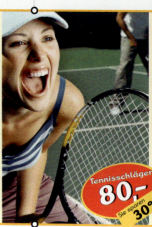

Ein Computer kostet 700 €. Elektro-Jupiter bietet das Gerät um 5 % billiger an, PC-Müller sogar um 15 % reduziert. Bei Elektro-Jupiter ist der Computer also um 35 € günstiger, bei PC-Müller um 105 €. Somit sind bei gleichem Grundwert (hier 700 €) Prozentsatz (hier 5 % bzw. 15 %) und Prozentwert (hier 35 € bzw. 105 €) zueinander proportional.

Kennt man den Grundwert und den Prozentwert, so lässt sich damit der Prozentsatz berechnen.

Im Folgenden wird gezeigt, wie man den Prozentwert bzw. den Grundwert bestimmt, wenn man jeweils die anderen beiden Werte kennt. Da es sich hierbei um eine proportionale Zuordnung handelt, lässt sich als Rechenverfahren der Dreisatz benutzen.

gegeben: Grundwert und Prozentsatz
gesucht: Prozentwert
Gegeben sind der Grundwert 300 und der Prozentsatz 20 %. Da der Grundwert 300 dem Prozentsatz 100 % entspricht, kann man den Prozentwert mit folgender Dreisatz-Rechnung bestimmen:

$:100 \Big(\begin{array}{c} 100\,\%\text{ entsprechen } 300. \\ 1\,\%\text{ entspricht } 3. \\ 20\,\%\text{ entsprechen } 60. \end{array}\Big) :100$
$\cdot 20 \qquad\qquad\qquad\qquad\qquad\qquad \cdot 20$

kurz:
$300 : 100 \cdot 20 = 3 \cdot 20 = 60$
Also ergeben 20 % von 300 den Prozentwert 60.

gegeben: Prozentwert und Prozentsatz
gesucht: Grundwert
Gegeben sind der Prozentsatz 34 % und der Prozentwert 255. Dem Prozentsatz 34 % entspricht also der Wert 255. Da dem Prozentsatz 100 % der gesuchte Grundwert entspricht, kann man den Grundwert mit folgender Dreisatz-Rechnung bestimmen:

$:34 \Big(\begin{array}{c} 34\,\%\text{ entsprechen } 255. \\ 1\,\%\text{ entspricht } 7{,}5. \\ 100\,\%\text{ entsprechen } 750. \end{array}\Big) :34$
$\cdot 100 \qquad\qquad\qquad\qquad\qquad\qquad \cdot 100$

kurz:
$255 : 34 \cdot 100 = 7{,}5 \cdot 100 = 750$
Also beträgt der Grundwert 750.

> **Grundaufgaben der Prozentrechnung**
> Wenn von Prozentwert, Grundwert und Prozentsatz zwei Werte gegeben sind, lässt sich der fehlende dritte Wert immer mithilfe des Dreisatzes berechnen.

Beispiel 1 Prozentwert bestimmen
Von den 960 Schülerinnen und Schülern des Mozart-Gymnasiums spielen 35% mindestens ein Musikinstrument. Wie viele Schülerinnen und Schüler sind das?

Lösung
gegeben: Grundwert 960 und Prozentsatz 35% = 0,35
gesucht: Prozentwert
Mit dem Dreisatz erhält man:

$$\begin{array}{c} 100\% \text{ entsprechen } 960. \\ :100 \downarrow \qquad \qquad \downarrow :100 \\ 1\% \text{ entspricht } 9,6. \\ \cdot 35 \downarrow \qquad \qquad \downarrow \cdot 35 \\ 35\% \text{ entsprechen } 336. \end{array}$$

kurz: 960 : 100 · 35 = 336
336 Schülerinnen und Schüler spielen mindestens ein Musikinstrument.

Beispiel 2 Grundwert bestimmen
Auf der Rechnung für ein Fernsehgerät (Fig. 1) ist nur der Endpreis mit Mehrwertsteuer (MwSt.) angegeben. Wie teuer ist das Fernsehgerät ohne Mehrwertsteuer?

Lösung
Der Grundwert ist der Preis ohne Mehrwertsteuer (100%). Der Endpreis ist der Preis ohne Steuer (100%) plus Mehrwertsteuer (19%). Also entspricht der Endpreis von 449,90 € dem Prozentsatz 119%.
gegeben: Prozentwert 449,90 € und Prozentsatz 100% + 19% = 119% = 1,19
gesucht: Grundwert
Mit dem Dreisatz erhält man:

$$\begin{array}{c} 119\% \text{ entsprechen } 449{,}90\,€. \\ :119 \downarrow \qquad \qquad \downarrow :119 \\ 1\% \text{ entspricht } \frac{449{,}90\,€}{119}. \\ \cdot 100 \downarrow \qquad \qquad \downarrow \cdot 100 \\ 100\% \text{ entsprechen } \frac{449{,}90\,€}{119} \cdot 100 \approx 378{,}07\,€. \end{array}$$

kurz: 449,90 € : 119 · 100 = 449,90 € : 1,19 ≈ 378,07 €
Der Fernseher kostet ohne Mehrwertsteuer 378,07 €.

Stromer & Co.
Rechnung
Nr. 01380722   13.03.2013
Fernseher
Preis inkl.
19% MwSt.   449,90 €
Wir danken Ihnen für den Auftrag.

Fig. 1

Bei Geldbeträgen muss man auf zwei Nachkommastellen runden.

Info

Bauernregeln
Mithilfe der nebenstehenden Abbildung kann man sich merken, wie man die Grundaufgaben der Prozentrechnung löst. Hierbei steht W für den Prozentwert, p für den Prozentsatz und G für den Grundwert.
Deckt man den gesuchten Wert ab, so kann man leicht erkennen, wie man rechnen muss.

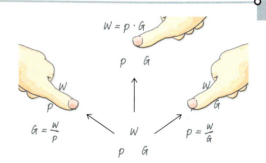

Aufgaben

1 Berechne.
a) 20% von 72
b) 9% von 700
c) 1,5% von 2345
d) 16% von 450 €
e) 99% von 620 €
f) 0,15% von 400 kg
g) 0,4% von 18 ha
h) 110% von 2 dm³

Bei einigen Aufgaben dieser Lerneinheit ist ein Taschenrechner hilfreich.

2 a) Welche Zahl ist um 6% größer als 100 (200, 500, 10 000)?
b) Welche Zahl ist um 85% kleiner als 100 (200, 500, 10 000)?

3 Ersetze den Prozentsatz durch einen gekürzten Bruch. Berechne damit den Prozentwert.
a) 10% von 75 €
b) 25% von 280 €
c) 50% von 620 km
d) 20% von 80 m
e) 75% von 240 kg
f) 40% von 360 kg
g) 60% von 80 cm
h) 90% von 40 km

4 Übertrage die Tabelle in dein Heft. Berechne den Prozentwert.

a)

	800	92	3,5	7100
5%	40			
9%				
15%				
45%				

b)

	20	70	0,8	13
7%			0,056	
0,7%				
14%				
77%				

5 Berechne den Grundwert.

	a)	b)	c)	d)	e)	f)	g)	h)	i)	j)
Prozentsatz	50%	25%	10%	5%	1%	5,3%	1,5%	5%	1,2%	125%
Prozentwert	100	40	33	5	22	44	123	1,75	12	120

6 Übertrage die Tabelle in dein Heft und fülle sie aus.

	a)	b)	c)	d)	e)	f)	g)	h)	i)	j)
Prozentsatz	4%	4%	4%	8%	16%	3%	6%	9%	10%	11%
Prozentwert										
Grundwert	12	6	18	24	3	23	23	23	23	12

	k)	l)	m)	n)	o)	p)	q)	r)	s)	t)
Prozentsatz						23%	23%	23%	24%	25%
Prozentwert	4	2	2	2	1	134	268	67	134	134
Grundwert	100	50	25	12,5	12,5					

7 a) Ein MP3-Player, der 49,99 € kostet, wird um 20% reduziert. Wie viel kostet er jetzt?
b) Ein anderer MP3-Player ist um 25% reduziert und kostet jetzt 41,24 €. Wie viel hat dieses Gerät ursprünglich gekostet?

8 a) Ein Händler erhöht den Einkaufspreis einer Ware um 20%. Die Ware kostet dann 150 €. Wie hoch ist der Einkaufspreis?
b) Der Preis einer Ware wird um 20% gesenkt. Die Ware kostet dann 150 €. Wie teuer war sie vor der Preissenkung?

9 Von 1998 bis 2004 stieg die Schülerzahl an Gymnasien in Niedersachsen um etwa 58,6% auf rund 231 000. Wie viele Gymnasiasten gab es 1998 etwa?

10 Silkes Eltern ärgern sich, weil die Miete um 18% erhöht worden ist. Jetzt müssen sie monatlich 802,40 € bezahlen. Wie hoch war die Miete vor der Erhöhung?

11 a) Am 11. Mai 2009 kostete eine Unze Gold 672 €. 14 Tage später war der Preis um 3,3% gestiegen. Wie viel kostete eine Unze dann?
b) Im Juni 2009 sank der Goldpreis um rund 6% und lag am 30. Juni 2009 bei 650 € pro Unze. Wie hoch war er Anfang Juni?
c) Im Juli 2009 erholte sich der Goldpreis wieder und stieg von 650 € auf 670 €. Gib den Preisanstieg in Prozent an.

Das gängige Handelsgewicht für Gold an der Börse ist eine (Fein-)Unze.
1 Unze ≈ 31,1 g

182

12 a) Berechne 35% von 95 kg.
b) Wie viel Prozent sind 132 km von 400 km?
c) 75% eines Geldbetrages sind 24 €. Wie groß ist der Geldbetrag?

13 Im Ausverkauf kostet eine Uhr statt 145 € nur noch 89,90 €. Wie viel Prozent spart man? Wie viel Prozent teurer ist eine Uhr, deren Preis von 98 € auf 151,90 € erhöht wird?

14 Ein Bauteil kostet mit 19% Mehrwertsteuer 38,08 €. Wie viel kostet es ohne MwSt.?

Lösungen | Seite 233

15 Familie Mund braucht einen neuen Kühlschrank.
a) Herr Mund bekommt einen Tipp von einem Kollegen. Beim Großhandel Jehle gibt es 30% Ermäßigung auf die unverbindliche Preisempfehlung des Herstellers von 369 €. Es muss allerdings noch die Mehrwertsteuer von 19% hinzugerechnet werden.
b) Frau Mund erkundigt sich im Fachgeschäft Jörgens. Dort kostet derselbe Kühlschrank 309,99 €. Bei Barzahlung gibt es außerdem 2% Nachlass. Wie viel kostet der Kühlschrank bei Barzahlung? Vergleiche mit dem Preis aus Teilaufgabe a).

16 Ein Fahrrad hat einen empfohlenen Verkaufspreis von 399 €.
Vergleiche die Preisangebote.
a) 15% Preisnachlass, zuzüglich 19% MwSt. b) 19% Preisnachlass, zuzüglich 19% MwSt.
c) kein Rabatt, Preis einschließlich MwSt. d) 380 €, zuzüglich 19% MwSt.

17 Eine Kaufhauskette wirbt mit Preisnachlässen.
a) Wie viel Prozent beträgt der neue Preis vom alten Preis?
b) Lisa meint: „Bei dem Angebot mit dem alten Preis 1,22 € spart man am meisten!" Was meinst du dazu?

18 Durch Zusammenschmelzen verschiedener Metalle entsteht eine Legierung. Messing ist eine Legierung aus Kupfer und Zink. Wie viel Messing mit 65% Kupfer und 35% Zink kann man herstellen, wenn
a) genügend Kupfer, aber nur 8,4 kg Zink,
b) 14 kg Kupfer und 6 kg Zink
vorhanden sind?

19 Meerwasser hat einen Salzgehalt von 3,5%, d.h., in 100 g Meerwasser sind 3,5 g Salz enthalten.
a) Der menschliche Geschmackssinn kann Wasser mit 0,25% Salzgehalt gerade noch als salzig wahrnehmen. Wie viel reines Wasser muss man zu 1 kg Meerwasser hinzufügen, um den Salzgehalt auf 0,25% zu senken?
b) Auf den Kanarischen Inseln wird an manchen Orten aus Meerwasser durch Verdunsten Salz gewonnen. Aus wie viel Kilogramm Meerwasser erhält man 1 kg Salz?

20 a) Übertrage die abgebildete Rechnung in dein Heft und ergänze die fehlenden Beträge bzw. Prozentsätze.
b) Beim Autohaus Sauter kostet ein Winterrad mit Mehrwertsteuer 95 €, die Montage kostet ohne Mehrwertsteuer 13 € pro Rad. Außerdem gewährt die Firma Sauter bei Barzahlung einen Preisnachlass von 3 %.
Schreibe eine Rechnung wie in Teilaufgabe a) und vergleiche.

Sayler Reifen + Autoservice
Rechnung 4519963

Menge	Bezeichnung	Preis	Summe
4	Reifenmontage	14,20 €	
4	Winterräder		326,36 €
1	Umsatzsteuer 19 %		
	Summe		
	Nachlass Barzahlung ■ %		9,12 €
	zu zahlen		

Nach ca. 50 km Radmuttern auf festen Sitz prüfen!

21 Die Nahrung besteht aus einer Reihe von Inhaltsstoffen. Die größte Gruppe sind die Energie liefernden Nährstoffe Fett, Eiweiß und Kohlenhydrate.
Dabei liefern 1 g Kohlenhydrate und 1 g Eiweiß jeweils etwa 4 Kilokalorien (kcal) Energie sowie 1 g Fett 9 kcal. Der Mensch sollte etwa 60 % seiner Energie über Kohlenhydrate, 30 % über Fett und 10 % über Eiweiß aufnehmen.
a) Wie viel Gramm Kohlenhydrate (Fett, Eiweiß) sollte ein Mensch zu sich nehmen, wenn der Tagesbedarf insgesamt rund 2000 kcal beträgt?

	Eiweiß	Fett	Kohlenhydrate
Müsli	7 %	19 %	44 %
Marmelade	–	–	29 %
Schweinefleisch	18 %	21 %	–
Salami	17 %	47 %	–
Kabeljau	17 %	–	1 %
Vollkornbrot	7 %	1 %	46 %
Kartoffeln	2 %	–	19 %
Äpfel	–	–	12 %
Erdnüsse	27 %	47 %	19 %

b) Berechne, welcher Anteil des Tagesbedarfs an den einzelnen Nährstoffen gedeckt ist, wenn man ein Schweineschnitzel (180 g) mit 250 g Kartoffeln isst.
c) Ergänze die Mahlzeit aus Teilaufgabe b) mit den angegebenen Nahrungsmitteln so, dass der Tagesbedarf komplett gedeckt ist.

22 100 g ungekochte italienische Spaghetti enthalten 11,7 g Eiweiß, 73,7 g Kohlenhydrate und 1,4 g Fett. Werden die Spaghetti gekocht, so enthalten 100 g Spaghetti 4,2 g Eiweiß, 25,5 g Kohlenhydrate und 0,5 g Fett.
a) Um wie viel Prozent verringern sich die Anteile der Nährwerte beim Kochen? Warum?
b) Sina und Tom essen zusammen eine Riesenportion Spaghetti. Dabei nehmen sie insgesamt 102 g Kohlenhydrate zu sich. Wie viel Gramm Spaghetti „verdrücken" beide?

23 👥 **Schnelle Prozente – ein Spiel für zwei**
Zur Vorbereitung müsst ihr drei verschiedene Sorten Spielkarten basteln. Ihr braucht
– sechs Karten, bei denen eine Seite rot angemalt ist und auf der anderen Seite ein Prozentsatz steht (5 %, 7 %, 15 %, 25 %, 80 %, 120 %),
– zehn Karten, bei denen eine Seite blau ist und auf der anderen Seite Größen stehen (120 €, 47 ct, 12,6 km, 223 cm, 5,6 dm, 576 g, 27 kg, 1,56 t, 48 min, 3 h 56 min),
– zwei Karten, bei denen eine Seite grün angemalt ist und auf der anderen Seite Prozentwert bzw. Grundwert steht.
Und so wird gespielt:
– Beide Spieler ziehen jeweils eine Karte von jeder Farbe.
– Dann rechnet jeder Spieler seine Aufgabe. Die grüne Karte zeigt an, wie die Angabe auf der blauen Karte zu verstehen ist.
– Wer zuerst fertig ist und richtig gerechnet hat, bekommt einen Punkt.
– Ist ein Spieler zuerst fertig, hat aber falsch gerechnet, so gibt es einen Punkt Abzug.
– Gewonnen hat der Spieler, der zuerst fünf Punkte gesammelt hat.

24 👥👥👥 Führt eine Umfrage durch. Zunächst müsst ihr euer Vorgehen planen. Möglich ist z. B., dass jeder von euch zehn Schülerinnen und Schüler eurer Schule fragt. Die Fragen müsst ihr euch vorher überlegen, z.B. zu Themen wie:

Erstellt einen Fragebogen, der möglichst kurz ist. Eine Umfrage sollte für einen Befragten möglichst nicht länger als eine Minute dauern. Sammelt die Ergebnisse und stellt sie in einer Tabelle und in einem Kreisdiagramm mit Prozentangaben dar.

25 Stelle eine passende Frage und berechne – falls möglich – den fehlenden der drei Werte Prozentsatz, Prozentwert und Grundwert.
a) Die deutsche Grenze ist insgesamt 3757 km lang. Davon hat die Grenze mit Frankreich eine Länge von 448 km.
b) Die Ausgaben pro Schüler eines Gymnasiums betrugen 2009 in Deutschland durchschnittlich 6200 €. Betrachtet man alle öffentlichen Schulen, so kam man auf durchschnittlich 5500 € pro Schüler.
c) Im Schuljahr 2011/2012 waren in Niedersachsen etwa 68 900 Lehrer beschäftigt, das waren etwa 10,29 % der Lehrer in Deutschland. Zum Vergleich: Der Bevölkerungsanteil von Niedersachsen an der deutschen Gesamtbevölkerung betrug etwa 9,67 %.
d) Im Jahre 2011 lebten in Deutschland 81,84 Millionen Menschen, davon waren 40,21 Millionen männlich. Der Anteil ausländischer Bewohner lag bei 9,1 %, davon waren 1,61 Millionen Türken.
e) Die Erde ist etwa 150 Millionen km von der Sonne entfernt, der Abstand des Jupiters beträgt etwa 520 % des Erdabstandes.

26 👥👥 Überprüft, ob die in dem Zeitungsartikel genannten Prozentangaben auch für eure Klasse (Schule) zutreffen. Etwa ein Sechstel der Bundesbürger ist unter 15 Jahre alt.

27 👥👥 Finde je eine Aufgabe mit den Werten aus der Wolke, sodass
  – der Grundwert berechnet werden muss,   – der Grundwert möglichst groß/klein ist,
  – der Prozentwert berechnet werden muss, – der Grundwert nahe bei 30 € liegt,
  – der Prozentsatz berechnet werden muss, – …
Notiere die Aufgabe und das Ergebnis getrennt und lasse deinen Partner überprüfen.

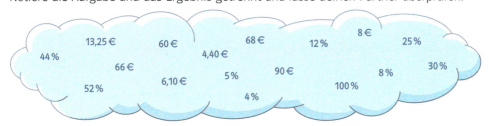

> Eine Brille tragen nahezu zwei Drittel der Erwachsenen in Deutschland. In den vergangenen drei Jahren stieg der Anteil der Brillenträger an der erwachsenen Bevölkerung von 61 auf 63 Prozent, wie die von einem Demoskopie-Institut vorgestellte „Brillenstudie" ergab. Das sind fast 40 Millionen Menschen ab 16 Jahren. Bei den Kindern unter 15 Jahren seien 1,6 Millionen Brillenträger.
>
> Frankfurter Allgemeine Zeitung

Kannst du das noch?

28 Der Turnverein macht einen Ausflug. Hierfür stehen 720 € zur Verfügung.
a) Wie viel Geld steht pro Person zur Verfügung, wenn 20 (30, 36) Mitglieder teilnehmen und die 720 € vollständig aufgebraucht werden?
b) Stelle die Zuordnung *Anzahl der Mitglieder → Geld pro Person (in €)* in einer Tabelle dar. Um welche Art von Zuordnung handelt es sich?

vgl. Seite 156
Lösung | Seite 234

4 Problemlösen am Beispiel der Prozentrechnung

Jakob: „Hey, die Jeans im Kleiderladen sind jetzt schon zum zweiten Mal um 50 % reduziert worden."
Robin: „Oh, super! Dann kosten sie ja jetzt gar nichts mehr."

Wenn man ein Problem nicht sofort lösen kann, ist es sinnvoll, schrittweise vorzugehen. Dies wird an folgender Situation verdeutlicht: Ina und Andy kaufen vier Schokoladeneier, zwei Packungen Salzstangen und eine Packung Gebäck. Sie freuen sich über die ermäßigten Preise (Fig. 1). „Wie viel Prozent haben wir jetzt gespart?", will Andy wissen.

1 **Verstehen der Aufgabe**
Was ist gegeben?
Es sind die neuen Preise und die Ersparnisse gegenüber dem alten Preis in % gegeben.
Was ist gesucht?
Wie viel Prozent des alten Preises beträgt die Einsparung?

2 **Zerlegen in Teilprobleme**
Rechenplan erstellen
(I)   Rechne für jeden Artikel den alten Preis aus.
(II) Rechne den Gesamtpreis für alte und neue Preise aus.
(III) Berechne die Ersparnis in €.
(IV) Berechne die Ersparnis in %.

3 **Rechenplan durchführen**
Teilaufgaben ausrechnen und Zwischenergebnisse notieren
(I) *Alter Preis der Schokoladeneier:*
Gegeben sind der Prozentsatz 100 % − 15 % = 85 % und der Prozentwert 0,39 €.
Gesucht ist der Grundwert. Man erhält ihn mit dem Dreisatz:

$$\begin{array}{r} :85\left(\begin{array}{c} 85\,\%\text{ entsprechen }0{,}39\,\text{€}. \\ 1\,\%\text{ entspricht }\frac{0{,}39\,\text{€}}{85}. \\ 100\,\%\text{ entsprechen }0{,}46\,\text{€}. \end{array}\right):85 \\ \cdot 100 \qquad\qquad\qquad\qquad\qquad\qquad \cdot 100 \end{array}$$

Für die anderen alten Preise erhält man: 1,24 € für Salzstangen und 3,99 € für Gebäck.
(II) *Gesamtpreis des Einkaufs:*
alt: 4 · 0,46 € + 2 · 1,24 € + 3,99 € = 8,31 €   neu: 4 · 0,39 € + 2 · 0,99 € + 2,99 € = 6,53 €
(III) *Ersparnis in Euro:*
Es wurden 8,31 € − 6,53 € = 1,78 € gespart.
(IV) *Ersparnis in Prozent:*
Der eingesparte Betrag 1,78 € ist jetzt der Prozentwert und 8,31 € der Grundwert.
Gesucht ist der Prozentsatz: $\frac{1{,}78}{8{,}31} \approx 0{,}214 = 21{,}4\,\%$.

4 **Rückschau und Antwort**
Kann das Ergebnis richtig sein?
Das Ergebnis 21,4 % liegt zwischen der größten und kleinsten in der Werbung genannten Einsparung. Der teuerste Artikel bringt die größte Einsparung. Das Ergebnis kann also stimmen.
Antwortsatz: Ina und Andy sparen etwa 21,4 % des alten Preises.

Schokoladenei
15 % billiger als unser alter Preis!

Stück -,39 €

Gebäck
25 % billiger als unser alter Preis!
500 g 2,99 €

Salzstangen
20 % billiger als unser alter Preis!

250 g -,99 €

Fig. 1

186

Diese Vorgehensweise kann man gut auf andere Aufgabenstellungen übertragen. Wichtig ist hierbei, dass man zuerst die Informationen aus dem Text sammelt, die zur Lösung des Problems benötigt werden. Dann sollte man überlegen, welche Schritte in welcher Reihenfolge notwendig sind, um die Lösung des Problems zu erhalten. Bevor man die gefundene Lösung präsentiert, sollte man überprüfen, ob das Ergebnis stimmen kann. Durch ein solches Vorgehen wird das Lösen von zunächst schwierig erscheinenden Sachaufgaben wesentlich erleichtert.

Schrittweises Lösen von Problemen

1. Verstehen der Aufgabe
Was ist gegeben?
Was ist gesucht?

2. Zerlegen in Teilprobleme
Rechenplan erstellen
Wie ist die Rechenreihenfolge?

4. Rückschau und Antwort
Ergebnis überprüfen und
Antwortsatz formulieren

3. Rechenplan durchführen
Teilaufgaben ausrechnen und
Zwischenergebnisse notieren

Der Mathematiker George Pólya (1887–1985) hat sich intensiv mit dem Lösen von mathematischen Problemen befasst und die Idee des Vier-Stufen-Kreislaufes entwickelt. Der zentrale Gedanke ist, sich mithilfe von Fragen der Lösung einer Aufgabe zu nähern.

Beispiel Schrittweises Lösen
70 % der Deutschen machen jedes Jahr ein- oder zweimal Urlaub, drei Viertel davon benutzen dafür das Auto. Deutschland hat etwa 82 Millionen Einwohner.
Auf Deutschlands Straßen fahren zurzeit etwa 43 Millionen Autos, die Zunahme wird auf 40 % bis zum Jahr 2030 geschätzt.
Wie viele Deutsche benutzen das Auto, um in den Urlaub zu fahren?

Lösung
1. Verstehen der Aufgabe
Nur einige Informationen aus dem Text werden benötigt.
gegeben: Es gibt 82 Millionen Deutsche, 70 % der Deutschen fahren in den Urlaub, $\frac{3}{4}$ der deutschen Urlauber benutzen das Auto.
gesucht: die Anzahl der Deutschen, die mit dem Auto in den Urlaub fahren
2. Zerlegen in Teilprobleme
Berechne die Anzahl der Deutschen, die jedes Jahr Urlaub machen.
Wie viele davon benutzen das Auto?
3. Rechenplan durchführen
gegeben: Grundwert 82 000 000 und Prozentsatz 70 % = 0,7
gesucht: Prozentwert
Mit dem Dreisatz erhält man:

100 % entsprechen 82 000 000.
:100 ↓   ↓ :100
  1 % entspricht 820 000.
·70 ↓   ↓ ·70
  70 % entsprechen 57 400 000.

kurz: 82 000 000 : 100 · 70 = 82 000 000 · 0,7 = 57 400 000
Etwa 57 400 000 Deutsche fahren jedes Jahr in den Urlaub.
gegeben: neuer Grundwert 57 400 000 und neuer Prozentsatz $\frac{3}{4}$ = 75 %
gesucht: neuer Prozentwert
Mit dem Dreisatz erhält man:

100 % entsprechen 57 400 000.
:100 ↓   ↓ :100
  1 % entspricht 574 000.
·75 ↓   ↓ ·75
  75 % entsprechen 43 050 000 ≈ 43 000 000.

kurz: 57 400 000 : 100 · 75 = 57 400 000 · 0,75 = 43 050 000 ≈ 43 000 000
4. Rückschau und Antwort
Das Ergebnis beträgt etwa die Hälfte der Einwohnerzahl, das kann stimmen.
Antwortsatz: Etwa 43 Millionen Deutsche fahren mit dem Auto in den Urlaub.

4 Problemlösen am Beispiel der Prozentrechnung

Aufgaben

1 Ermittle mithilfe des Aufgabentextes im Beispiel von Seite 187, wie viele Autos im Jahre 2030 auf deutschen Straßen etwa fahren werden.

Bei einigen Aufgaben ist der Taschenrechner hilfreich.

2 Wie viel Prozent spart Frau Schön im Vergleich mit dem alten Preis, wenn sie
a) ein Armband und ein Collier,
b) für ihre drei Töchter je ein Armband,
c) für zwei ihrer Töchter ein Armband und für die dritte Tochter ein Collier
kauft?

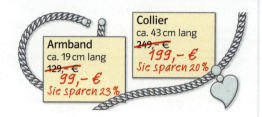

3 Eine Kücheneinrichtung hat einen Grundpreis von 4800 €. Hinzu kommen 19 % Mehrwertsteuer. Bei Barzahlung werden 3 % Skonto abgezogen.
a) Welcher Endpreis ist zu zahlen?
b) Um wie viel Prozent ist der Endpreis höher als der Grundpreis?
Ist es günstiger, wenn zunächst Skonto abgezogen wird und dann die Mehrwertsteuer hinzukommt?

scontare (ital.): abziehen, abrechnen
Wenn man eine Rechnung innerhalb einer bestimmten Zeit bezahlt, gibt es einen Preisnachlass, den man auch Skonto nennt.

4 Wie viel Prozent der Befragten nutzen täglich oder mehrmals pro Woche soziale Netzwerke im Internet?

5 Frau Hinz kauft von Herrn Kunz ein leicht defektes Fahrrad für 200 €. Sie repariert es und verkauft es an Frau Bach für 250 € weiter. Frau Bach fährt mit dem Fahrrad ein Jahr und verkauft es dann an Herrn Becker für 200 €.
a) Wie viel Prozent beträgt der Gewinn von Frau Hinz?
b) Wie viel Prozent beträgt der Verlust von Frau Bach?

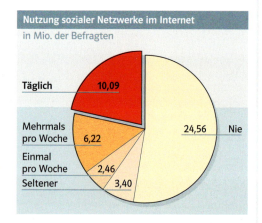

6 Herr Planer zahlt jeden Monat 450 € Miete. Hinzu kommen noch 8 % Nebenkosten. Außerdem muss er noch 75 € für Heizung und Strom bezahlen. Das alles zusammen sind 25 % seines Gehaltes.
a) Wie viel verdient Herr Planer im Monat?
b) Herr Planer erhält eine Lohnerhöhung um 1,5 %. Wie viel verdient er jetzt?
c) Wie viel Prozent seines Gehaltes muss er nach der Lohnerhöhung für Miete, Nebenkosten, Strom und Heizung bezahlen?
d) Beim Nachrechnen stellt Herr Planer fest, dass Miete, Nebenkosten, Heizung und Strom immer noch etwa 25 % seines Gehaltes betragen. Wie kann das sein? Finde verschiedene Ursachen und rechne die veränderten Werte aus.

Bist du schon sicher?

7 Die Tabelle zeigt Preisermäßigungen einiger Kleidungsstücke. Frau Luchs kauft für ihre Kinder Lisa, Leo und Laura insgesamt zwei Jeans, einen Rock und vier Schals. Wie viel Prozent spart sie im Vergleich zum alten Preis?

Artikel	alter Preis (in €)	neuer Preis (in €)
Jeans	69,50	59,90
Rock	48,00	39,95
Schal	17,00	7,99

→ Lösung | Seite 234

188

VI Prozente und Zinsen

8 Die Schnellfahrstrecke von Köln nach Frankfurt am Main wurde 2002 eröffnet. Ein ICE brauchte 2012 bei der schnellsten Verbindung für die Strecke 62 Minuten, während über die alte Strecke noch 135 Minuten benötigt wurden.
a) Wie viel Zeit in Prozent spart man auf der neuen Strecke gegenüber der alten Strecke?
b) Wie viel Prozent der Strecke verlaufen im Tunnel?

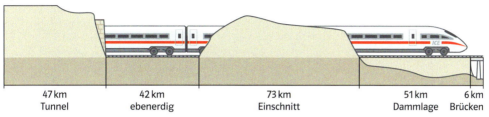

| 47 km | 42 km | 73 km | 51 km | 6 km |
| Tunnel | ebenerdig | Einschnitt | Dammlage | Brücken |

9 Prozentangaben werden oft auf ähnliche Sachverhalte übertragen. Wie viele Jugendliche etwa interessieren sich für Politik, wenn du die Angaben des Zeitungstextes überträgst auf
a) deine Klasse,
b) deine Schule,
c) die etwa 390 000 Jugendlichen zwischen 12 und 14 Jahren in Niedersachsen?

Nach der Shell-Jugendstudie im Jahr 2010 interessieren sich in Deutschland rund 21 Prozent der Jugendlichen zwischen zwölf und vierzehn Jahren für Politik. Im Jahr 2002 waren es nur 11 Prozent.

10 Die Tabelle zeigt für die Saison 2010/2011, wie viele Tore in der Fußball-Bundesliga jeweils in wie vielen Spielen erzielt wurden.

Anzahl der Tore	0	1	2	3	4	5	6	7	8	9	10
Anzahl der Spiele	14	51	68	71	51	28	17	2	2	2	0

a) Wie viel Prozent der Spiele endeten torlos, mit einem Tor, mit zwei Toren usw.? Wie viele Tore fielen durchschnittlich pro Spiel?
b) 👥 Im Internet findet man die Ergebnisse aller Spieltage der letzten Saison. In Gruppenarbeit könnt ihr damit eine entsprechende Tabelle erstellen. Vergleicht eure Ergebnisse mit denen der Saison 2010/2011.

11 Vor 60 Millionen Jahren lebte der hundeähnliche Eohippus, dessen Zähne zum Kauen der Blätternahrung seines bewaldeten Lebensraumes geeignet waren. Vor 25 Millionen Jahren lebte der Merychippus, der auf den sich ausbreitenden Grasflächen seine Nahrung fand. Beide Urpferde sind im gleichen Maßstab wie unser heutiges Pferd abgebildet.
Wie viel Prozent der Schulterhöhe
a) des Eohippus beträgt die Schulterhöhe des Merychippus,
b) des Eohippus beträgt die Schulterhöhe des heutigen Pferdes,
c) des Merychippus beträgt die Schulterhöhe des heutigen Pferdes?

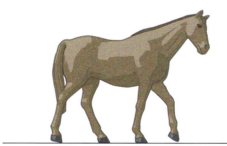

Equus, modernes Pferd (Pleistozän)

Eohippus oder Hyracotherium (Eozän)   Merychippus (Miozän)

Kannst du das noch?

12 Das Quadrat ABCD mit A(1|1), B(5|1), C(5|5) und D(1|5) wird um den Schnittpunkt seiner Diagonalen mit dem Drehwinkel 90° gedreht.
a) Wird die Figur durch diese Drehung auf sich selbst abgebildet?
b) Welche Koordinaten haben die Eckpunkte des Bildes?

vgl. Beispiel 2, Seite 63
Lösung | Seite 234

4 Problemlösen am Beispiel der Prozentrechnung   189

5 Prozente im Geldwesen – Zinsrechnung

Herr Wombat hat 3000 € im Lotto gewonnen, die er für ein Jahr anlegen möchte, bevor er mit dem Geld eine Australienreise macht. Lohnt sich das?

Zinsen: 1,5% pro Jahr
Mindestkapital: 2000,- €
Kontoeröffnungsgebühr: 10,- €

Beim Rechnen mit Prozenten verwendet man die Begriffe Prozentsatz, Prozentwert und Grundwert. Im Bankwesen werden für diese Begriffe zwar eigene Vokabeln verwendet, doch rechnet man dort so, wie du es von der Prozentrechnung kennst.

Karla hat seit Anfang des Jahres ein Sparkonto mit 400 € bei einer Bank. Die Bank gibt ihr dafür am Jahresende einen bestimmten Prozentsatz, z. B. 1,5 % ihres Geldes. Sie erhält dann 1,5 % von 400 €, also 6 € von der Bank.
Ein Mitarbeiter bei der Bank sagt dazu: Karla hat bei uns ein **Guthaben** oder **Kapital** von 400 €. Wir verzinsen ihr Geld mit einem **Zinssatz** von 1,5 %. Sie bekommt daher am Jahresende **Zinsen** in Höhe von 1,5 % von 400 €, also 6 €.

Vokabeln aus dem Bankwesen	
Begriff	Übersetzung
Zinssatz	Prozentsatz
Zinsen	Prozentwert
Guthaben oder Kapital	Grundwert
ein Monat	30 Tage
ein Jahr	360 Tage
Nur neue Namen – rechnen wie bisher!	

Die Bank rechnet für jeden Monat 30 Tage und für jedes Kalenderjahr 360 Tage.

In der Regel werden Zinsen für ein Kalenderjahr bezahlt, man spricht von **Jahreszinsen**. Oft befindet sich das angelegte Geld nur für einen Teil des Jahres auf dem Konto. Die Bank zahlt dann nur den Anteil der Jahreszinsen, welcher der Anlagezeit entspricht. Liegt zum Beispiel Karlas Guthaben von 400 € nur 200 Tage auf dem Konto, so beträgt dieser Anteil $\frac{200}{360}$ der 6 € Jahreszinsen. Sie erhält dann also folgende Zinsen: $\frac{200}{360}$ von 6 €, also $\frac{200}{360} \cdot 6\,€ \approx 3{,}33\,€$.

Die Anlagezeit ist die Ze die das Geld auf dem Konto verbleibt.

> Wenn man für ein Kalenderjahr ein Guthaben G zu einem Zinssatz p bei der Bank anlegt, so erhält man dafür p · G als **Jahreszinsen**.
> Legt man das Geld nicht für ein ganzes Kalenderjahr, sondern nur für t Tage an, so erhält man dafür den Anteil $\frac{t}{360}$ der Jahreszinsen.

Beispiel 1 Zinsen berechnen
Jan hat auf seinem Sparbuch ein Guthaben von 600 €, das mit 2,5 % verzinst wird.
a) Wie viel Jahreszinsen bekommt er?
b) Welche Zinsen bekommt er in der Zeit vom 15. März bis zum 20. September?
Lösung
a) Jahreszinsen: 2,5 % von 600 €, das sind $0{,}025 \cdot 600\,€ = 15\,€$
b) Anlagezeit in Tagen: t = 15 + 5 · 30 + 20 = 185
Damit betragen die Zinsen $\frac{185}{360} \cdot 15\,€ \approx 7{,}71\,€$.

Am Ende wird auf Cent gerundet.

VI Prozente und Zinsen

Beispiel 2 Zinssatz berechnen
Familie Huber erhält für 3500 € die Jahreszinsen 122,50 €. Wie hoch ist der Zinssatz?
Lösung
Grundwert: 3500 €; Prozentwert: 122,50 €

Prozentsatz: $\frac{122,5\,€}{3500\,€}$ = 122,5 : 3500 = 0,035 = 3,5 %

Der Zinssatz beträgt 3,5 %.

> Das Beispiel kan man auch mit dem Dreisatz lösen. Hier wird die Kurzform wie in den Beispielen auf Seite 181 verwendet.

Aufgaben

1 Berechne die fehlenden Angaben.

	a)	b)	c)	d)	e)	f)
Guthaben (in €)	500	500		2400	7124	
Zinssatz	3 %		5 %		1,5 %	3,5 %
Jahreszinsen (in €)		20	200	60		170,31

2 a) Bei welchem Zinssatz erhält man für 450 € Kapital Jahreszinsen von 11,25 €?
b) Bei welchem Zinssatz erhöht sich ein Kapital in einem Jahr von 2100 € auf 2184 €?
c) Wie viel Jahreszinsen erbringt ein Guthaben von 246 € bei einem Zinssatz von 3,5 %?
Wie viel Jahreszinsen erbringt das 10-fache Guthaben?
d) Welches Guthaben erbringt bei einem Zinssatz von 3,5 % die Jahreszinsen 105 €?
e) Welches Guthaben wächst durch die Jahreszinsen bei einem Zinssatz von 3,5 % auf 6210 €, welches auf 2587,50 €?

> Das Guthaben entspricht 100 %, die Zinsen entsprechen 3,5 %. Ein Guthaben mit Zinsen entspricht also 103,5 %.

3 Berechne die Zinsen.

	a)	b)	c)	d)	e)	f)
Guthaben (in €)	1200	150	70 000	7000	7000	7700
Zinssatz	3 %	1,5 %	3,6 %	3,6 %	7,2 %	7 %
Tage	100	70	1	10	50	10

4 a) Bei welchem Zinssatz erbringen 600 € in 120 Tagen 8 € Zinsen?
b) Bei welchem Zinssatz erhöht sich ein Kapital in 180 Tagen von 2100 € auf 2126,25 €?

5 Kreditzinsen sind meistens vierteljährlich zu bezahlen. Berechne die Zinsen für drei Monate bei einem Zinssatz von 5,25 % und einer Kredithöhe von
a) 1500 €, b) 10 000 €, c) 55 000 €, d) 310 000 €.

> Wenn man Geld von der Bank leiht, bekommt man keine Zinsen, sondern muss Zinsen zahlen.

6 Familie Bechtold hat gebaut und zwei Baudarlehen aufgenommen: 150 000 € zu einem Zinssatz von 4,95 % und 80 000 € zu einem Zinssatz von 5,40 %.
Berechne, wie viel Zinsen Familie Bechthold monatlich bezahlen muss.

7 Herr Kramer lebt von den Zinsen seines Vermögens. Alle drei Monate bekommt er 6300 €. Der Zinssatz beträgt 7 %. Wie hoch ist sein Vermögen?

8 Tobias hat seit zwei Monaten ein Sparbuch, heute erhielt er seine ersten Zinsen: 1,25 €. Der Zinssatz beträgt 2,5 %. Wie viel Euro hat er auf seinem Sparbuch?

9 Frau Meier hat ihr Gehaltskonto 15 Tage lang überzogen und muss dafür 2,30 € Zinsen zahlen. Der Zinssatz fürs Überziehen ist 11,5 %. Um wie viel hat sie ihr Konto überzogen?

10 Frau Herold hat im letzten Vierteljahr ihr Konto überzogen: 5 Tage mit 240 €, 18 Tage mit 450 € und 3 Tage mit 540 €. Wie hoch sind die Zinsen hierfür bei einem Zinssatz von 11 %?

5 Prozente im Geldwesen – Zinsrechnung

Bist du schon sicher

11 **a)** Martha hat auf ihrem Sparbuch 548 €. Nach einen Jahr erhält sie dafür 13,70 € Zinsen. Berechne den Zinssatz.
b) Maximilian hat ein Sparbuch, das mit 2 % verzinst wird. Er hat ein Guthaben von 700 € auf dem Sparbuch. Am 1. September hebt er 260 € ab. Berechne, wie viel Zinsen er am Ende des Jahres gutgeschrieben bekommt.

12 Eine Bank bietet Sparbriefe mit einem Zinssatz von 7,5 % an. Für wie viel Euro muss Herr Länge Sparbriefe kaufen, wenn er jedes Jahr 1200 € Zinsen bekommen möchte?

Lösungen | Seite 234

13 **a)** Berechne bei Kathrins Sparbuch die fehlenden Eintragungen für das Jahr 2012. Der Zinssatz beträgt 1,5 %.
b) Welches Guthaben hat Kathrin am Ende des Jahres 2013, wenn sie keine Aus- oder Einzahlungen vornimmt und der Zinssatz unverändert bleibt?
c) Wie ändern sich die Zinsen, wenn der Zinssatz ab dem 1. August 2012 auf 2 % angehoben wird?

	A	B	C	D
1	Sparkonto 12011995-1725			Kathrin Kleine
2	Datum	Einzahlung	Auszahlung	Guthaben
3	30.12.2012	300,00 €		300,00 €
4	30.06.2013		100,00 €	200,00 €
5	15.08.2013	200,00 €		400,00 €
6	20.12.2013		250,00 €	150,00 €
7	Zinsen 2013	?		?

14 Herr Posmyk möchte sich einen Fernseher für 1200 € kaufen. Wenn er sofort zahlt, erhält er 2 % Nachlass auf den Preis des Fernsehers. Da er zurzeit nur knapp 900 € auf dem Konto hat, müsste er dafür sein Konto einen Monat lang um 300 € überziehen und dafür 9,5 % Zinsen zahlen. Der Händler bietet ihm an, den Fernseher erst in sechs Wochen zu bezahlen. Dann müsste Herr Posmyk sein Konto nicht überziehen, bekommt aber auch keinen Nachlass mehr. Welche Variante sollte er wählen?

15 Frau Luschkowski will eine neue Stereoanlage für 899 € kaufen, kann aber nur 300 € sofort aufbringen. Den Rest möchte sie in drei Raten zahlen. Dafür verlangt der Händler 1 % der Restsumme als Zuschlag.
Bei der Bank kann Frau Luschkowski für die Restsumme einen Kredit bekommen, den sie in sechs Monatsraten zurückzahlen muss. Die Bank verlangt 7,25 % Zinsen für diesen Kredit. Welche Variante ist günstiger?

16 Simon hat vom letzten Jahr 1000 € Guthaben auf seinem Sparbuch und zahlt ab Januar jeden Monat 24 € auf das Sparbuch ein. Wie viel Zinsen erhält er am Ende des Jahres, wenn der Zinssatz 2 % beträgt?

17 Herr Enderle überweist jeden Monat 250 € von seinem Girokonto, auf das er keine Guthabenzinsen bekommt, auf ein Festgeldkonto, das mit 2,5 % verzinst wird.
a) Wie viel Zinsen erhält er am Ende des Jahres?
b) Wegen der regelmäßigen Zahlungen auf das Festgeldkonto muss Herr Enderle sein Girokonto an durchschnittlich vier Tagen im Monat um etwa 150 € überziehen. Berechne, wie viel Zinsen dafür zu zahlen sind, wenn der Zinssatz für den Überziehungskredit auf dem Girokonto 8,5 % beträgt.
c) Lohnt es sich für Herrn Enderle, das Geld regelmäßig auf das Festgeldkonto zu überweisen?

Kannst du das noch?

18 **a)** Drehe das Dreieck ABC mit A(4|1), B(8|2) und C(6|5) um den Punkt Z(2|2) mit dem Drehwinkel 40°.
b) Bestimme näherungsweise die Koordinaten der Bildpunkte A', B' und C'.

vgl. Beispiel 1, Seite
Lösung | Seite 234

*6 Zinseszinsen

Jens sagt: „Die beiden Angebote müssten doch genau gleich gut sein, eine der Banken muss sich verrechnet haben."
Oliver meint: „Die haben sich sogar beide verrechnet, ich kriege in beiden Fällen 1120 € raus."

Was meinst du, wie kamen die Banken zu den angegebenen Zahlen?

Ein Guthaben von 600 € liegt vom 1.1. 2013 bis zum 31.12. 2014 bei einem Zinssatz von 3,5 % auf der Bank.
Zinsen für das Jahr 2013: 3,5 % von 600 €, also $0{,}035 \cdot 600\,€ = 21\,€$
Guthaben am 1.1.2014 also: 621 €
Zinsen für das Jahr 2014: 3,5 % von 621 €, also $0{,}035 \cdot 621\,€ \approx 21{,}74\,€$
Guthaben am 1.1.2015 also: 642,74 €. Die 74 Cent sind die Zinsen der Zinsen aus dem Jahr 2013. Man nennt sie auch **Zinseszinsen**.

$0{,}035 \cdot 21\,€ \approx 0{,}74\,€$

Beträgt der Anlagezeitraum mehrere Jahre, so gibt es eine einfachere Methode, um das neue Guthaben zu berechnen.
Nach jedem Jahr setzt sich das neue Guthaben aus Anfangsguthaben plus Jahreszinsen zusammen, dies sind insgesamt 103,5 % des Anfangsguthabens. Deshalb kann man auch wie folgt rechnen.
Guthaben nach dem ersten Jahr: $1{,}035 \cdot 600\,€ = 621\,€$
Guthaben nach zwei Jahren: $1{,}035 \cdot 621\,€ = 1{,}035 \cdot (1{,}035 \cdot 600\,€) = 1{,}035^2 \cdot 600\,€$
$\approx 642{,}74\,€$
Guthaben nach drei Jahren: $1{,}035 \cdot (1{,}035^2 \cdot 600\,€) = 1{,}035^3 \cdot 600\,€ \approx 665{,}23\,€$

Diese Methode bezeichnen wir als „vereinfachte Rechnung".

Zur Erinnerung:
$5 \cdot 5 \cdot 5$ schreibt man auch als 5^3.

Wenn die Zinsen am Jahresende einem Guthaben hinzugefügt werden, erbringen die Zinsen im folgenden Jahr auch Zinsen – diese nennt man **Zinseszinsen**.

Bei einem Zinssatz von 5 % beträgt das Kapital
nach 1 Jahr das 1,05-Fache,
nach 2 Jahren das $1{,}05 \cdot 1{,}05 = 1{,}05^2$-Fache,
nach 3 Jahren das $1{,}05 \cdot 1{,}05 \cdot 1{,}05 = 1{,}05^3$-Fache des Anfangsguthabens usw.

Man nennt den Faktor 1,05 auch Zinsfaktor.

Da die Bank das Ergebnis nach jedem Jahr auf Cent rundet, kann es bei der vereinfachten Rechnung eine geringe Abweichung vom tatsächlichen Kapital geben.

Beispiel 1 Ein Prozentsatz – verschiedene Prozentwerte und Grundwerte
Auf welchen Betrag wächst ein Kapital von 2500 € bei einem Zinssatz von 4,3 % in drei Jahren an? Ergibt sich durch das jährliche Runden der Bank ein Unterschied?
Lösung
Nach drei Jahren beträgt das Kapital (eigentlich) $1{,}043^3 \cdot 2500\,€ \approx 2836{,}57\,€$.
Die Bank rechnet wie folgt. Nach einem Jahr: $1{,}043 \cdot 2500\,€ = 2607{,}50\,€$, nach zwei Jahren: $1{,}043 \cdot 2607{,}50\,€ \approx 2719{,}62\,€$, nach drei Jahren: $1{,}043 \cdot 2719{,}62\,€ \approx 2836{,}56\,€$.
Das tatsächliche Kapital beträgt aufgrund der Rundungen nur 2836,56 €.

Beispiel 2 Zinseszins bei Jahreswechsel

Ein Betrag von 500 € wurde am 15. September 2011 auf ein Konto eingezahlt. Das Geld mit den entstandenen Zinsen wurde am 20. März 2012 abgehoben. Wie groß war der abgehobene Betrag bei einem Zinssatz von 4 %?

Lösung

Jahreszinsen 2011:	4 % von 500 € sind $0{,}04 \cdot 500\,€ = 20\,€$.
Anlagezeit 2011 in Tagen:	$15 + 3 \cdot 30 = 105$
Zinsen im Jahre 2011:	$\frac{105}{360} \cdot 20\,€ = 5{,}833\ldots € \approx 5{,}83\,€$
Guthaben Anfang 2012:	505,83 €
Jahreszinsen 2012:	4 % von 505,83 € sind $0{,}04 \cdot 505{,}83\,€ \approx 20{,}23\,€$.
Anlagezeit 2012 in Tagen:	$2 \cdot 30 + 20 = 80$
Zinsen im Jahre 2012:	$\frac{80}{360} \cdot 20{,}23\,€ = 4{,}495\ldots € \approx 4{,}50\,€$

Der abgehobene Betrag betrug 510,33 €.

Aufgaben

1 Du hattest Anfang des Jahres 2013 ein Guthaben von 1500 €.
Das Geld bleibt bis Ende 2017 auf der Bank. Übertrage die Tabelle in dein Heft und fülle sie aus für einen Zinssatz von
a) 3 %,
b) 6 %,
c) 1,5 %,
d) 4,5 %.

Jahr	Guthaben ohne Zinsen	Zinsen 3 %	Guthaben mit Zinsen
2013	1500 €	45 €	1545 €
2014	1545 €		
2015			
2016			
2017			

Wenn nichts anderes vermerkt ist, soll bei den Aufgaben die vereinfachte Rechnung verwendet werden.

2 Das in der Tabelle angegebene Kapital wird zu Jahresbeginn angelegt. Bestimme für den angegebenen Zinssatz den Betrag, auf den das Kapital mit Zinseszinsen im Anlagezeitraum anwächst.

	a)	b)	c)	d)	e)
Kapital (in €)	300	1000	5000	1200	3000
Zinssatz	3,5 %	1,5 %	4,12 %	2,8 %	4 %
Jahre	2	3	4	6	4,5

3 Um wie viel Prozent vergrößert sich ein Kapital von 400 € (2000 €, 10 000 €) bei einem Zinssatz von 5 % in vier Jahren?
Rechne so, wie die Bank rechnet und vergleiche mit der vereinfachten Rechnung.

4 Bei der Spartakus-Bank erhält man auf sein Guthaben 3 % Zinsen. Die Zinsen werden einmal am Ende des Jahres gutgeschrieben. Bei der Rhodos-Bank erhält man 2,75 % Zinsen. Die Zinsen werden allerdings alle drei Monate gutgeschrieben.
Moritz möchte 2000 € für zwei Jahre anlegen. Vergleiche die beiden Angebote.

Bist du schon sicher?

5 20 000 € werden für fünf Jahre zu einem Zinssatz von 3,5 % bei der Bank angelegt.
a) Berechne das Guthaben nach fünf Jahren mit der vereinfachten Rechnung.
b) Rechne schrittweise und runde das Kapital nach jedem Jahr auf ganze Cent.

6 Clara legt zu Jahresanfang 1200 € zu 2,5 % an. Auf welches Guthaben ist der Betrag nach einem Jahr und vier Monaten (zwei Jahren und 75 Tagen) angewachsen?

Lösungen | Seite 234

7 Hannah hat von ihrer Tante Margit 500 € geschenkt bekommen, die für drei Jahre fest angelegt sind. Im 1. Jahr beträgt der Zinssatz 1 %, im 2. Jahr 2 % und im 3. Jahr 4 %.
a) Wie viel Geld kann Hannah nach dem dritten Jahr abheben?
b) Um wie viel Prozent ist das Sparguthaben im Sparzeitraum angewachsen?

Interaktives Üben
Zinsrechnung mit Tabellenkalkulation
3iu7yv

194

VI Prozente und Zinsen

8 Frau Blume erhält für eine Handwerkerleistung eine Rechnung über 5000 €, die in 60 Tagen fällig ist. Bei sofortiger Bezahlung kann ein Skonto von 3 % abgezogen werden. Um die Rechnung sofort bezahlen zu können, muss Frau Blume ihren Überziehungskredit in Anspruch nehmen, der mit einem Zinssatz von 12 % verzinst wird.
a) Was ist für Frau Blume günstiger?
b) Wie viel Prozent müsste das Skonto betragen, damit bei beiden Möglichkeiten derselbe Betrag entsteht?

9 Beim Kauf eines neuen Autos kann Herr Meier zwischen zwei Zahlungsarten wählen. Welche Zahlungsart ist günstiger, wenn Herr Meier bei seiner Bank 5 % Zinsen bekommt?
(1) Er bezahlt den gesamten Kaufpreis 39 250 € sofort.
(2) Er zahlt 15 000 € an, nach zwei Jahren 10 000 € und nach zwei weiteren Jahren den Rest.

10 a) Maren meint: „Wenn ich 10 % Zinsen bekäme, würden sich meine 100 € in 10 Jahren mit Zinseszins verdoppeln!" Was meinst du dazu?
b) Wie viele Jahre muss man ein Kapital von 1000 € bei einem Zinssatz von 5 % (3 %) anlegen, damit es sich mit Zinseszins verdoppelt?
c) Ein Kapital von 1000 € soll sich in fünf Jahren verdoppeln. Welcher Zinssatz – gerundet auf eine Dezimale – ist dazu nötig?

11 Du möchtest, dass einer deiner Nachfahren einmal Millionär sein wird. Deshalb legst du 1000 € an. Du rechnest damit, dass das Kapital über die Jahre hinweg mit 5 % jährlich verzinst wird. Das Guthaben soll von Generation zu Generation vererbt werden, ohne dass es angetastet wird, bis 1 Million € zusammengekommen sind. Nach wie vielen Generationen ist dies der Fall, wenn eine Generation 30 Jahren entspricht?

12 In wie vielen Jahren verdoppelt sich ein Kapital von 1000 €, 5000 € bzw. 10 000 € bei einem Zinssatz von 3,5 %? Was fällt dir auf? Begründe.

13 Ein Guthaben von 1000 € wird für 20 Jahre bei einem Zinssatz von 3,5 % angelegt. Die Zinsen werden jeweils jährlich gutgeschrieben. In einem Fall wird das Guthaben aus den Zinsen mitverzinst, im anderen Fall werden die Zinsen jährlich ausbezahlt.
a) Erstelle in einem Tabellenkalkulationsprogramm die abgebildete Tabelle und setze sie bis zum 20. Jahr fort. Berechne damit exakt, wie viel der Zinseszinseffekt in diesem Zeitraum ausmacht.
b) Wähle einen anderen Zinssatz und vergleiche die Zinsen für beide Fälle.

	A	B	C	D	E	F	G	H	I
1				Zinseszinseffekt				jährliche Auszahlung der Zinsen	
2	Zinssatz	Jahr	Guthaben am Jahresanfang	Zinsen	Zinsen insgesamt		Guthaben am Jahresanfang	Zinsen	Zinsen insgesamt
3	3,50 %	0	1.000,00 €	35,00 €	35,00 €		1.000,00 €	35,00 €	35,00 €
4		1	1.035,00 €	36,23 €	71,23 €		1.000,00 €	35,00 €	70,00 €
5		2	1.071,23 €	37,49 €	108,72 €		1.000,00 €	35,00 €	105,00 €
6		3	1.108,72 €	38,81 €	147,52 €		1.000,00 €	35,00 €	140,00 €
7		4	1.147,52 €	40,16 €	187,69 €		1.000,00 €	35,00 €	175,00 €
8		5	1.187,69 €	41,57 €	229,26 €		1.000,00 €	35,00 €	210,00 €

Kannst du das noch?

14 a) Trage die Punkte A(5|1), B(10|1) und C(9|7) in ein Koordinatensystem ein. Zeichne die Parallele p zu $\overline{AB}$ durch C und die Orthogonale q zu $\overline{AC}$ durch B. Gib die Koordinaten des Schnittpunktes S der Geraden p und q an.
b) Miss die Größen der Winkel α, β und γ im Dreieck ABC. Bestimme auch die Größen der Winkel ∢ BSC und ∢ CSB. Müssen beide Winkelgrößen gemessen werden? Erläutere.

vgl. Seite 215
Lösung | Seite 235

*6 Zinseszinsen   195

Vertiefen und Vernetzen

1 Jana hat für 45,90 € einen neuen Rucksack gekauft.
  a) Einen Tag später wurde der Preis um 15 % erhöht. Wie viel hat Jana gespart?
  b) Jana erhielt 15 % Rabatt. Wie teuer wäre der Rucksack ohne Rabatt gewesen?
  c) Jan hat den gleichen Rucksack für 52 € gekauft. Wie viel Prozent war der Rucksack von Jana billiger? Wie viel Prozent war der Rucksack von Jan teurer?

2 Frisch geerntete Kartoffeln enthalten unter anderem etwa 78 % Wasser, 18 % Stärke und 2,2 % Protein.
  a) Stelle die Angaben grafisch dar.
  b) Wie viel von diesen Inhaltsstoffen befinden sich in 2,5 kg Kartoffeln?
  c) Wie viel Kilogramm Kartoffeln enthalten etwa einen Liter Wasser?

3 Ein Haus mit rechteckigem Grundriss (orange) soll durch einen Anbau (blau) vergrößert werden. Das Haus hat ein Flachdach und ist 6,50 m hoch. Der Anbau soll 3,50 m hoch werden. Um wie viel Prozent vergrößert sich dabei
  a) der Umfang des Hauses,
  b) der Flächeninhalt des Grundrisses,
  c) das Volumen des Hauses?

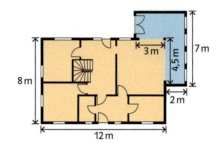

4 Bei der Dichromasie, einer Form der Farbenblindheit, kann jeweils eine der drei Farbkomponenten nicht wahrgenommen werden. Sieben Prozent der männlichen und ein Prozent der weiblichen Bevölkerung leiden darunter.
  a) Recherchiere in einem Lexikon oder im Internet, wie viele männliche Bundesbürger es gibt. Wie viele davon leiden etwa an Dichromasie?
  b) Bei einer Untersuchung in einer Schule findet man 35 Jungen und sechs Mädchen mit Dichromasie. Schätze, wie viele Schülerinnen und Schüler die Schule etwa hat. Begründe dein Vorgehen.

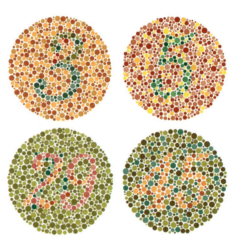

Hier kannst du prüfen, ob du farbenblind bist.

5 👥 **Das gibt's doch gar nicht – was ist hier faul?**
Nehmt zu den Zeitungsartikeln Stellung.

> Jede dritte Ehe in Deutschland wird geschieden, in Großstädten sogar jede vierte.
>
> Wochenpost 1995

> Nach Mitteilung des Statistischen Bundesamtes ist die Zahl der Abiturienten, die die Absicht haben, zu studieren, in diesem Sommer erstmals wieder gestiegen. Von denen, die studieren wollen, sind 69 Prozent männlich und nur 52,4 Prozent weiblichen Geschlechts, verlautet aus Wiesbaden.
>
> Badische Neueste Nachrichten 1987

> Fuhr vor einigen Jahren noch jeder zehnte Autofahrer zu schnell, so ist es mittlerweile heute nur noch jeder fünfte. Doch auch fünf Prozent sind zu viele, und so wird weiterhin kontrolliert, und die Schnellfahrer haben zu zahlen.
>
> Süddeutsche Zeitung, zitiert nach „Der Spiegel", Nr. 49/1995

> Die epidemiologischen Untersuchungen haben nachgewiesen, dass unser Älterwerden mit besserer Gesundheit einhergeht. Beispielsweise waren die 70-Jährigen 1983 um 10 Jahre jünger und gesünder als die 70-Jährigen 1973.
>
> Leipziger Volkszeitung 1995

6 Angaben aus einem Lexikon verwerten

Aus einem Lexikon
Der Pazifische Ozean bedeckt etwa 35 % der Erdoberfläche und enthält über die Hälfte des nicht als Eis gebundenen Wassers des Planeten. Die Oberfläche des Pazifischen Ozeans ist erheblich größer als die der gesamten Landmasse der Erde. Die größte Länge beträgt von der Beringstraße bis zur Antarktis etwa 15 500 km, die größte Breite von Panama bis zur Malaiischen Halbinsel etwa 17 700 km.

Die mittlere Tiefe des Pazifiks beträgt 4282 m; die tiefste Stelle, die überhaupt in einem der Weltmeere bekannt ist, liegt im Marianengraben vor Guam und beträgt 11 034 m (die sogenannte Challenger Deep). Im Pazifischen Ozean gibt es insgesamt mehr als 30 000 solcher Inseln wie im Bild rechts, deren Oberfläche zusammengenommen jedoch nur 2,5 Promille der Gesamtoberfläche des Pazifiks ausmacht.

a) Die Erdoberfläche beträgt 510 Millionen km². Welche Oberfläche nehmen die 30 000 kleinen Pazifikinseln etwa ein?
b) Der Erdumfang beträgt etwa 40 000 km. Wie viel Prozent des Erdumfangs beträgt die größte Länge im Pazifik?
c) Wie viel Prozent der mittleren Tiefe des Pazifiks beträgt die Challenger Deep?
d) Wie viel Wasser enthält der Pazifik?
e) Stell dir vor, das gesamte Wasser des Pazifiks würde einen überall gleich tiefen See von der Größe Deutschlands bilden. Wie tief wäre dieser See? Die Oberflächengröße Deutschlands kannst du in einem Lexikon oder im Internet nachschlagen.

1 Promille bedeutet $\frac{1}{1000}$. Man schreibt dafür auch 1‰.

7 Autokauf

a) Familie Schmidt möchte sich ein neues Auto kaufen und findet die Angebote von Auto-Meier und Auto-Kayser. Wo sollte Familie Schmidt das Auto kaufen? Begründe.
b) Familie Schmidt kann das Auto nicht sofort bezahlen. Welches der angegebenen Angebote ist günstiger, wenn Familie Schmidt das Finanzierungsangebot des jeweiligen Autohändlers in Anspruch nimmt?
c) Familie Schmidt zahlt pro Jahr 180 € Versicherung für das neue Auto. Weil Familie Schmidt schon lange bei der gleichen Autoversicherung versichert ist und noch nie einen Unfall hatte, zahlt sie nur 35 % des normalen Versicherungsbeitrags. Berechne, wie hoch der volle Versicherungsbeitrag wäre.
d) Der Wiederverkaufswert eines Autos hängt stark vom Alter des Autos ab. Eine Faustregel besagt, dass der Wert eines Autos pro Jahr um etwa 10 % abnimmt. Wann ist das Auto nur noch die Hälfte wert?
e) Prüfe, ob die Faustregel aus Aufgabenteil d) stimmt. Untersuche hierzu Angebote aus Zeitungen, aus dem Internet oder bei Autohändlern. Präsentiere die Ergebnisse deiner Recherche deinen Mitschülern.

Exkursion

Von großen und kleinen Tieren

1 Eines der größten Landtiere, das es je auf der Erde gab, war der Brachiosaurus. Die Abbildung zeigt einen Größenvergleich zwischen diesem ausgestorbenen Tier und einem Elefanten.
a) Wie viel Prozent beträgt die Größe des Elefanten im Vergleich zur Größe des Sauriers?
b) Nenne ein Tier, dessen Größe so viel Prozent der Größe eines Elefanten beträgt, wie du in Teilaufgabe a) berechnet hast.

2 Einige unserer heutigen Tiere (z. B. Elefant, Strauß, Krokodil) hatten vor Millionen Jahren riesige Verwandte (Mammut, Riesenstrauß, Riesenkrokodil).

Mammut	4,5 m Höhe	Riesenstrauß	3 m Höhe	Riesenkrokodil	15 m Länge
Afrik. Elefant	3,5 m Höhe	Strauß	2,75 m Höhe	Leistenkrokodil	8,5 m Länge

Auf wie viel Prozent ihrer ehemaligen Größe sind die heutigen Tiere „geschrumpft"?

3 Von manchen Tieren gibt es auch heute Rassen von sehr unterschiedlicher Größe. Die kleinste Ponyrasse ist das Falabella-Miniaturpferd. Es hat eine Rückenhöhe (beim Pferd Widerristhöhe genannt) von 72 cm. Damit erreicht es nur 40 % der Widerristhöhe des größten Kaltblutpferdes, des schottischen Cleydesdale. Wie groß ist dieses Pferd?

4 Auf der Erde sind heute ungefähr 1,2 Millionen Tierarten bekannt. Über die Hälfte davon sind Insekten. Die Wirbeltiere, d. h. Fische, Lurche, Kriechtiere, Vögel und Säugetiere, machen nur 3,75 % dieser Tierarten aus.
a) Wie viele Arten von Wirbeltieren sind insgesamt bekannt?
b) Bestimme mithilfe der Grafik, wie viele Arten von Fischen, Lurchen, Kriechtieren, Vögeln und Säugetieren jeweils bekannt sind.

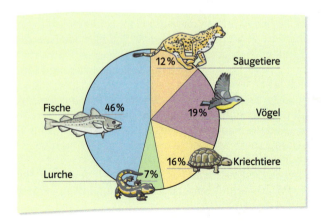

VI Prozente und Zinsen

5 Die Säugetiere sind in Ordnungen unterteilt. Die Ordnung mit den meisten Arten bilden die Nagetiere. Die zweitgrößte Ordnung sind die Fledertiere. Sie besteht aus den Flederhunden und den Fledermäusen. Zusammen mit den Nagetieren stellt sie 70 % aller Säugetierarten. Dabei gibt es viermal so viel Nagetierarten wie Fledertierarten. Wie viel Prozent machen die Nagetierarten bzw. die Fledertierarten an allen Säugetierarten aus?

6 Die Säugetiere haben im Laufe ihrer Entwicklung gelernt, sich den meisten Lebensräumen anzupassen. In der Steppe und in der Wüste werden sie allerdings durch fehlende Deckung und durch die Hitze gezwungen, teilweise unter der Erde zu leben. Bestimme für die Lebensräume Wald, Steppe und Wüste mithilfe der Kreisdiagramme jeweils, wie viel Prozent der Säugetiere auf Bäumen, am Boden bzw. unterirdisch leben.

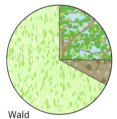
Wald

7 a) Der Igel lebt im Winter „auf Sparflamme". Während seines Winterschlafs sinkt die Körpertemperatur von 35 °C um 80 % ab. Wie hoch ist die Temperatur dann noch?
b) Wenn der Igel wach ist, atmet er ca. 60-mal pro Minute, während des Winterschlafs dagegen nur dreimal pro Minute. Die Anzahl der Herzschläge pro Minute geht von 170 im wachen Zustand auf zwei herunter. Um wie viel Prozent nimmt die Anzahl der Herzschläge (der Atemzüge) im Winterschlaf ab?

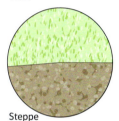
Steppe

8 In der Tabelle sind bestimmte Gewichte einiger Säuger angegeben. Welcher Säuger bringt, verglichen mit dem Gewicht der Mutter, die schwersten Kinder zur Welt? Um wie viel Prozent muss das Neugeborene zunehmen, um das Gewicht der Mutter zu erreichen?

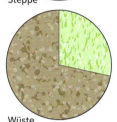
Wüste

	Geburtsgewicht	Gewicht der Mutter
Afrikanischer Elefant	100 kg	2500 kg
Riesenkänguru	2 g	60 kg
Zwergfledermaus	1 g	5 g
Seehund	7 kg	70 kg
Mensch	3,4 kg	60 kg

 auf Bäumen

 am Boden

 unterirdisch

Exkursion

Rückblick

Prozentangaben

Der Ausdruck 15 % ist eine andere Schreibweise für $\frac{15}{100}$.

$$\frac{1}{1} = 100\,\% \qquad \frac{1}{2} = 50\,\% \qquad \frac{1}{3} = 33\tfrac{1}{3}\,\%$$

$$\frac{1}{4} = 25\,\% \qquad \frac{1}{10} = 10\,\% \qquad \frac{2}{1} = 200\,\%$$

Prozentsatz – Prozentwert – Grundwert

Um den Prozentsatz auszurechnen, teilt man den Prozentwert durch den Grundwert.

$$\text{Prozensatz} = \frac{\text{Prozentwert}}{\text{Grundwert}}$$

Der Prozentwert lässt sich aus dem Grundwert und dem Prozentsatz mit dem Dreisatz berechnen:

100 % entsprechen dem Grundwert.

$:100$ 1 % entspricht $\frac{\text{Grundwert}}{100}$. $:100$

$\cdot \text{Prozentsatz}$ Der Prozentsatz entspricht $\cdot \text{Prozentsatz}$

$$\text{Prozentsatz} \cdot \frac{\text{Grundwert}}{100}.$$

Der Grundwert lässt sich aus dem Prozentwert und dem Prozentsatz mit dem Dreisatz berechnen:

Der Prozentsatz entspricht dem Prozentwert.

$:\text{Prozentsatz}$ $:\text{Prozentsatz}$

1 % entspricht $\frac{\text{Prozentwert}}{\text{Prozentsatz}}$.

$\cdot 100$ Der Grundwert entspricht $\cdot 100$

$$\frac{\text{Prozentwert}}{\text{Prozentsatz}} \cdot 100.$$

Berechnen des Prozentsatzes

Prozentwert: 40 €
Grundwert: 200 €

Prozentsatz: $\frac{40\,€}{200\,€} = \frac{20}{100} = 20\,\%$

Berechnen des Prozentwertes

Grundwert: 250 €
Prozentsatz: 15 %

100 % entsprechen 250 €.

$:100$ 1 % entspricht 2,5 €. $:100$

$\cdot 15$ 15 % entsprechen 37,5 €. $\cdot 15$

kurz: 250 € : 100 · 15 = 37,5 €
Prozentwert: 37,50 €

Berechnen des Grundwertes

Prozentwert: 280
Prozentsatz: 80 %

80 % entsprechen 280.

$:80$ 1 % entspricht 3,5. $:80$

$\cdot 100$ 100 % entsprechen 350. $\cdot 100$

kurz: 280 : 80 · 100 = 350
Grundwert: 350

Zinssatz – Zinsen – Guthaben

Begriffe aus dem Bankwesen	Bedeutung in der Prozentrechnung
Zinssatz	Prozentsatz
Zinsen	Prozentwert
Guthaben oder Kapital	Grundwert
ein Monat	30 Tage
ein Jahr	360 Tage

Wenn ein Guthaben innerhalb eines Jahres nur für t Tage angelegt wird, so werden die Zinsen anteilig berechnet. Es wird dann der Anteil $\frac{t}{360}$ der Jahreszinsen gutgeschrieben.

Anna hat bei der Bank ein Jahr lang ein Guthaben von 200 €.
Die Bank verzinst ihr Geld mit dem Zinssatz 1,5 %. Sie bekommt dann am Jahresende Zinsen in Höhe von 1,5 % von 200 €, also 3 €.
Ihr Guthaben wächst auf
1,015 · 200 € = 203 €.

Wenn Anna ihr Geld innerhalb eines Jahres nur 120 Tage lang bei der Bank anlegt, bekommt sie $\frac{120}{360}$ der Jahreszinsen, also $\frac{120}{360} \cdot 3\,€ = 1\,€$.

Training

VI Prozente und Zinsen

Runde 1

Lösungen | Seite 235

1 Gib die Brüche in Prozentschreibweise und die Prozentangaben als Brüche an.

a) $\frac{11}{100}$ b) 20% c) $\frac{8}{13}$ d) 85% e) 80% f) 0,35

2 Welche Zahl ist größer?

a) 5% oder $\frac{7}{150}$ b) 22% oder 0,23 c) $\frac{7}{8}$ oder 87%

3 Übertrage die Tabelle in dein Heft und vervollständige sie.

	a)	b)	c)	d)	e)	f)
Prozentsatz	2%		25%		2,3%	2,3%
Prozentwert		45 m	250	2,3 kg	69 kg	
Grundwert	400 €	900 m		69 kg		69 kg

4 Bei welchem Zinssatz erhält man 18 € Jahreszinsen für ein Guthaben von 720 €?

5 Das gleiche Radio kostet bei Elektro Meier 176 € und bei EloWest 198 €.
a) Wie viel Prozent ist es bei Elektro Meier billiger als bei EloWest?
b) Wie viel Prozent ist es bei EloWest teurer als bei Elektro Meier?

Runde 2

Lösungen | Seite 235

1 a) Wie viel Prozent sind 340 von 625?
b) Welche Zahl ist um 15% größer als 220?
c) Eine Zahl wird um 35% verkleinert und man erhält 162,5. Wie heißt die Zahl?

2 Ordne die Zahlen 18%; $\frac{39}{200}$; 0,19 und $\frac{7}{16}$ der Größe nach.

3 Beschreibe den Unterschied zwischen den beiden Werbetexten.
(1) „Beim Kauf einer Jeans sparen Sie 30 €."
(2) „Beim Kauf einer Jeans sparen Sie 30%."

4 Auf welchen Betrag wächst ein Guthaben von 2000 € bei einem Zinssatz von 3,5% in einem Jahr an?

5 Auf einem rechteckigen Grundstück wird ein L-förmiges Haus gebaut. Die Maße in Fig. 1 sind in Metern angegeben. Die Zeichnung ist nicht maßstabsgerecht. Wie viel Prozent des Grundstücks werden bebaut?

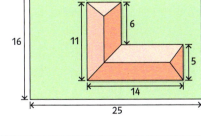

Fig. 1

6 Vor Schuljahresende soll in einem Schreibwarengeschäft das Lager geleert werden. Daher werden viele Artikel mit Preisnachlass verkauft. Jens kauft sechs Hefte, zwei Radierer und drei Stifte. Wie viel Prozent spart er im Vergleich zum alten Preis?

Artikel	alter Preis (in €)	Rabatt (in %)
Heft	0,72	25
Radierer	0,95	40
Stift	1,40	60

1 Sicher in die Kapitel

Grundlagen überprüfen und trainieren

Beim Sport wärmst du dich vor dem Training oder einem Wettkampf auf.
Du kannst dich auch „mathematisch aufwärmen", bevor du mit einem neuen Kapitel deines Mathebuches beginnst.
Auf den folgenden Seiten findest du zu jedem Kapitel einige passende „Aufwärmübungen".

Bevor mit einem Kapitel begonnen wird, kannst du überprüfen, ob du schon fit genug bist.

Für jedes Kapitel gibt es eine **Checkliste**, mit der du zunächst einschätzen kannst, wie gut du bestimmte Dinge noch kannst, die für das Kapitel wichtig sind. Wenn du nicht genau weißt, was gemeint ist, sieh dir die entsprechende Aufgabe an.

Du kannst die Liste entweder in dein Heft übertragen oder über den angegebenen Code herunterladen. Kreuze dann die Liste an.

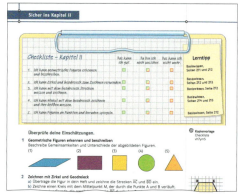

Kontrolliere anschließend deine Selbsteinschätzung, indem du die Aufgaben bearbeitest.
Zu Punkt 1 gehört Aufgabe 1, zu Punkt 2 gehört Aufgabe 2 usw.

Deine Ergebnisse kannst du mit den Lösungen weiter hinten im Buch vergleichen.

Ein **Lerntipp** zeigt dir, wo du im Buch nachlesen kannst, wenn du etwas nicht mehr genau weißt.

Wenn es anschließend noch Themen geben sollte, bei denen du unsicher bist, solltest du diese Inhalte nacharbeiten. Eine Hilfe zu manchen Themen bietet dir das **Basiswissen** am Ende des Buches.
Deine Grundlagen kannst du zudem trainieren, indem du die Aufgaben zu **„Kannst du das noch?"** am Ende einer jeden Lerneinheit bearbeitest.

Lerntipp

Basiswissen, Seite 211

Merkkasten, Seite 152

Merkkasten, Seite 160

Beispiel 1, Seite 160

Sicher ins Kapitel I

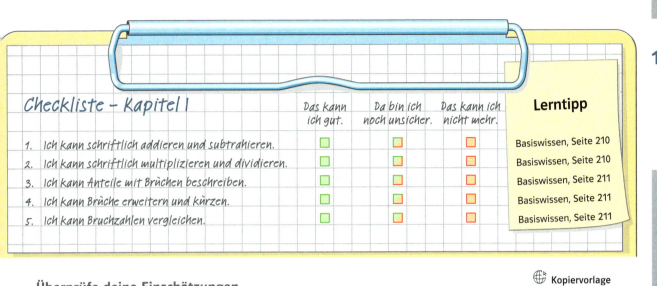

Überprüfe deine Einschätzungen.

1 Schriftlich addieren und subtrahieren
Berechne schriftlich.
a) 2123 + 35 + 273
b) 43,2 km + 184,3 km + 19,8 km
c) 7654 − 832
d) 346,78 € − 198,23 €

2 Schriftlich multiplizieren und dividieren
Berechne schriftlich.
a) 36 · 5
b) 152 · 12
c) 96 · 923
d) 2031 · 412
e) 106 : 2
f) 3025 : 25
g) 4183 : 47
h) 46 257 : 51

3 Anteile bestimmen
Welcher Anteil ist gefärbt, welcher Anteil ist nicht gefärbt?

a)
b)
c)
d)

4 Erweitern und kürzen
a) Erweitere.

(1) $\frac{2}{3}$ mit 7
(2) $\frac{1}{5}$ mit 5
(3) $\frac{3}{5}$ mit 11
(4) $\frac{7}{9}$ mit 6

b) Kürze.

(1) $\frac{4}{10}$ mit 2
(2) $\frac{35}{42}$ mit 7
(3) $\frac{39}{65}$ mit 13
(4) $\frac{17}{34}$ mit 17

5 Vergleichen von Bruchzahlen
a) Ordne die Brüche der Größe nach.

(1) $\frac{1}{7}, \frac{1}{3}, \frac{1}{6}$
(2) $\frac{1}{2}, \frac{2}{3}, \frac{1}{4}$
(3) $\frac{4}{6}, \frac{3}{4}, \frac{6}{8}$
(4) $\frac{5}{6}, \frac{13}{15}, \frac{7}{10}$

b) Welche Brüche beschreiben den gleichen Anteil?

$\frac{2}{5}, \frac{4}{12}, \frac{12}{30}, \frac{7}{21}, \frac{18}{72}, \frac{6}{15}, \frac{1}{3}, \frac{2}{8}$

Kopiervorlage
Checkliste
g29fi9

Lösungen | Seite 236

Sicher ins Kapitel II

Checkliste – Kapitel II	Das kann ich gut.	Da bin ich noch unsicher.	Das kann ich nicht mehr.	**Lerntipp**
1. Ich kann geometrische Figuren erkennen und beschreiben.	☐	☐	☐	Basiswissen, Seiten 211 und 212
2. Ich kann Zirkel und Geodreieck zum Zeichnen verwenden.	☐	☐	☐	Basiswissen, Seiten 212 und 213
3. Ich kann mit dem Geodreieck Strecken messen und zeichnen.	☐	☐	☐	Basiswissen, Seite 212
4. Ich kann Winkel mit dem Geodreieck zeichnen und ihre Größen messen.	☐	☐	☐	Basiswissen, Seiten 214 und 215
5. Ich kann Figuren an Punkten und Geraden spiegeln.	☐	☐	☐	Basiswissen, Seite 212

Überprüfe deine Einschätzungen.

Kopiervorlage
Checkliste
vh7ym5

1 Geometrische Figuren erkennen und beschreiben
Beschreibe Gemeinsamkeiten und Unterschiede der abgebildeten Figuren.

(1)   (2)   (3)   (4)   (5)

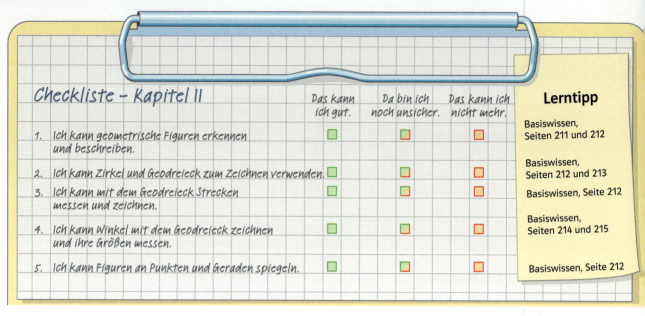

2 Zeichnen mit Zirkel und Geodreieck
a) Übertrage die Figur in dein Heft und zeichne die Strecken $\overline{AC}$ und $\overline{BD}$ ein.
b) Zeichne einen Kreis mit dem Mittelpunkt M, der durch die Punkte A und B verläuft.
c) Zeichne eine Gerade, die parallel zur Strecke $\overline{BC}$ durch den Punkt M verläuft.

3 Strecken messen und zeichnen
a) Zeichne ein Rechteck ABCD mit den Seitenlängen 4 cm und 6 cm.
b) Zeichne die Diagonalen $\overline{AC}$ und $\overline{BD}$ und kennzeichne ihren Schnittpunkt mit M.
c) Miss die Längen der Strecke $\overline{AM}$, $\overline{BM}$, $\overline{CM}$ und $\overline{DM}$. Was stellst du fest?

4 Winkel zeichnen und ihre Größen messen
Betrachte das Rechteck aus Aufgabe 3.
a) Miss die Größen der Winkel ∢AMD und ∢CMB. Was stellst du fest?
b) Miss die Größen der Winkel ∢BAM und ∢MAD. Was stellst du fest?
c) Finde einen Punkt E so, dass die Winkel ∢BAE und ∢EBA jeweils 45° groß sind.

5 Figuren spiegeln
a) Spiegele die Figur am Punkt A.   b) Spiegele die Figur an der Geraden g.

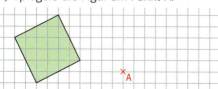 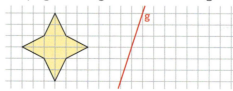

Lösungen | Seite 236

204

Sicher ins Kapitel III

Checkliste – Kapitel III

	Das kann ich gut.	Da bin ich noch unsicher.	Das kann ich nicht mehr.	Lerntipp
1. Ich kann Bruchzahlen in Bruchschreibweise und in Dezimalschreibweise angeben und diese auf dem Zahlenstrahl darstellen.	☐	☐	☐	Basiswissen, Seite 211
2. Ich kann Brüche addieren und voneinander subtrahieren.	☐	☐	☐	Rückblick, Seite 44
3. Ich kann mit Brüchen multiplizieren und dividieren.	☐	☐	☐	Rückblick, Seite 44
4. Ich kann sicher mit Dezimalbrüchen rechnen.	☐	☐	☐	Rückblick, Seite 44
5. Ich kenne die gültigen Rechenregeln und kann diese verwenden, um vorteilhaft zu rechnen.	☐	☐	☐	Rückblick, Seite 44

Kopiervorlage
Checkliste
j4qa66

Überprüfe deine Einschätzungen.

1 Bruchzahlen auf dem Zahlenstrahl
Den Buchstaben sind Zahlen zugeordnet. Gib die Zahlen in Bruchschreibweise und in Dezimalschreibweise an.

2 Brüche addieren und subtrahieren
Zeichne den Bruchrechen-Bus vereinfacht in dein Heft und ergänze die fehlenden Zahlen bzw. Rechenoperationen.

3 Brüche multiplizieren und dividieren
In jedem gelben Dreieck soll das Produkt der Zahlen in den danebenstehenden grünen Dreiecken stehen. In grünen und gelben Dreiecken, die wie auf dem Rand übereinanderliegen, sollen die Kehrwerte stehen. Übertrage die Zahlendreiecke in dein Heft und ergänze sie.

Produkt

Kehrbruch

a)

b)

4 Rechnen mit Dezimalbrüchen
Berechne.
a) 6,9 + 3,2 b) 11,11 − 2,22 c) 0,7 − 0,9 d) 14,4 : 0,12

5 Rechenvorteile nutzen
Berechne möglichst geschickt.
a) $\frac{3}{5} \cdot 17{,}7 \cdot \frac{10}{6}$
b) $2{,}55 \cdot 21{,}9 + 2{,}55 \cdot 78{,}1$
c) $\frac{3}{7} - \frac{1}{9} + \frac{1}{3} + \frac{4}{7}$
d) $5 \cdot \left(\frac{3}{5} - \frac{7}{35}\right)$

Lösungen | Seite 237

Sicher ins Kapitel IV

Checkliste – Kapitel IV

	Das kann ich gut.	Da bin ich noch unsicher.	Das kann ich nicht mehr.	Lerntipp
1. Ich kann Tabellen und Säulendiagramme erstellen.	☐	☐	☐	Basiswissen, Seite 215
2. Ich kann Anteile ohne Verwendung eines Bruches schreiben.	☐	☐	☐	
3. Ich kann Brüche erweitern, kürzen und vergleichen.	☐	☐	☐	Basiswissen, Seite 211
4. Ich kann Brüche in Dezimalschreibweise umwandeln.	☐	☐	☐	Basiswissen, Seite 211
5. Ich kann die Prozentschreibweise verwenden.	☐	☐	☐	Basiswissen, Seite 211
6. Ich kann Kreisausschnitte in einen Kreis einzeichnen.	☐	☐	☐	Basiswissen, Seite 211

Kopiervorlage
Checkliste
k54m2p

Überprüfe deine Einschätzungen.

1 Tabelle und Säulendiagramm
Bei der Klassensprecherwahl in der Klasse 6 d wird Alena von sieben Kindern gewählt. Tobias hat vier Stimmen bekommen, genau halb so viele wie Ann-Kristin. Jonas erhält noch zwei Stimmen mehr als Ann-Kristin. Für Leah stimmen nur zwei Kinder. Schreibe das Wahlergebnis als Tabelle und zeichne ein Säulendiagramm.

2 Anteile
Gib den Anteil ohne Verwendung eines Bruches an.

a) $\frac{2}{5}$ von 400 g   b) $\frac{3}{4}$ von 20 €   c) $\frac{1}{3}$ von 36 Tagen   d) $\frac{5}{8}$ von 72 m^2

3 Erweitern, Kürzen und Vergleichen

a) Erweitere $\frac{9}{25}$ mit 4.   b) Kürze $\frac{91}{63}$ mit 7.

c) Kürze $\frac{105}{45}$ so weit wie möglich.   d) Ordne $\frac{5}{6}$, $\frac{13}{15}$ und $\frac{7}{10}$ der Größe nach.

4 Brüche in Dezimalschreibweise
Schreibe als Dezimalbruch.

a) $\frac{9}{100}$ b) $\frac{13}{20}$ c) $\frac{11}{8}$ d) $\frac{7}{12}$

5 Prozentschreibweise
Ergänze.

a) 7 % = $\frac{7}{\square}$ b) $\frac{3}{5}$ = ☐ %   c) 25 % = $\frac{\square}{100}$ = $\frac{1}{\square}$ d) $\frac{3}{2}$ = ☐ %

6 Mittelpunktswinkel und Kreisausschnitt
a) Der abgebildete Kreis ist in zwei Kreisausschnitte geteilt. Wie groß sind die Mittelpunktswinkel?
b) Teile einen Kreis mit dem Radius 5 cm in drei Kreisausschnitte. Zwei der Mittelpunktswinkel sind α = 30° und β = 120°. Wie groß ist der dritte Mittelpunktswinkel γ?

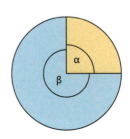

Lösungen | Seite 237

Sicher ins Kapitel V

Checkliste – Kapitel V

	Das kann ich gut.	Da bin ich noch unsicher.	Das kann ich nicht mehr.	Lerntipp
1. Ich kann mit rationalen Zahlen rechnen.	☐	☐	☐	Rückblick, Seite 114
2. Ich kann sicher mit Tabellen und Diagrammen umgehen.	☐	☐	☐	Basiswissen, Seite 215
3. Ich kann Punkte in ein Koordinatensystem einzeichnen.	☐	☐	☐	Basiswissen, Seite 213
4. Ich kann Flächeninhalte und Umfänge von Rechtecken berechnen.	☐	☐	☐	Basiswissen, Seite 215
5. Ich kann Volumina und Oberflächeninhalte von Quadern berechnen.	☐	☐	☐	Basiswissen, Seite 215

Kopiervorlage Checkliste 2x42uz

Überprüfe deine Einschätzungen.

1 Mit rationalen Zahlen rechnen
Berechne. Gib das Ergebnis in Bruchschreibweise und in Dezimalschreibweise an.

a) $\frac{2}{3} : \frac{1}{2}$ b) $\frac{3}{8} + 0{,}25$ c) $0{,}\overline{3} \cdot \frac{9}{4}$ d) $2{,}75 + (4 + 3) \cdot \frac{9}{126}$

2 Umgang mit Tabellen und Diagrammen
Die Grafik zeigt die ungefähren Einwohnerzahlen einiger europäischer Länder.
a) Erstelle in deinem Heft eine Tabelle mit den Einwohnerzahlen.
b) Zeichne ein Säulendiagramm, welches die Einwohnerzahlen der fünf Länder veranschaulicht. Wähle eine sinnvolle Skala für die Einwohnerzahlen.

3 Punkte in ein Koordinatensystem einzeichnen
Trägt man die folgenden Punkte in ein Koordinatensystem ein und verbindet sie in alphabetischer Reihenfolge sowie K mit A, so erkennt man einen Gegenstand. Schau dir die Koordinaten an und gib einen Tipp ab, um welchen der Gegenstände aus Fig. 1 es sich handelt. Zeichne dann ein Koordinatensystem in dein Heft und überprüfe deine Vermutung.
A(−2|−1), B(2|−1), C(2|1), D|(1,5|0,5), E(1|1), F(0,5|0,5), G(0|1), H(−0,5|0,5), I(−1|1), J(−1,5|0,5), K(−2|1)

Fig. 1

4 Flächeninhalte und Volumina von Rechtecken berechnen
Die Eckpunkte der Rechtecke ABCD und EFGH haben die angegebenen Koordinaten. Kannst du den Umfang und den Flächeninhalt berechnen, ohne vorher zu zeichnen? Wenn du unsicher bist, zeichne zur Kontrolle.
A(2|1), B(6|1), C(6|6), D(2|6)   E(−4|−2), F(3|−2), G(3|2), H(−4|2)

5 Volumina und Oberflächeninhalte von Quadern berechnen
Ein Schwimmbecken ist 12 m breit, 25 m lang und 3,50 m tief.
a) Wie viele Liter Wasser befinden sich im Schwimmbecken, wenn es vollständig gefüllt ist?
b) Die Innenwände des Schwimmbeckens (ohne Boden) sollen mit neuen Fliesen versehen werden. Wie viele Fliesen der Größe 20 cm × 20 cm benötigt man?

Gehe davon aus, dass man die Fliesen halbieren kann.

→ Lösungen | Seite 238

Sicher ins Kapitel VI

Checkliste – Kapitel VI

	Das kann ich gut.	Da bin ich noch unsicher.	Das kann ich nicht mehr.
1. Ich kann Anteile mit Brüchen und Prozenten beschreiben.	☐	☐	☐
2. Ich kann proportionale Zuordnungen erkennen und mit ihnen rechnen.	☐	☐	☐
3. Ich kann den Dreisatz bei proportionalen Zuordnungen anwenden.	☐	☐	☐
4. Ich kann Anwendungsaufgaben mit dem Dreisatz lösen.	☐	☐	☐

Lerntipp

Basiswissen, Seite 211

Merkkasten, Seite 152

Merkkasten, Seite 160

Beispiel 1, Seite 160

Überprüfe deine Einschätzungen.

1 Anteile als Brüche und Prozente
  a) Schreibe als Bruch. Kürze so weit wie möglich.
  (1) 4 %   (2) 10 %   (3) 70 %   (4) 95 %

  b) Gib in Prozent an.
  (1) $\frac{1}{4}$ (2) $\frac{2}{5}$ (3) $\frac{1}{2}$ (4) $\frac{2}{3}$

2 Proportionale Zuordnungen
Ist die Zuordnung proportional? Begründe deine Antwort.
  a) *Anzahl der Schulbücher → Gewicht der Schulbücher (in kg)*
  b) *Anzahl der Kinokarten → Preis für die Kinokarten (in €)*
  c) *getankte Benzinmenge (in l) → Preis für die Benzinmenge (in €)*

3 Dreisatz bei proportionalen Zuordnungen
In der Tabelle ist eine proportionale Zuordnung dargestellt. Übertrage ins Heft, fülle die Lücken aus und gib ein Beispiel für eine mögliche Zuordnung an.

  a) 27 h → 33 h
  b) 60 km → ?
  c) 40 m² → 54
  d) 9 l → 35
  e) 15 l → ?
  f) 24 € → ?
  g) 75 m → 100 m
  h) 9,3 s → ?

4 Aufgaben lösen mit dem Dreisatz
  a) Herr Frey tankt 36 l Benzin und muss 57,60 € bezahlen.
  Wie viel müsste er bei gleichem Benzinpreis für 45 l bezahlen?
  b) Eine Tankfüllung von 45 l reicht bei einem Auto für eine Strecke von 630 km. Wie weit kommt man mit der Tankreserve von 4 l, wenn man einen gleichbleibenden Benzinverbrauch voraussetzt?

Kopiervorlage
Checkliste
kv28tz

Lösungen | Seite 238

2 Basiswissen aus Klasse 5

Zahlen und Operationen

Terme
Wenn nur Punktrechnungen ($\cdot$ und :) oder nur Strichrechnungen (+ und −) vorkommen, dann wird von links nach rechts gerechnet.

$12 + 7 − 8 = 19 − 8 = 11$
$119 : 17 \cdot 5 = 7 \cdot 5 = 35$

Bei Termen mit Klammern berechnet man zuerst das, was in der Klammer steht.

$7 \cdot (12 − 8) = 7 \cdot 4 = 28$

Punktrechnungen ($\cdot$ und :) werden vor Strichrechnungen (+ und −) ausgeführt.

$23 − (4 + 5 \cdot 8) : 11 = 23 − (4 + 40) : 11$
$= 23 − 44 : 11 = 23 − 4 = 19$

Rechenregeln
Beim Addieren darf man die Reihenfolge der Summanden, beim Multiplizieren die Reihenfolge der Faktoren vertauschen (Kommutativgesetze).

$3 + 5 = 5 + 3$
$2 \cdot 7 = 7 \cdot 2$

Bei einer Summe von mehr als zwei Summanden und bei einem Produkt von mehr als zwei Faktoren darf man Klammern beliebig setzen (Assoziativgesetze).

$3 + 5 + 4 = (3 + 5) + 4 = 3 + (5 + 4)$
$2 \cdot 7 \cdot 6 = (2 \cdot 7) \cdot 6 = 2 \cdot (7 \cdot 6)$

Man kann einen Faktor mit einer Summe multiplizieren, indem man zuerst den Faktor mit jedem der Summanden multipliziert und dann die Ergebnisse addiert (Distributivgesetz). Entsprechend kann man bei einer Differenz vorgehen.

$3 \cdot (5 + 4) = 3 \cdot 5 + 3 \cdot 4 = 15 + 12 = 27$
$(100 + 60 + 3) \cdot 9 = 100 \cdot 9 + 60 \cdot 9 + 3 \cdot 9$
$= 900 + 540 + 27 = 1467$
$(7 − 2) \cdot 8 = 7 \cdot 8 − 2 \cdot 8 = 56 − 16 = 40$
$6 \cdot (20 − 3) = 6 \cdot 20 − 6 \cdot 3 = 120 − 18 = 102$

Das Distributivgesetz ermöglicht umgekehrt das Ausklammern von gemeinsamen Faktoren.

$11 \cdot 6 + 4 \cdot 11 = 11 \cdot (6 + 4) = 11 \cdot 10 = 110$
$7 \cdot 14 + 5 \cdot 14 − 2 \cdot 14 = (7 + 5 − 2) \cdot 14$
$= 10 \cdot 14 = 140$

Schriftlich rechnen
Addieren und Subtrahieren
Man schreibt die Zahlen stellengerecht untereinander. Dann wird von rechts beginnend ziffernweise gerechnet. Überträge berücksichtigt man bei der nächsten Stelle.

```
  3 4 5 7 2        9 5 7 4 8
+ 5 9 3 4 9      −   9 7 3 9
  1   1 1            1     1
  9 3 9 2 1        8 6 0 0 9
```

Multiplizieren
Man multipliziert den ersten Faktor nacheinander mit jeder Ziffer des zweiten Faktors und schreibt die Teilergebnisse versetzt untereinander. Danach werden die Teilergebnisse addiert. Überschlagsrechnungen können helfen, Stellenfehler zu vermeiden.

```
  4 2 1 · 2 1 9        3 9 5 · 7 0 9 0
      8 4 2            2 7 6 5 0
+     4 2 1          +   3 5 5 5 0
+   3 7 8 9              1 1
    1 1                2 8 0 0 5 5 0
    9 2 1 9 9
```

Dividieren
Der Quotient wird schrittweise Ziffer für Ziffer bestimmt. Man beginnt von links und betrachtet zunächst nur einen Teil der Ziffernfolge. Man überlegt, wie oft der Teiler hierin enthalten ist. In jedem Schritt holt man die nächste Stelle zum Rest hinzu, bis alle Stellen abgearbeitet sind. Jeder Rest ist kleiner als der Teiler.

```
  2 0 3 7 : 1 9 = 1 0 7  Rest 4
− 1 9
    1 3       Probe:
−     0       1 0 7 · 1 9        2 0 3 3 + 4
    1 3 7         1 0 7        = 2 0 3 7
−   1 3 3     +     9 6 3
        4         1 1
                2 0 3 3
```

210

Anhang

Brüche und Anteile
Mit einem Bruch kann man einen Anteil beschreiben. Die Zahl über dem Bruchstrich heißt der Zähler und die Zahl unter dem Bruchstrich der Nenner des Bruches. Der Nenner gibt an, in wie viele gleich große Teile man ein Ganzes teilt. Der Zähler gibt an, wie viele dieser Teile man betrachtet.

$\frac{3}{4}$ von 24 kg:

24 kg : 4 = 6 kg;   3 · 6 kg = 18 kg

Erweitern und Kürzen
Ein Bruch wird erweitert, indem man den Zähler und den Nenner mit derselben natürlichen Zahl (ungleich null) multipliziert.
Ein Bruch wird gekürzt, indem man den Zähler und den Nenner durch dieselbe natürliche Zahl (ungleich null) dividiert.
Alle Brüche, die aus einem Bruch durch Erweitern oder Kürzen entstehen, bezeichnen dieselbe Zahl. Sie werden auf dem Zahlenstrahl an derselben Stelle eingetragen.

$\frac{5}{6}$ mit 3 erweitert ergibt $\frac{15}{18}$.

$\frac{8}{12}$ mit 4 gekürzt ergibt $\frac{2}{3}$.

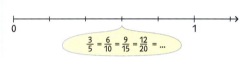

$\frac{3}{5} = \frac{6}{10} = \frac{9}{15} = \frac{12}{20} = \ldots$

Dezimalbrüche und Brüche
Dezimalbrüche mit einer, zwei, drei … Nachkommastellen sind eine andere Schreibweise für Brüche mit dem Nenner 10, 100, 1000 …
Will man einen Bruch in einen Dezimalbruch umwandeln, so erweitert oder kürzt man den Nenner auf eine Zehnerpotenz, oder man dividiert den Zähler durch den Nenner.
Wandelt man einen Bruch durch Division in einen Dezimalbruch um, so erhält man einen abbrechenden oder einen periodischen Dezimalbruch.

$0{,}4 = \frac{4}{10}$

$0{,}17 = \frac{17}{100}$

$0{,}513 = \frac{513}{1000}$

$\frac{12}{75} = \frac{4}{25} = \frac{16}{100} = 0{,}16$

$\frac{15}{40} = 15 : 40 = 0{,}375$

$\frac{15}{99} = 15 : 99 = 0{,}151515\ldots = 0{,}\overline{15}$

Bruchzahlen vergleichen
Dezimalbrüche vergleicht man, indem man die Ziffern stellenweise miteinander vergleicht.
Brüche lassen sich vergleichen, indem man sie so erweitert oder kürzt, dass die Nenner oder die Zähler gleich sind. Sind die Nenner gleich, so ist der Bruch mit dem größeren Zähler größer. Sind die Zähler gleich, so ist der Bruch mit dem kleineren Nenner größer.

$0{,}4 < 0{,}5$ $0{,}091 < 0{,}126$ $0{,}0102 < 0{,}02$

$\frac{2}{5} < \frac{1}{2}$, denn $\frac{2}{5} < \frac{2}{4} = \frac{1}{2}$

$\frac{1}{7} < \frac{4}{21}$, denn $\frac{1}{7} = \frac{3}{21} < \frac{4}{21}$

Brüche und Prozente
Anteile werden häufig in Prozent angegeben.
Dabei ist 1% eine andere Schreibweise für $\frac{1}{100}$. Dies entspricht dem Dezimalbruch 0,01.

$\frac{1}{4} = \frac{25}{100} = 25\%$

$\frac{1}{8} = 0{,}125 = \frac{12{,}5}{100} = 12{,}5\%$

Raum und Form

Dreiecke
Ein Dreieck mit zwei gleich langen Seiten nennt man gleichschenklig.
Ein Dreieck mit drei gleich langen Seiten nennt man gleichseitig.

gleichschenkliges Dreieck   gleichseitiges Dreieck

2 Basiswissen aus Klasse 5

Vierecke
Parallelogramm: Viereck, bei dem gegenüberliegende Seiten parallel sind
Raute: Viereck mit vier gleich langen Seiten
Rechteck: Viereck mit vier rechten Winkeln
Quadrat: Viereck mit vier gleich langen Seiten und vier rechten Winkeln

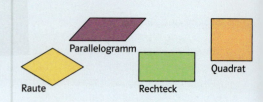

Achsensymmetrische Figuren
Es gibt eine Symmetrieachse g.
Die Verbindungsstrecke von Punkt und Bildpunkt verläuft senkrecht zur Symmetrieachse g.
Die Symmetrieachse halbiert die Verbindungsstrecke von Punkt und Bildpunkt.

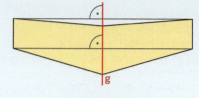

Punktsymmetrische Figuren
Es gibt ein Symmetriezentrum Z.
Die Verbindungsstrecke von Punkt und Bildpunkt verläuft durch Z.
Z halbiert die Verbindungsstrecke der beiden Punkte.

Strecken
Eine Strecke ist die kürzeste Verbindung zwischen zwei Punkten.

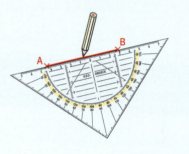

Geraden
Verlängert man eine Strecke unbegrenzt über ihre beiden Endpunkte hinaus, erhält man eine Gerade.

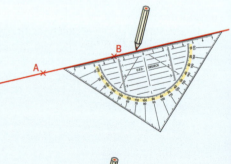

Zeichnen zueinander paralleler Geraden
Mit dem Geodreieck kann man Geraden zeichnen, die parallel zueinander sind.
Lege das Geodreieck so an, dass die blaue Gerade auf einer Hilfslinie oder zwischen zwei Hilfslinien liegt. Dann kannst du mit der langen Seite des Geodreiecks die Gerade zeichnen, die zur blauen Geraden parallel ist.

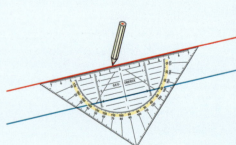

Zeichnen zueinander senkrechter Geraden

Mit dem Geodreieck kann man Geraden zeichnen, die senkrecht zueinander sind.

Lege das Geodreieck so an, dass die blaue Gerade auf der Mittellinie liegt. Dann kannst du mit der langen Seite des Geodreiecks die Gerade zeichnen, die zur blauen Geraden senkrecht ist.

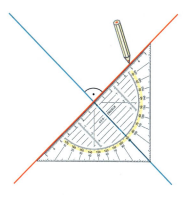

Zeichnen eines Kreises mit dem Zirkel

Markiere den Mittelpunkt.

Übertrage die Länge des Radius auf den Zirkel.

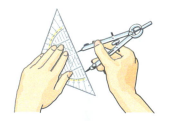

Zeichne mit dem Zirkel einen Kreis um den Mittelpunkt mit dem eingestellten Radius.

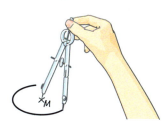

Koordinatensystem

Die Lage eines Punktes in einem Koordinatensystem lässt sich durch ein Zahlenpaar beschreiben.

P(5|2)

x-Koordinate (5 nach rechts)   y-Koordinate (2 nach oben)

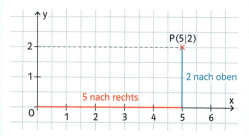

2 Basiswissen aus Klasse 5

Größen und Messen

Längeneinheiten
Kilometer km
Meter m   1000 m = 1 km
Dezimeter dm   10 dm = 1 m
Zentimeter cm   10 cm = 1 dm
Millimeter mm   10 mm = 1 cm

3000 m = 3 km
80 dm = 8 m
741 cm = 7 m 41 cm
1,1 cm = 11 mm

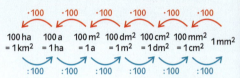

Gewichtseinheiten
Tonne t
Kilogramm kg   1000 kg = 1 t
Gramm g   1000 g = 1 kg

5000 kg = 5 t   *3050 kg = 3,05 t*
9000 g = 9 kg   *4 kg 300 g = 4300 g*

Flächeneinheiten
Flächeninhalte kann man in den Einheiten 1 mm², 1 cm², 1 dm², 1 m², 1 a, 1 ha und 1 km² messen.
Multipliziert man eine Flächeneinheit mit 100, so erhält man die nächstgrößere, bei Division durch 100 die nächstkleinere Einheit.

Quadratkilometer km²
Hektar ha   100 ha = 1 km²
Ar a   100 a = 1 ha
Quadratmeter m²   100 m² = 1 a
Quadratdezimeter dm²   100 dm² = 1 m²
Quadratzentimeter cm²   100 cm² = 1 dm²
Quadratmillimeter mm²   100 mm² = 1 cm²

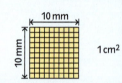

12 ha = 0,12 km²
= 1200 a
20 050 mm²
= 200 cm² 50 mm²

Volumeneinheiten
Volumina kann man in den Einheiten 1 mm³, 1 cm³ = 1 ml, 1 dm³ = 1 l und 1 m³ messen.
Multipliziert man eine Volumeneinheit mit 1000, so erhält man die nächstgrößere, bei Division durch 1000 die nächstkleinere Einheit.

Kubikmeter m³
Kubikdezimeter dm³   Liter l   1000 dm³ = 1 m³
Kubikzentimeter cm³   Milliliter ml   1000 cm³ = 1 dm³ = 1 l
Kubikmillimeter mm³   1000 mm³ = 1 cm³ = 1 ml

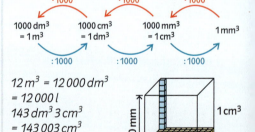

12 m³ = 12 000 dm³
= 12 000 l
143 dm³ 3 cm³
= 143 003 cm³

Winkel
Zwei Strahlen mit einem gemeinsamen Anfangspunkt bilden einen Winkel.
Der gemeinsame Punkt heißt Scheitelpunkt.

Winkel bezeichnet man mit griechischen Buchstaben (α, β, γ ...), mit den Schenkeln oder mit drei Punkten.

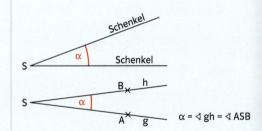

Zum Messen von Winkeln benutzt man Skalen, wie man sie auf dem Geodreieck findet.
Die Größe von Winkeln wird in Grad angegeben.
Je nach Größe unterscheidet man verschiedene Winkelarten:

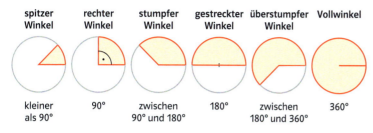

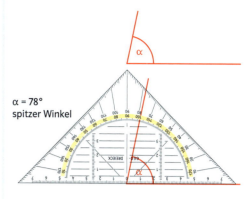

$\alpha = 78°$
spitzer Winkel

Flächeninhalt und Umfang eines Rechtecks
Flächeninhalt: Länge mal Breite
Formel: $A = a \cdot b$
Umfang: 2-mal Länge + 2-mal Breite
Formel: $U = 2 \cdot a + 2 \cdot b$

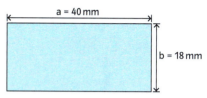

Flächeninhalt
$A = 40\,mm \cdot 18\,mm = 720\,mm^2$
Umfang
$U = 2 \cdot 40\,mm + 2 \cdot 18\,mm = 116\,mm$

Volumen eines Quaders
Volumen: Länge mal Breite mal Höhe
Formel: $V = a \cdot b \cdot c$

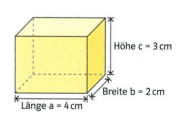

$V = 4\,cm \cdot 2\,cm \cdot 3\,cm = 24\,cm^3$

Oberflächeninhalt eines Quaders
Der Oberflächeninhalt ist die Summe der Flächeninhalte aller sechs Rechtecke, die den Quader begrenzen.
Formel: $O = 2 \cdot a \cdot b + 2 \cdot b \cdot c + 2 \cdot a \cdot c$

$O = 2 \cdot 4\,cm \cdot 2\,cm + 2 \cdot 2\,cm \cdot 3\,cm$
$ + 2 \cdot 4\,cm \cdot 3\,cm = 52\,cm^2$

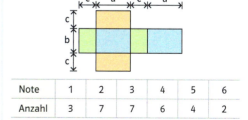

Daten und Zufall

Tabellen und Diagramme
Mithilfe von Tabellen und Diagrammen können Zahlen übersichtlich dargestellt und verglichen werden.

Beim Säulendiagramm werden Streifen verwendet, die aufrecht nebeneinander angeordnet sind. Ein Balkendiagramm besteht aus waagerecht übereinanderliegenden Streifen.

Note	1	2	3	4	5	6
Anzahl	3	7	7	6	4	2

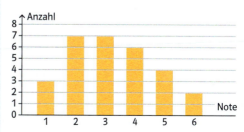

3 Lösungen

Kapitel I, Bist du schon sicher?, Seite 10

13
a) $\frac{31}{24}$ b) $\frac{59}{20}$ c) $\frac{67}{18}$ d) $\frac{1}{18}$
e) $\frac{11}{24}$ f) $\frac{83}{60}$ g) $\frac{67}{18}$ h) $\frac{1}{6}$

14
a) $\frac{3}{40}$ b) $\frac{9}{100}$

15
$\frac{1}{3} + \frac{1}{8} = \frac{11}{24}$; $\frac{1}{2} = \frac{12}{24}$. Frau Malls Behauptung ist falsch.

Kapitel I, Kannst du das noch?, Seite 11

22
a) 5144   b) 11041   c) 8909   d) 3709

Kapitel I, Bist du schon sicher?, Seite 13

10
a) (1) 7,6   (2) 1,2   (3) 8,72
b) (1) 20,39   (2) 5,828   (3) 3,53
c) (1) 22,1 kg   (2) 26,1 kg   (3) 47 m³

11
a) 11,54   b) 10,65

Kapitel I, Kannst du das noch?, Seite 14

18
a) 1200 mm²   b) 12 500 cm²   c) 50 800 dm²   d) 4500 ha

Kapitel I, Bist du schon sicher?, Seite 17

12
a) $\frac{8}{11}$ b) $\frac{5}{2}$ c) $\frac{3}{23}$ d) $\frac{1}{68}$ e) $\frac{2}{3}$

13
$4\frac{1}{2}$ l

14
90 g Zucker, $\frac{1}{8}$ l Wasser, $\frac{3}{16}$ l Milch, $\frac{1}{4}$ Teelöffel Vanillezucker, 10 g Cremepulver, 1 Eigelb

Kapitel I, Kannst du das noch?, Seite 18

24
a) (1) Überschlag: $30 \cdot 50 = 1500$
    Rechnung: 1456
    (2) Überschlag: $200 \cdot 700 = 140\,000$
    Rechnung: 106 856
    (3) Überschlag: $6000 \cdot 200 = 1\,200\,000$
    Rechnung: 1 221 756
    (4) Überschlag: $2000 \cdot 20\,000 = 40\,000\,000$
    Rechnung: 47 872 312
b) (1) 1000 cm = 100 dm
    (2) 250 000 g = 250 kg
    (3) 25 000 000 mm = 2 500 000 cm
    (4) 12 000 kg = 12 t

Kapitel I, Bist du schon sicher?, Seite 21

12
a) $\frac{1}{3}$ kg   b) $\frac{7}{20}$ t
c) $\frac{9}{8}$ km = $1\frac{1}{8}$ km   d) $\frac{15}{2}$ m³ = $7\frac{1}{2}$ m³

13
a) $\frac{8}{9}$ b) $\frac{20}{3}$ c) $\frac{7}{2}$ d) $\frac{161}{72}$

14
Der Weizenanteil beträgt $\frac{2}{5}$.

Kapitel I, Kannst du das noch?, Seite 22

22
a) $\frac{1}{2} + \frac{1}{3} = \frac{5}{6} = 0,8\overline{3}$; $\frac{3}{5} + \frac{1}{4} = \frac{17}{20} = 0,85$
    also: $\frac{3}{5} + \frac{1}{4} > \frac{1}{2} + \frac{1}{3}$
b) $\frac{5}{8} + \frac{1}{10} = \frac{29}{40} = 0,725$; $\frac{2}{5} + \frac{3}{10} = \frac{7}{10} = 0,7$
    also: $\frac{5}{8} + \frac{1}{10} > \frac{2}{5} + \frac{3}{10}$
c) $\frac{3}{5} + \frac{1}{2} = \frac{11}{10} = 1,1$; $\frac{3}{4} + \frac{1}{3} = \frac{13}{12} = 1,08\overline{3}$
    also: $\frac{3}{5} + \frac{1}{2} > \frac{3}{4} + \frac{1}{3}$
d) $\frac{7}{3} + \frac{6}{5} = \frac{53}{15} = 3,5\overline{3}$; $\frac{26}{9} + \frac{4}{5} = \frac{166}{45} = 3,6\overline{8}$
    also: $\frac{26}{9} + \frac{4}{5} > \frac{7}{3} + \frac{6}{5}$
e) $\frac{1}{2} - \frac{1}{3} = \frac{1}{6} = 0,1\overline{6}$; $\frac{3}{5} - \frac{1}{4} = \frac{7}{20} = 0,35$
    also: $\frac{3}{5} - \frac{1}{4} > \frac{1}{2} - \frac{1}{3}$
f) $\frac{5}{8} - \frac{1}{10} = \frac{21}{40} = 0,525$; $\frac{2}{5} - \frac{3}{10} = \frac{1}{10} = 0,1$
    also: $\frac{5}{8} - \frac{1}{10} > \frac{2}{5} - \frac{3}{10}$
g) $\frac{3}{5} - \frac{1}{2} = \frac{1}{10} = 0,1$; $\frac{3}{4} - \frac{1}{3} = \frac{5}{12} = 0,41\overline{6}$
    also: $\frac{3}{4} - \frac{1}{3} > \frac{3}{5} - \frac{1}{2}$
h) $\frac{7}{3} - \frac{6}{5} = \frac{17}{15} = 1,1\overline{3}$; $\frac{26}{9} - \frac{4}{5} = \frac{94}{45} = 2,0\overline{8}$
    also: $\frac{26}{9} - \frac{4}{5} > \frac{7}{3} - \frac{6}{5}$

Kapitel I, Bist du schon sicher?, Seite 25

8
a) $\frac{5}{8}$ b) $\frac{9}{2}$ c) $\frac{21}{10}$
d) $\frac{25}{84}$ e) $\frac{16}{27}$ f) $\frac{9}{2}$

9
31 Dosen

10
Man muss durch einen Bruch teilen, der kleiner als 1 ist.

Kapitel I, Kannst du das noch?, Seite 26

26
Die Abbildungen sind im Maßstab 1:2 verkleinert.

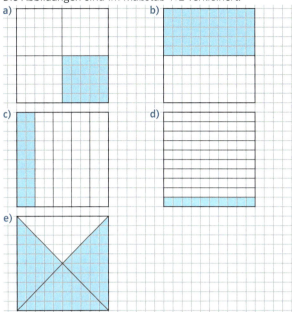

27
a) 0,1   b) 0,4   c) 0,75   d) 0,125   e) 0,05

Kapitel I, Bist du schon sicher?, Seite 29

13
a) 0,15   b) 0,0012   c) 0,64   d) 0,006

14
a) Überschlag: 8 · 3 = 24
   Rechnung: 23,925
b) Überschlag: 800 · 3 = 2400
   Rechnung: 2520,96
c) Überschlag: 5 · 5 = 25
   Rechnung: 21,825
d) Überschlag: 0,5 · 7 = 3,5
   Rechnung: 3,2046

15
20 157,13 €

Kapitel I, Kannst du das noch?, Seite 29

22
a) $\frac{1}{20}$ b) $\frac{3}{10}$ c) $\frac{8}{27}$ d) $\frac{2}{11}$
e) $\frac{2}{9}$ f) 9   g) $\frac{5}{33}$ h) $\frac{11}{12}$

Kapitel I, Bist du schon sicher?, Seite 32

9
a) 0,05   b) 0,8   c) 0,043   d) 3,8   e) 0,1375

10
a) 0,125   b) 0,45   c) 0,4375   d) 0,225   e) 1,75

Kapitel I, Kannst du das noch?, Seite 32

17
a) und b)

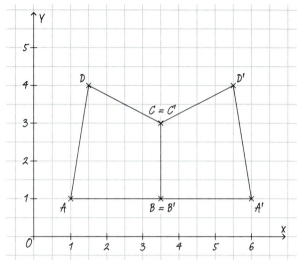

c) A'(6|1), B' = B(3,5|1), C' = C(3,5|3), D'(5,5|4)

Kapitel I, Bist du schon sicher?, Seite 35

9
a) 25   b) 9   c) 3   d) 2

10
a) Überschlag: 1570:2 = 785
   Rechnung: 654
b) Überschlag: 2700:9 = 300
   Rechnung: 314
c) Überschlag: 7:7 = 1
   Rechnung: 1,06
d) Überschlag: 39:3 = 13
   Rechnung: 12,34375

11
15,5 m³ : 2,1 m³ = $\frac{155}{21}$ ≈ 7,38. Der Lkw muss also acht Fahrten machen.

Kapitel I, Kannst du das noch?, Seite 36

24
a) 5 · 23 · 2 · 20 = 5 · 20 · 23 · 2 = 100 · 23 · 2
   = 2300 · 2 = 4600
b) 3,9 · 7 = (4 − 0,1) · 7 = 4 · 7 − 0,1 · 7 = 28 − 0,7 = 27,3
c) (19 · 125) · 8 = 125 · 8 · 19 = 1000 · 19 = 1000 · (20 − 1)
   = 1000 · 20 − 1000 · 1 = 20 000 − 1000 = 19 000
d) 5 · (4 · 13) = 5 · 4 · 13 = 20 · 13 = 260
e) (20 − 3) · 8 = 20 · 8 − 3 · 8 = 160 − 24 = 136
f) 50 · 29 − 19 · 50 = 50 · (29 − 19) = 50 · 10 = 500
g) 7 · 13 + 7 · 47 = 7 · (13 + 47) = 7 · 60 = 420
h) 8 · 75 − 8 · 69 = 8 · (75 − 69) = 8 · 6 = 48

3 Lösungen

Kapitel I, Bist du schon sicher?, Seite 38

6
a) $\frac{7}{2} \cdot 5{,}3 \cdot \frac{4}{14} = \frac{7}{2} \cdot \frac{4}{14} \cdot 5{,}3 = 1 \cdot 5{,}3 = 5{,}3$
b) $\frac{3}{2} \cdot \frac{7}{5} - \frac{3}{2} \cdot \frac{1}{5} = \frac{3}{2} \cdot \left(\frac{7}{5} - \frac{1}{5}\right) = \frac{3}{2} \cdot \frac{6}{5} = \frac{9}{5}$
c) $5 \cdot (400 - 20) = 5 \cdot 400 - 5 \cdot 20 = 2000 - 100 = 1900$
d) $\frac{1}{7} \cdot \frac{2}{3} + \frac{6}{7} \cdot \frac{2}{3} = \frac{2}{3} \cdot \left(\frac{1}{7} + \frac{6}{7}\right) = \frac{2}{3} \cdot 1 = \frac{2}{3}$

7
a) Fehler: Die Klammern dürfen bei einer Division nicht weggelassen werden.
Richtige Rechnung: $2{,}8 : (2 \cdot 0{,}5) = 2{,}8 : 1 = 2{,}8$
b) Fehler: Beim Auflösen der Klammer wurde versehentlich ein Plus- statt eines Minuszeichens geschrieben.
Richtige Rechnung: $5 \cdot \left(2 - \frac{1}{5}\right) = 5 \cdot 2 - 5 \cdot \frac{1}{5} = 10 - 1 = 9$
c) Fehler: Die Klammer wurde falsch aufgelöst. In einer reinen Multiplikation darf man die Klammer weglassen (Assoziativgesetz).
Richtige Rechnung: $1{,}5 \cdot \left(2 \cdot \frac{1}{3}\right) = 1{,}5 \cdot 2 \cdot \frac{1}{3} = 3 \cdot \frac{1}{3} = 1$
d) Fehler: Das Distributivgesetz gilt nicht für die Division. Die Klammer darf hier nicht aufgelöst werden, sondern muss zunächst berechnet werden.
Richtige Rechnung:
$\frac{1}{5} : \left(\frac{2}{3} + \frac{4}{7}\right) = \frac{1}{5} : \left(\frac{14}{21} + \frac{12}{21}\right) = \frac{1}{5} : \frac{26}{21} = \frac{1}{5} \cdot \frac{21}{26} = \frac{21}{130}$

Kapitel I, Kannst du das noch?, Seite 39

14
a) $3\,cm^2$ b) $105\,cm^2$ c) $84\,dm^2$ d) $20\,000\,mm^2$

15
a) 90°   b) 30°   c) 200°   d) 150°

16
a) stumpfer Winkel

b) überstumpfer Winkel

c) spitzer Winkel

d) rechter Winkel
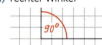

Kapitel I, Training Runde 1, Seite 45

1
a) $\frac{15}{7}$ b) $\frac{2}{5}$ c) 7   d) $\frac{12}{5} = 2\frac{2}{5}$

2
a) 20   b) $\frac{6}{5}$ c) $\frac{3}{2}$ d) $\frac{21}{10}$

3
a) Überschlag: $5 \cdot 0{,}0002 = 0{,}001$
Rechnung: 0,0009
b) Überschlag: $3 \cdot 2 = 6$
Rechnung: 6,09

c) Überschlag: $100 : 2 = 50$
Rechnung: 50
d) Überschlag: $18 : 6 = 3$
Rechnung: 2,6

4
Tischtennisplatte: $2{,}74\,m \cdot 1{,}53\,m = 4{,}1922\,m^2 \approx 4{,}19\,m^2$
Billardtisch: $2{,}84\,m \cdot 1{,}42\,m = 4{,}0328\,m^2 \approx 4{,}03\,m^2$
Die Tischtennisplatte hat den größeren Flächeninhalt.

5
$5{,}04 : 0{,}045 = 112$; $9{,}18 : 0{,}045 = 204$; $44{,}91 : 0{,}045 = 998$
Man kann 112 Minuten, 204 Minuten bzw. 998 Minuten telefonieren.

6
$1{,}1 : 3 = 0{,}3\overline{6}$ $1{,}55 : 5 = 0{,}31$
Das zweite Angebot ist günstiger.

Kapitel I, Training Runde 2, Seite 45

1
a) $\frac{5}{3}$ b) $\frac{9}{10}$ c) $\frac{32}{125}$ d) $\frac{49}{74}$

2
a) Überschlag: $250 : 5 = 50$
Rechnung: 51
b) Überschlag: $4 \cdot 4 = 16$
Rechnung: 14,7
c) Überschlag: $5 \cdot 0{,}002 = 0{,}01$
Rechnung: 0,009
d) Überschlag: $27 : 9 = 3$
Rechnung: 3

3
$70\,kW = 95{,}2\,PS$; $75\,PS \approx 55{,}1\,kW$

4
a) $10{,}20\,€ : 4 = 2{,}55\,€$
b) $24{,}10\,€ : 11 \approx 2{,}19\,€$
c) $24{,}10\,€ : 2{,}7 \approx 8{,}93$
   $75\,€ : 2{,}70\,€ \approx 27{,}8$
Eine Wochenkarte lohnt sich ab 9 und eine Monatskarte ab 28 Fahrten.

5
a) Wenn man das Komma bei der Zahl, durch die dividiert wird, um eine Stelle nach links verschiebt, verschiebt sich das Komma im Ergebnis um eine Stelle nach rechts.
Beispiel: $56 : 0{,}7 = 80$; $56 : 0{,}07 = 800$
Verschiebt man das Komma hingegen bei der zu dividierenden Zahl um eine Stelle nach links, so verschiebt sich das Komma im Ergebnis um eine Stelle nach links.
Beispiel: $7{,}2 : 8 = 0{,}9$; $0{,}72 : 8 = 0{,}09$
b) Verschiebt sich das Komma bei der Zahl, durch die dividiert wird, um eine Stelle nach rechts und bei der zu dividierenden Zahl um zwei Stellen nach links, so verschiebt sich das Komma im Ergebnis um drei Stellen nach links.
Beispiel: $39{,}6 : 0{,}03 = 1320$; $0{,}396 : 0{,}3 = 1{,}32$
Verschiebt sich das Komma bei der Zahl, durch die dividiert wird, um zwei Stellen nach links und bei der zu dividieren-

den Zahl um eine Stelle nach rechts, so verschiebt sich das Komma im Ergebnis um drei Stellen nach rechts.
Beispiel: 29,24 : 8,6 = 3,4; 292,4 : 0,086 = 3400

Kapitel II, Bist du schon sicher?, Seite 52

9
a) Der 70°-Winkel ist Scheitelwinkel zu α und Stufenwinkel zu β. Deshalb gilt α = β. Der Winkel γ ist Nebenwinkel zu α. Deshalb gilt α = 180° − γ.
b) Mit den folgenden Winkelbeschriftungen gilt beispielsweise $α_1 = γ$ (Scheitelwinkel), $α_1 = 180° − α$ (Nebenwinkel) und $α_1 = β_3$ (Stufenwinkel).

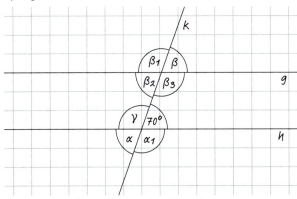

c) Man kann alle vorkommenden Winkel berechnen:
α = 70° (Scheitelwinkel)
β = 70° (Stufenwinkel)
$α_1 = 180° − α = 110°$ (Nebenwinkel)
$γ = α_1 = 110°$ (Scheitelwinkel)
$β_1 = γ = 110°$ (Stufenwinkel)
$β_2 = 180° − β_1 = 70°$ (Nebenwinkel)
$β_3 = β_1 = 110°$ (Scheitelwinkel)
Es sind auch andere Begründungen möglich.

10
Fritz hat recht. Mit den Bezeichnungen aus der Figur rechts oben gilt:
$γ_1 = α_1 = 30°$ (Scheitelwinkel)
$δ_1 = 180° − α_1 = 150°$ (Nebenwinkel)
$β_1 = δ_1 = 150°$ (Scheitelwinkel)
$δ_2 = 180° − α_2 = 45°$ (Nebenwinkel)
$γ_2 = α_2 = 135°$ (Scheitelwinkel)
$β_2 = δ_2 = 45°$ (Scheitelwinkel)
$α_3 = δ_2 = 45°$ (Stufenwinkel)
$β_3 = γ_1 = 30°$ (Stufenwinkel)
$δ_3 = α_1 = 30°$ (Stufenwinkel)
$γ_3 = 180° − (α_3 + δ_3) = 105°$ (Nebenwinkel)
$ε_3 = γ_3 = 105°$ (Scheitelwinkel)
$λ_3 = α_3 = 45°$ (Scheitelwinkel)
Es sind auch andere Begründungen möglich.

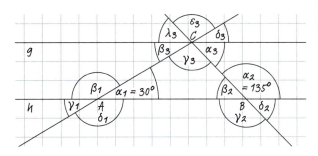

Kapitel II, Kannst du das noch?, Seite 53

19
a) Man bringt die Brüche auf gleiche Nenner, schreibt die Brüche auf einen gemeinsamen Bruchstrich und addiert die Zähler.
$\frac{2}{3} + \frac{8}{7} = \frac{14}{21} + \frac{24}{21} = \frac{38}{21}$
b) $\frac{1}{4}$ kg = 250 g; $\frac{1}{2}$ kg = 500 g

250 g + 600 g + 500 g = 1350 g
Der gesamte Einkauf ist 1350 g schwer.

Kapitel II, Bist du schon sicher?, Seite 56

11
a) Mit dem Satz über die Winkelsumme im Dreieck kann man die fehlende Winkelgröße γ berechnen. Es gilt
γ = 180° − 54° − 32° = 94°.
b) Die Winkel α und β sind gleich groß und müssen zusammen mit γ = 76° einen Winkel von 180° ergeben.
Deshalb gilt α + β + γ = α + α + γ = 2α + γ = 2α + 76° = 180° und somit α = 52°.
Die Konstruktion beginnt mit der Strecke c = $\overline{AB}$ mit der Länge 4 cm. Dann trägt man in A und B die Winkel α und β an. Der Schnittpunkt der beiden Schenkel ergibt den Punkt C.

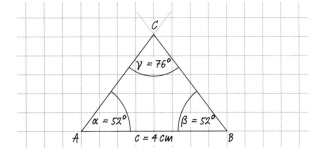

12
a) Die Aussage ist wahr. Die zwei gleich großen Winkel müssen zusammen 180° − 90° = 90° ergeben. Jeder der beiden Winkel ist somit 90° : 2 = 45° groß.
b) Die Aussage ist falsch. Ein stumpfer Winkel ist größer als 90°. Mit zwei stumpfen Winkeln in einem Dreieck wäre ihre Summe dann schon größer als 180°. Das ist nach dem Winkelsummensatz nicht möglich.
c) Die Aussage ist wahr. Es gibt Dreiecke, bei denen jeder Winkel 180° : 3 = 60° groß ist.

3 Lösungen

13
a) Winkelsummensatz für Vierecke:
72° + 54° + 119° + γ = 245° + γ = 360°, also γ = 115°
b) Winkelsummensatz für Vierecke:
154° + 68° + 47° + α = 269° + α = 360°, also α = 91°

Kapitel II, Kannst du das noch?, Seite 58

31
a) 0,28 + **0,72** = 1   b) 18,03 − 5,**040** = 12,990

32
a) 28   b) 56   c) 38   d) 8
e) 188   f) 37   g) 225   h) 2

Kapitel II, Bist du schon sicher?, Seite 61

6
a)
b)

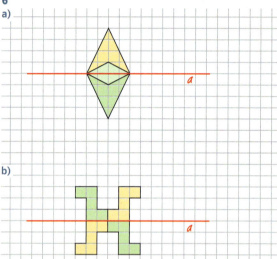

7
In der Zeichnung erkennt man, dass es egal ist, ob zunächst an der Spiegelachse a und dann an der Spiegelachse b gespiegelt wird oder umgekehrt.

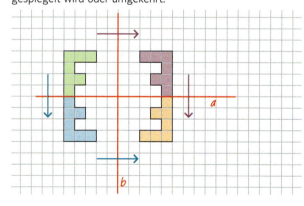

Kapitel II, Kannst du das noch?, Seite 61

12
a) 1212 dm²   b) 120 012 cm²
c) 120 120 m²   d) 2400 m²
e) 505 ha   f) 50 005 a
g) 5 000 500 m²   h) 50 500 dm²

13
(1) 2 cm auf der Karte entsprechen 20 000 cm in der Wirklichkeit.
(2) 4 cm auf der Karte entsprechen 20 000 cm in der Wirklichkeit.
Die beiden Straßen sind also gleich lang.

Kapitel II, Bist du schon sicher?, Seite 64

8
a)
b)
c)

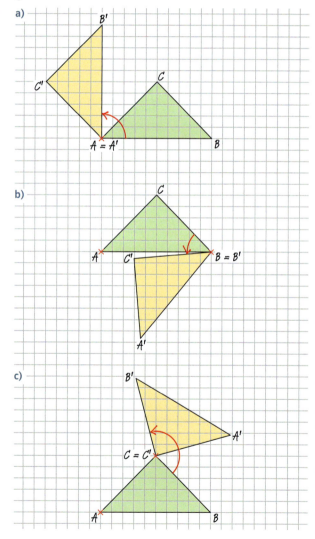

220

9
a) und b)

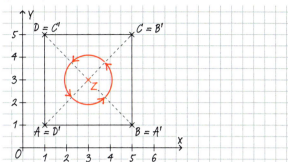

Das Quadrat wird auf sich selbst abgebildet.
c) Das gedrehte Quadrat hat die Eckpunkte A'(5|1), B'(5|5), C'(1|5) und D'(1|1).
Es gilt A' = B, B' = C, C' = D und D' = A.

Kapitel II, Kannst du das noch?, Seite 65

17
a) gelbes Viereck: Rechteck; 2 Symmetrieachsen
   blaues Viereck: Parallelogramm; keine Symmetrieachse
   grünes Viereck: Quadrat; 4 Symmetrieachsen
b) mögliche achsensymmetrische Vierecke:

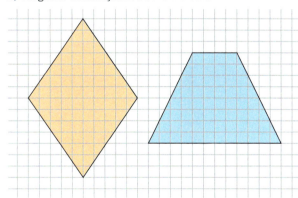

Kapitel II, Bist du schon sicher?, Seite 68

6

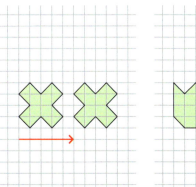 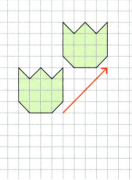

7
Beide Muster lassen sich durch Verschiebung der nachfolgend gezeigten Ausgangsfiguren erzeugen.

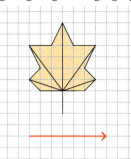 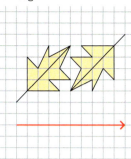

Kapitel II, Kannst du das noch?, Seite 68

12
a) $\frac{360°}{60} \cdot 12 = 72$ b) $\frac{360°}{60} \cdot 40 = 240°$
c) $360° + \frac{360°}{60} \cdot 15 = 450°$ d) $360° + 360° = 720°$

Kapitel II, Bist du schon sicher?, Seite 72

11
Mögliche Lösung:
a) Eine Raute, bei der die Diagonalen unterschiedlich lang sind, ist ein Parallelogramm mit zwei Symmetrieachsen, aber kein Rechteck.
b) Ein Rechteck und damit auch ein Quadrat ist ein symmetrisches Trapez, das auch ein Parallelogramm ist.
c) Ein Quadrat ist ein achsensymmetrisches Viereck, das auch ein Rechteck und ein Drachen ist.

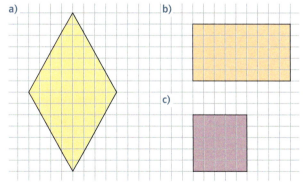

12
d) Wahr, weil sich bei einer Raute sogar beide Diagonalen halbieren.
e) Falsch, weil bei einem symmetrischen Drachen gegenüberliegende Seiten im Allgemeinen nicht parallel sind.
f) Falsch, weil ein Trapez im Allgemeinen keine vier rechten Winkel hat.
g) Wahr, weil Rechtecke sogar zwei Paare paralleler Seiten haben.

3 Lösungen

Kapitel II, Kannst du das noch?, Seite 73

23
a) 1199,2 + 2100,9 − 46,3 · 27,4 = 2031,48
b) 33,5 + 79,8 − (228,7 − 219,2) = 103,8

Kapitel II, Training Runde 1, Seite 79

1
a) Das Drehzentrum ist der Punkt C des Dreiecks. Der Drehwinkel beträgt 45°.
b) und c)

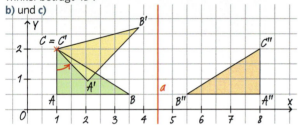

A"(8|0,5), B"(5,5|0,5), C"(8|2)

2
a) und b) (Maßstab 1:2)

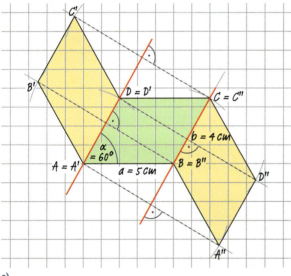

c)

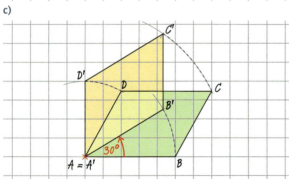

d) Das Parallelogramm ABCD ist punktsymmetrisch bezüglich des Schnittpunktes seiner Diagonalen (d.h. auch drehsymmetrisch mit α = 180°).

3

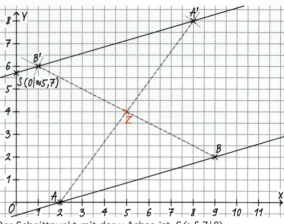

Der Schnittpunkt mit der y-Achse ist S(≈5,7|0).

4
a) Aus $\alpha + \beta + \gamma = \alpha + 90° + 12° = \alpha + 102° = 180°$ folgt $\alpha = 78°$.
b) Aus $\alpha + \beta = \alpha + 90° = 117°$ folgt $\alpha = 27°$.
Aus $\alpha + \beta + \gamma = 27° + 90° + \gamma = 117° + \gamma = 180°$ folgt $\gamma = 63°$.
c) Für $\beta = 2 \cdot \alpha$ und $\beta = 90°$ gilt $\alpha = 45°$ und $\gamma = 45°$.
d) Für $\beta = 90°$ kann $\alpha + \gamma$ nicht 110° ergeben, da nach dem Satz über die Winkelsumme $\alpha + \gamma = 90°$ gelten muss. Hierzu gibt es kein Dreieck.

zu a)

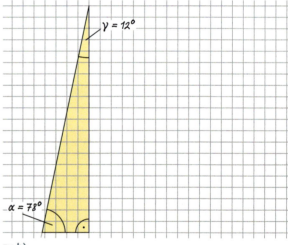

zu b)

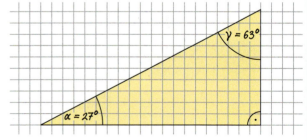

zu c)

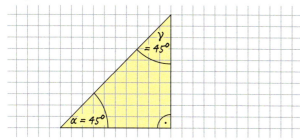

Kapitel II, Training Runde 2, Seite 79

1
Bei einer Raute halbieren sich die senkrecht aufeinander stehenden Diagonalen. Die Zeichnung beginnt mit den Diagonalen (Abbildung verkleinert).

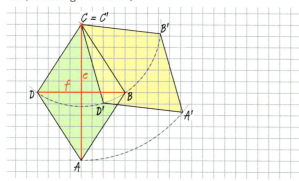

2
a) rot auf grün: Drehung mit 45° mit den rechten oberen Eckpunkt der roten Figur
b) rot auf blau: Spiegelung an einer Achse, die parallel zur längsten Seite der roten Figur verläuft und 4 Kästchen rechts von dieser liegt
c) rot auf gelb: Zunächst wird wie in Teilaufgabe b) gespiegelt. Dann erfolgt eine weitere Spiegelung an der Achse, die parallel zur ersten Spiegelachse verläuft und genau zwischen der blauen und der gelben Figur liegt.

3
a) Gleich lange Seiten sind: $\overline{AB} = \overline{AC}$, $\overline{EA} = \overline{ED}$ und $\overline{BD} = \overline{BC}$
Die Dreiecke AED, BCD und ABC sind gleichschenklig.
b) Mit $\alpha = 26°$ gilt mit der Winkelsumme im Dreieck und dem Basiswinkelsatz im gleichschenkligen Dreieck:
– für das Dreieck ABC: $\beta + \beta + \alpha = 180°$
  Daraus ergibt sich $\beta = 77°$.
– für das Dreieck AED: $\alpha + \alpha + \gamma = 180°$
  Daraus ergibt sich $\gamma = 128°$.
– für das Dreieck BCD: $\beta + \beta + \varepsilon = 180°$
  Daraus ergibt sich $\varepsilon = 26°$.

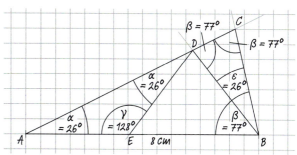

Konstruktion der Figur zu $\alpha = 26°$:
1. *Zeichne die Strecke $\overline{AB} = 8$ cm.*
2. *Trage den Winkel $\alpha = 26°$ im Punkt A an $\overline{AB}$ an.*
3. *Trage den Winkel $\beta = 77°$ im Punkt B an $\overline{AB}$ an.*
4. *Beschrifte den Schnittpunkt der freien Schenkel von α und β mit C.*
5. *Trage den Winkel $\varepsilon = 26°$ im Punkt B an $\overline{BC}$ an.*
6. *Beschrifte den Schnittpunkt des freien Schenkels von ε mit $\overline{AC}$ mit D.*
7. *Trage in D an $\overline{AD}$ den Winkel $\alpha = 26°$ an.*
8. *Beschrifte den Schnittpunkt des freien Schenkels von α mit $\overline{AB}$ mit E.*
9. *Zeichne die Strecken $\overline{ED}$ und $\overline{BD}$.*

c) Für $\alpha = 45°$ erhält man nach den Überlegungen aus Teilaufgabe b) $\gamma = 90°$, $\beta = 67,5°$ und $\varepsilon = 45°$.
Man kann vermuten, dass für jede Wahl von α der Winkel ε so groß wie α ist.

4

	Quadrat	Rechteck	Parallelogramm	symmetrisches Trapez	symmetrischer Drachen
Skizze					
Achsensymmetrie	ja	ja	nein	ja	ja
Anzahl der Symmetrieachsen (mindestens)	4	2	–	1	1
Punktsymmetrie	ja	ja	ja	nein	nein
Drehsymmetrie	ja	ja	ja	nein	nein
Größe des Drehwinkels	90°, 180°, 270°	180°	180°	–	–

Bemerkung: Die angegebenen Eigenschaften gelten für alle Vierecke der jeweiligen Art.

3 Lösungen

Kapitel III, Bist du schon sicher?, Seite 86

8
a) −24, −16, 1, 9, 18   b) −330, −260, −40, 20, 90, 270

9
(Abbildung verkleinert)

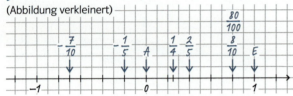

Kapitel III, Kannst du das noch?, Seite 87

16
a) $\frac{5}{6}$ b) $\frac{5}{36}$ c) $\frac{1}{68}$ d) $\frac{63}{4}$
e) $\frac{4}{5}$ f) $\frac{2}{5}$ g) $\frac{13}{19}$ h) $\frac{4}{21}$

Kapitel III, Bist du schon sicher?, Seite 90

8
a) $-\frac{7}{2} < -3\frac{1}{10} < -3{,}05 < -\frac{1}{2} < 0{,}17 < 0{,}\overline{3} < 1\frac{1}{2} < \frac{7}{4}$
b) $|0{,}17| < |0{,}\overline{3}| < \left|-\frac{1}{2}\right| < \left|1\frac{1}{2}\right| < \left|\frac{7}{4}\right| < |-3{,}05| < \left|-3\frac{1}{10}\right| < \left|-\frac{7}{2}\right|$

9

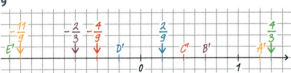

A: $-\frac{11}{9}$; B: $-\frac{2}{3}$; C: $-\frac{4}{9}$; D: $\frac{2}{9}$; E: $\frac{3}{4}$
Gegenzahlen: A': $\frac{11}{9}$; B': $\frac{2}{3}$; C': $\frac{4}{9}$; D': $-\frac{2}{9}$; E': $-\frac{4}{3}$
Beträge: $\frac{11}{9}$; $\frac{2}{3}$; $\frac{4}{9}$; $\frac{2}{9}$; $\frac{4}{3}$

Kapitel III, Kannst du das noch?, Seite 90

14
a)

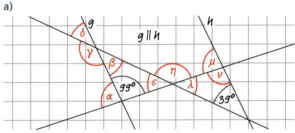

b) α = 180° − 99° = 81° (Nebenwinkel)
δ = 39° (Stufenwinkel)
β = δ = 39° (Scheitelwinkel)
γ = 180° − β = 141° (Nebenwinkel)
μ = α = 81° (Stufenwinkel)
ν = 180° − μ = 99° (Nebenwinkel)
180° = 99° + β + ε, also ε = 42° (Winkelsumme im Dreieck)
η = 180° − ε = 138° (Nebenwinkel)
λ = ε = 42° (Scheitelwinkel)
c) individuelle Lösung

Kapitel III, Bist du schon sicher?, Seite 93

13
a) $-\frac{1}{12}$ b) $\frac{4}{21}$ c) $\frac{3}{2}$ d) $-\frac{43}{10}$
e) $\frac{7}{8}$ f) $\frac{2}{9}$ g) $-\frac{48}{7}$ h) $\frac{3}{5}$

14
a) −111 + 222 = 111   b) $-\frac{5}{6} + \frac{1}{3} = -\frac{1}{2}$
c) −23,45 − ▢ = −25
Die gesuchte Zahl ist also 1,55.

Kapitel III, Kannst du das noch?, Seite 94

20
a) Zeichnung im Maßstab 1:2

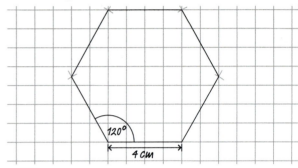

b) $\frac{360°}{10} = 36°$
c) (Abbildung verkleinert)

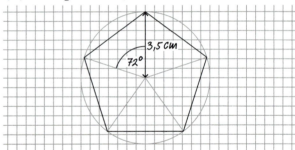

21

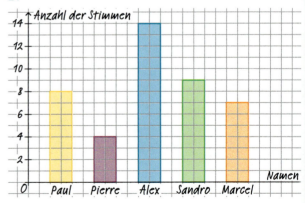

224

Anhang

Kapitel III, Bist du schon sicher?, Seite 97

9
a) −34   b) 18   c) −11   d) 0
e) 0,61   f) −1   g) $-\frac{2}{3}$ h) $\frac{1}{4}$

10
a) b)

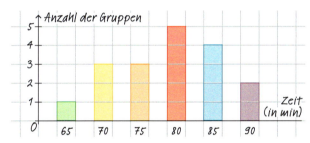

Kapitel III, Kannst du das noch?, Seite 97

16

Zeit (in min)	65	70	75	80	85	90
Anzahl der Gruppen	1	3	3	5	4	2

Beispiele für entnommene Informationen:
- 18 Gruppen haben teilgenommen.
- Fünf Gruppen brauchten 80 min.
- Eine Gruppe lief am schnellsten, nämlich 65 min.
- Drei Gruppen hatten die zweitbeste Zeit.

Kapitel III, Bist du schon sicher?, Seite 99

8
a) 18   b) 110   c) 16,8
d) −66   e) −30   f) 1

9
a) 3 − 12 + 17 = 3 + (−12) + 17 = 3 + 17 + (−12) = 20 − 12 = 8
b) 13,2 + 24,6 − 9,2 = 13,2 + 24,6 + (−9,2)
 = 13,2 + (−9,2) + 24,6 = 13,2 − 9,2 + 24,6 = 4 + 24,6 = 28,6
c) $\frac{1}{5} - \frac{3}{5} + \frac{9}{5} - \frac{7}{5} = \frac{1}{5} + \left(-\frac{3}{5}\right) + \frac{9}{5} + \left(-\frac{3}{5}\right) + \left(-\frac{7}{5}\right)$
 $= \frac{1}{5} + \frac{9}{5} + \left(\left(-\frac{3}{5}\right) + \left(-\frac{7}{5}\right)\right) = \frac{10}{5} + \left(-\frac{10}{5}\right) = \frac{10}{5} - \frac{10}{5} = 0$
d) −7,2 + 2,1 − 2,8 + 4 = (−7,2) + 2,1 + (−2,8) + 4 = 2,1 + 4
 + ((−7,2) + (−2,8)) = 6,1 + (−10) = 6,1 − 10 = −3,9
e) $-\frac{4}{3} + \frac{7}{9} - \frac{8}{3} + \frac{1}{3} = \left(-\frac{4}{3}\right) + \frac{7}{9} + \left(-\frac{8}{3}\right) + \frac{1}{3} = \frac{1}{3} + \left(\left(-\frac{4}{3}\right) + \left(-\frac{8}{3}\right)\right) + \frac{7}{9}$
 $= \frac{1}{3} + \left(-\frac{12}{3}\right) + \frac{7}{9} = \frac{1}{3} - \frac{12}{3} + \frac{7}{9} = -\frac{11}{3} + \frac{7}{9} = -\frac{26}{9} = -2\frac{8}{9}$
f) 1,7 − 8,2 + 3 − 3,8 = 1,7 + (−8,2) + 3 + (−3,8)
 = 1,7 + 3 + ((−8,2) + (−3,8)) = 4,7 + (−12) = 4,7 − 12 = −7,3

Kapitel III, Kannst du das noch?, Seite 100

18
a) Es wird angenommen, dass die mittlere der drei Personen vor dem Kopf etwa 1,80 m groß ist. Diese Person „passt in den Kopf" etwa 2,7-mal hinein. Wegen 2,7 · 1,80 m = 4,86 m ist der Kopf knapp 5 m hoch.
b) Wenn man davon ausgeht, dass der Kopf ungefähr $\frac{1}{8}$ der gesamten Körperlänge eines Menschen ausmacht, wäre ein Mensch mit einem 5 m hohen Kopf ungefähr 40 m groß.
c) Ein „normaler" Kopf ist etwa 20 cm hoch. Wegen 500 cm : 20 cm = 25 beträgt der Maßstab etwa 25 : 1.

19
a) 5284   b) 972   c) 72 534   d) 2 254 518

20
a) Überschlag: 800 : 8 = 100
 Rechnung: 752 : 8 = 94
b) Überschlag: 6300 : 9 = 700
 Rechnung: 6543 : 9 = 727
c) Überschlag: 7500 : 30 = 250
 Rechnung: 7436 : 26 = 286
d) Überschlag: 9000 : 250 = 36
 Rechnung: 9386 : 247 = 38

Kapitel III, Bist du schon sicher?, Seite 103

7
a) −1800   b) 0,06   c) $-\frac{1}{49}$ d) −1

8
a) −11   b) 3
c) z. B. ☐ = 4, △ = 32; ☐ = −7, △ = −56
d) z. B. ☐ = 4, △ = −8; ☐ = −2, △ = 16

Kapitel III, Kannst du das noch?, Seite 103

13
a) Der Wert verdoppelt sich.
b) Der Wert halbiert sich.
c) Der Wert bleibt gleich.
d) Der Wert halbiert sich.

Kapitel III, Bist du schon sicher?, Seite 105

7
a) −5   b) $\frac{3}{2}$ c) $\frac{2}{3}$ d) −2

8
a) ja   b) nein   c) ja   d) ja

3 Lösungen

Kapitel III, Kannst du das noch?, Seite 105

11
a)

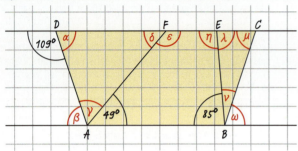

b) α = 180° − 109° = 71° (Nebenwinkel)
β = α = 71° (Stufen- und Scheitelwinkel)
β + γ = 180° − 49°, also γ = 60° (Nebenwinkel)
180° = α + γ + δ, also δ = 49° (Winkelsumme im Dreieck)
ε = 180° − δ = 131° (Nebenwinkel)
ω = β = 71° (symmetrisches Trapez ABCD)
μ = α = 71° (symmetrisches Trapez ABCD)
ν + ω = 180° − 85°, also ν = 24° (Nebenwinkel)
180° = λ + ν + μ, also λ = 85° (Winkelsumme im Dreieck)
η = 180° − λ = 95° (Nebenwinkel)
c) Die Vierecke ABEF, ABED und ABCF sind jeweils Trapeze, aber keine symmetrischen Trapeze.

Kapitel III, Bist du schon sicher?, Seite 108

13
a) −9,2 − (8,1 − 9,2)
= −9,2 − 8,1 + 9,2 (Minusklammerregel)
= −8,1

b) $\frac{5}{6} \cdot \frac{7}{8} - \frac{5}{6} \cdot \frac{1}{8}$
= $\frac{5}{6} \cdot \left(\frac{7}{8} - \frac{1}{8}\right)$ (Ausklammern)
= $\frac{5}{6} \cdot \frac{6}{8}$
= $\frac{5}{8}$

c) (−5) · (400 − 20)
= (−5) · 400 − (−5) · 20 (Ausmultiplizieren)
= −2000 + 100
= −1900

14
a)

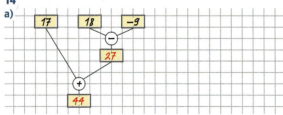

17 + (18 − (−9)) = 17 + (18 + 9) = 17 + 27 = 44

b)

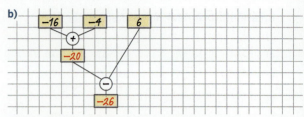

(−16 + (−4)) − 6 = (−16 − 4) − 6 = −20 − 6 = −26

c)

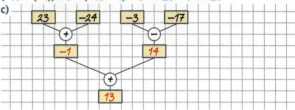

(23 + (−24)) + (−3 − (−17)) = (23 − 24) + (−3 + 17) = −1 + 14 = 13

Kapitel III, Kannst du das noch?, Seite 109

20
a) 13%   b) 14%   c) 72%
d) 40%   e) 20%   f) 23,$\overline{3}$%
g) 62,5%   h) 40%   i) 137,5%

21
a) 5%   b) 33,$\overline{3}$%   c) 1,$\overline{1}$%
d) 16,$\overline{6}$%   e) 60%   f) 0,2%

Kapitel III, Training Runde 1, Seite 115

1
−11020; −10990; −10960; −10920; −10880

2
a) −870 < −780 < −87 < 78 < 780
b) −21,4 < −12,8 < 12,1 < 34,5
c) $-\frac{5}{3} < -\frac{13}{12} < -\frac{3}{4} < \frac{4}{9} < \frac{5}{6} < \frac{3}{2}$

3
a) $\frac{4}{5}$ b) $-\frac{1}{4}$ c) $\frac{39}{5} = 7\frac{4}{5}$

4
a) 6   b) 321   c) 51
d) 201   e) 2,2   f) 0
g) $\frac{5}{8}$ h) $\frac{7}{4} = 1,75$ i) 1,1125

5
a) 23,9 + 7,1 − 6 − 23,9 = (23,9 − 23,9) + 7,1 − 6 = 7,1 − 6 = 1,1
b) 5,3 − 0,8 + 3,2 + $\frac{3}{2}$ − 12,2 = 5,3 + 3,2 + $\frac{3}{2}$ − (0,8 + 12,2)
= 10 − 13 = −3
c) −0,75 + 0,3 − 12,5 + $\frac{3}{4}$ + $\frac{7}{10}$ = $\left(-0,75 + \frac{3}{4}\right) + \left(0,3 + \frac{7}{10}\right)$ − 12,5
= 1 − 12,5 = −11,5

6
a) Januar bis Juni und Oktober bis Dezember
b) zwischen März und April: 46 cm

Kapitel III, Training Runde 2, Seite 115

1
a)
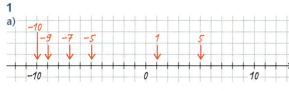

b)
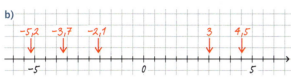

c)
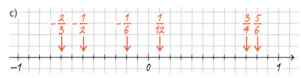

2
a) $-450 < -405 < -54 < -45 < 45 < 540$
b) $-\frac{11}{98} < -\frac{1}{9} < -0{,}11 < -\frac{1}{10} = -0{,}1 < -\frac{1}{11} < -0{,}09$
c) $-7 - 9 < 6 \cdot (-2) < 18 - 27 < 9 - 13 < 24 : (-8) < -3 + 10$

3
a) $\left(-\frac{9}{7}\right) \cdot \frac{3}{4} + \frac{16}{7} \cdot \frac{3}{4} + 1 = \frac{3}{4} \cdot \left(\left(-\frac{9}{7}\right) + \frac{16}{7}\right) + 1 = \frac{7}{4}$
b) $(-2) : \frac{7}{2} + 3 : \frac{7}{2} + 1 : \frac{2}{7} = ((-2) + 3) : \frac{7}{2} + \frac{7}{2} = \frac{2}{7} + \frac{7}{2} = \frac{53}{14}$
c) $-\left(\frac{5}{4} - \frac{6}{7}\right) + \frac{5}{4} = -\frac{5}{4} + \frac{5}{4} + \frac{6}{7} = \frac{6}{7}$

4
a) $36 : (3 \cdot (-6)) = 36 : (-18) = -2$
b) $\left(-\frac{7}{16}\right) \cdot \left(-\frac{8}{7}\right) - \frac{21}{32} \cdot \frac{8}{7} = \frac{1}{2} - \frac{3}{4} = -\frac{1}{4}$

5
a) $115{,}23\,€ - 43{,}20\,€ + 150{,}71\,€ + 273{,}10\,€ - 540{,}00\,€ + 50{,}00\,€ + 75{,}20\,€ = 81{,}04\,€$
b) niedrigster Kassenbetrag: $-44{,}16\,€$
höchster Kassenbetrag: $495{,}84\,€$

Kapitel IV, Bist du schon sicher?, Seite 123

7
a) 25 % der Besucher waren 14 Jahre oder jünger. 25 % von 180 Personen sind 45 Besucher.
b) 25 % der Besucher am Freitag waren 14 Jahre oder jünger. 25 % von 540 Personen sind 135 Besucher.
c) Am Donnerstag und Freitag war der Anteil an Besuchern zwischen 15 und 40 Jahre gleich groß. Da am Freitag insgesamt mehr Besucher kamen, waren auch mehr zwischen 15 und 40 Jahre alt.

Kapitel IV, Kannst du das noch?, Seite 123

10
a) (1) $\frac{8}{12}$ (2) $\frac{15}{21}$ (3) $\frac{10}{45}$ (4) $\frac{18}{24}$
b) (1) $\frac{2}{3}$ (2) $\frac{2}{3}$ (3) $\frac{7}{10}$ (4) $\frac{12}{13}$

Kapitel IV, Bist du schon sicher?, Seite 126

8
Mittelwert: $\frac{167\,€ + 140\,€ + 145\,€ + 155\,€ + 153\,€}{5} = \frac{760}{5} = 152\,€$
Spannweite: $167\,€ - 140\,€ = 27\,€$

Kapitel IV, Kannst du das noch?, Seite 126

12
a) (1) $\frac{2}{5}$ (2) $\frac{3}{4}$ (3) $\frac{1}{3}$ (4) $\frac{1}{20}$
b) (1) 0,75 (2) 0,8 (3) $0{,}1\overline{6}$ (4) 0,03

Kapitel IV, Bist du schon sicher?, Seite 129

4
a) Paul wurde zum Schülersprecher und Maximilian zum Stellvertreter gewählt.
b)
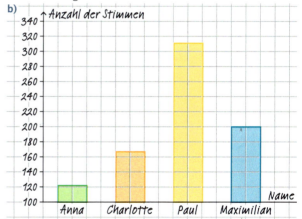

Kapitel IV, Kannst du das noch?, Seite 129

6
a) 15 € b) 1,60 € = 160 ct
c) 0,5 m = 5 dm d) 0,52 km = 520 m
e) 0,1 m² = 10 dm² f) 0,25 t = 250 kg
g) 3 a h) 1,4 ha = 140 a

7
$(124 - 31) - (11 + 53)$

3 Lösungen

Kapitel IV, Training Runde 1, Seite 135

1
a) Säulendiagramm

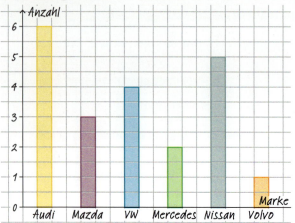

Kreisdiagramm

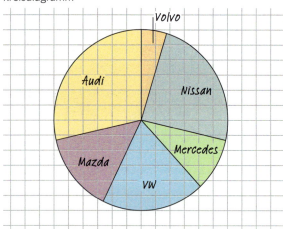

b) individuelle Lösung, zum Beispiel:

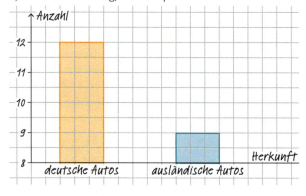

c) individuelle Lösung, zum Beispiel:

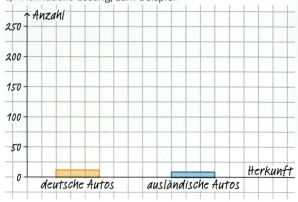

2
Modalwert für Deutsch: 4
Mittelwert für Deutsch: 2,8
Modalwert für Englisch: 2
Mittelwert für Englisch: 2,4
Für Lea wäre in Deutsch der Mittelwert günstiger, für Englisch der Modalwert.
a) jeweils die Note 3

3
a) Es sind insgesamt 30 Schüler.

mit dem Fahrrad: $\frac{12}{30} = \frac{2}{5} = 40\%$

mit dem Bus: $\frac{9}{30} = \frac{3}{10} = 30\%$

zu Fuß: $\frac{6}{30} = \frac{1}{5} = 20\%$

mit dem Auto: $\frac{3}{30} = \frac{1}{10} = 10\%$

b) Säulendiagramm

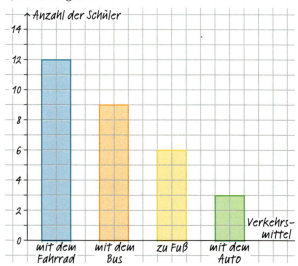

228

c) Kreisdiagramm

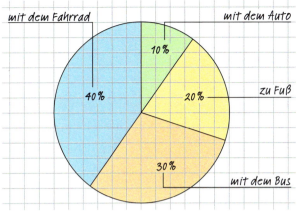

d) Sina könnte die Säulen des Säulendiagramms nebeneinanderlegen und das entstehende Säulenende (bei 30) mit 100 % beschriften.

Kapitel IV, Training Runde 2, Seite 135

1
individuelle Lösung, zum Beispiel:
a)

	Zuschauer
Spiel 1	25 928
Spiel 2	27 276
Spiel 3	22 756
Spiel 4	28 040
Mittelwert	26 000

b)

	Fehleranzahl
Schüler 1	4
Schüler 2	6
Schüler 3	8
Schüler 4	6
Schüler 5	7
Durchschnitt	6,2

c) Anzahl Fahrräder mit funktionierender Beleuchtung: 12
Anzahl Fahrräder mit defekter Beleuchtung: 12

2
Eine einzelne Frau kann natürlich nicht 1,3 Kinder haben. Dies ist ein rein rechnerischer Wert, der sich ergibt, wenn zum Beispiel 10 000 Frauen betrachtet werden, die insgesamt 13 000 Kinder haben. Dividiert man 13 000 durch 10 000, so ergibt sich, dass jede Frau im Durchschnitt 1,3 Kinder hat – ein rein theoretischer Wert.

3
a) Schneller als 50 km/h fuhren 214 von 1198 Autofahrer, also etwa 17,9 %.
b)

Überschreitung	Anzahl	Höhe des Bußgeldes	Einnahmen	Anteil an den Gesamteinnahmen (für Teil c)
bis 10 km/h	181	15 €	2715 €	≈ 66 %
11–15 km/h	20	25 €	500 €	≈ 12 %
16–20 km/h	7	35 €	245 €	≈ 6 %
21–25 km/h	3	80 €	240 €	≈ 6 %
26–30 km/h	2	100 €	200 €	≈ 5 %
31–40 km/h	0	160 €	0 €	0 %
41–50 km/h	1	200 €	200 €	≈ 5 %
51–60 km/h	0	280 €	0 €	0 %
61–70 km/h	0	480 €	0 €	0 %
über 70 km/h	0	680 €	0 €	0 %

Gesamteinnahmen: 4100 €
c) Man könnte darstellen, wie viel Prozent der Gesamteinnahmen auf die einzelnen Geschwindigkeitsklassen entfallen: Überschreitung um … km/h erbringen … % der eingenommenen Bußgelder.

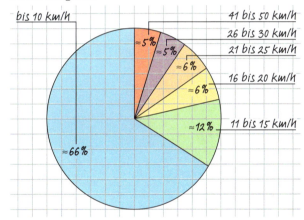

Kapitel V, Bist du schon sicher?, Seite 141

4
a) Es sind die Zuordnungen *Wert in Euro → Wert in Schweizer Franken* und *Wert in Schweizer Franken → Wert in Euro* dargestellt.
b) Für 50 € bekommt sie 60,11 CHF, für 300 € bekommt sie 360,66 CHF und für 3 € bekommt sie 3,61 CHF.
c) Für 50 CHF bekommt sie 41,59 €, für 300 CHF bekommt sie 249,54 € und für 3 CHF bekommt sie 2,50 €.

Kapitel V, Kannst du das noch?, Seite 142

9
a) Es bietet sich an, das bisherige und das neue Spielfeld im Maßstab 1 : 1000 zu zeichnen. Hinzu kommt der Streifen für die Zuschauer. Die folgende Abbildung ist nicht im Maßstab 1 : 1000 gezeichnet. Die angegebenen Maße entsprechen aber den Maßen bei einer Zeichnung im Maßstab 1 : 1000.

3 Lösungen

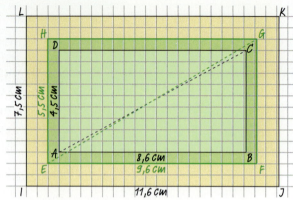

b) Die Längen der Diagonalen entnimmt man der Zeichnung. Man misst $\overline{AC} \approx 9{,}7$ cm. Beim alten Spielfeld sind die Diagonalen etwa 97 m lang.
Außerdem misst man $\overline{EG} \approx 11{,}1$ cm. Beim neuen Spielfeld sind die Diagonalen etwa 111 m lang.
c) Gesamtfläche: 116 m · 75 m = 8700 m²
Fläche des Zuschauerbereichs: 8700 m² − 96 m · 55 m
= 3420 m²
Flächenanteil des Zuschauerbereichs an der Gesamtfläche:
$\frac{3420\,m^2}{8700\,m^2} \approx 39\,\%$

Kapitel V, Bist du schon sicher?, Seite 145

6
a)

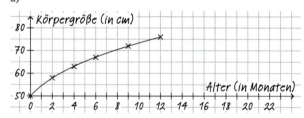

Da sich die Körpergröße im Laufe der Zeit kontinuierlich verändert, ist es sinnvoll, die Punkte miteinander zu verbinden.
b) Ein Kind wächst in den ersten Lebenswochen am schnellsten. Der Graph ist in diesem Zeitraum am steilsten.
Längenzunahme in den beiden ersten Monaten: 8 cm
Wenn das Kleinkind in diesem Maße weiterwachsen würde, wäre es nach drei Jahren 50 cm + 18 · 8 cm = 194 cm groß.

Kapitel V, Kannst du das noch?, Seite 146

12
a) 21 + 183 − 11 = 21 − 11 + 183 = 10 + 183 = 193
b) $\frac{1}{4} - \frac{1}{7} + \frac{1}{4} + \frac{3}{21} = \frac{1}{4} + \frac{1}{4} - \frac{1}{7} + \frac{1}{7} = \frac{2}{4} = \frac{1}{2}$
c) $21 \cdot \left(\frac{7}{3} + \frac{3}{7}\right) = 21 \cdot \frac{7}{3} + 21 \cdot \frac{3}{7} = 7 \cdot 7 + 3 \cdot 3 = 49 + 9 = 58$
d) $\frac{5}{2} + \frac{1}{4} - \frac{3}{2} = \frac{5}{2} - \frac{3}{2} + \frac{1}{4} = 1 + \frac{1}{4} = \frac{5}{4}$
e) $\frac{3}{17} \cdot \frac{2}{5} + \frac{3}{17} \cdot \frac{6}{10} = \frac{3}{17} \cdot \left(\frac{2}{5} + \frac{3}{5}\right) = \frac{3}{17}$
f) $33 \cdot \left(-\frac{2}{11}\right) - \frac{11}{13} \cdot 33 + \frac{4}{11} \cdot 33 + 33 \cdot \frac{33}{39} = 33 \cdot \left(-\frac{2}{11} - \frac{11}{13} + \frac{4}{11} + \frac{11}{13}\right)$
= $33 \cdot \left(-\frac{2}{11} + \frac{4}{11} - \frac{11}{13} + \frac{11}{13}\right) = 33 \cdot \frac{2}{11} = 6$

Kapitel V, Bist du schon sicher?, Seite 148

5
a) Wenn man die Geschwindigkeit mit v bezeichnet, so lautet die Zuordnungsvorschrift $v \mapsto \frac{v}{10} \cdot 3$.
b)

Geschwindigkeit (in km/h)	10	20	30	40	50	60	70	80	90	100
Reaktionsweg (in m)	3	6	9	12	15	18	21	24	27	30

c)

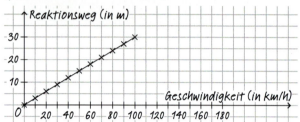

Kapitel V, Kannst du das noch?, Seite 150

10
a) 11 − (−4) = 15
b) $\frac{5}{8} - \frac{3}{4} = -\frac{1}{8}$
c) $-\frac{3}{10} - \left(-\frac{4}{5}\right) = \frac{1}{2}$
d) $-\frac{4}{9} - \frac{2}{3} = -\frac{10}{9}$

11
a) 56 : (−7) = −8
b) (−72) : (−12) = 6
c) (−108) : 9 = −12
d) (−120) : 15 = −8
e) $(-6) : \left(-\frac{3}{4}\right) = 8$
f) $\frac{9}{10} : \frac{3}{2} = \frac{3}{5}$
g) $\left(-\frac{2}{5}\right) : \left(-\frac{3}{5}\right) = \frac{2}{3}$
h) $(-1) : 3{,}5 = -\frac{2}{7}$

12
a) 14,5
b) 12
c) 6,5
d) 5

Kapitel V, Bist du schon sicher?, Seite 154

10
a) Wenn die Fahrgeschwindigkeit konstant ist, dann ist die Fahrstrecke zur Fahrzeit proportional. Der Proportionalitätsfaktor $\frac{126\,km}{3\,h} = 42\,\frac{km}{h}$ gibt die Geschwindigkeit des Radrennfahrers an.
b)

Fahrzeit (in min)	20	40	60	80	100	120	...	200
Fahrstrecke (in km)	14	28	42	56	70	84	...	140

11
Die angegebenen Zahlenpaare sind quotientengleich:
$\frac{2}{3} = \frac{4}{6} = \frac{6}{9}$.
Es kann eine proportionale Zuordnung dargestellt sein.
Zum x-Wert 15 ergibt sich dann der y-Wert 10, zum y-Wert 20 der x-Wert 30.

Anhang

Kapitel V, Kannst du das noch?, Seite 154

14
Wenn ungefähr jeder vierte Schüler nicht abgestimmt hat, haben insgesamt etwa 840 Schüler abgestimmt.
Aus dem Kreisdiagramm liest man die Winkel für die verschiedenen Gerichte ab, berechnet die zugehörigen Anteile und daraus die Anzahl an Schülern, die das jeweilige Gericht gewählt haben.

Pizza: 144°; $\frac{144°}{360°}$ = 40%; 336 Schüler

Schnitzel: 99°; $\frac{99°}{360°}$ = 27,5%; 231 Schüler

Gulasch: 81°; $\frac{81°}{360°}$ = 22,5%; 189 Schüler

Salat-Buffet: 36°; $\frac{36°}{360°}$ = 10%; 84 Schüler

Kapitel V, Bist du schon sicher?, Seite 157

10
a) Die Jugendgruppe kann täglich 210 € (140 €, 105 €) ausgeben.

b)

Anzahl der Tage	1	2	3	4	5
Ausgaben pro Tag (in €)	840,00	420,00	280,00	210,00	168,00

Anzahl der Tage	6	7	8	9	10
Ausgaben pro Tag (in €)	140,00	120,00	105,00	≈ 93,33	84,00

Es handelt sich um eine antiproportionale Zuordnung.

c) Die Wandergruppe benötigt 600 € (960 €, 1680 €) für ihre Wanderkasse.

d)

Anzahl der Tage	1	2	3	4	5
Betrag in der Wanderkasse (in €)	120	240	360	480	600

Anzahl der Tage	6	7	8	9	10
Betrag in der Wanderkasse (in €)	720	840	960	1080	1200

Es handelt sich um eine proportionale Zuordnung.

Kapitel V, Kannst du das noch?, Seite 158

15
a) Die x-Koordinate von A ist 1,5, die y-Koodinate 3.
Die x-Koordinate von B ist 2,5, die y-Koodinate 1.

b), c) und d)

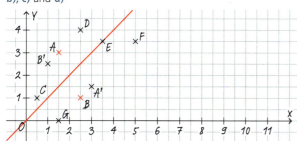

Die x-Koordinate von A' ist 3, die y-Koordinate 1,5.
Die x-Koordinate von B' ist 1, die y-Koordinate 2,5.

Kapitel V, Bist du schon sicher?, Seite 162

8
a)

benötigte Menge Kirschen (in g)	benötigte Menge Gelierzucker (in g)
750 :750→ 1 ·2500→ 2500	500 :750→ 2/3 ·2500→ 1666 $\frac{2}{3}$

Für 2,5 kg Kirschen benötigt man 1666$\frac{2}{3}$ g = 1$\frac{2}{3}$ kg Gelierzucker.

b)

benötigte Menge Kirschen (in g)	benötigte Menge Gelierzucker (in g)
750 :500→ 1,5 ·1200→ 1800	500 :500→ 1 ·1200→ 1200

Wenn 1200 g Gelierzucker verbraucht werden sollen, benötigt man 1800 g = 1,8 kg Kirschen.

c) Teilaufgabe b) zeigt, dass auf 2 Teile Gelierzucker immer 3 Teile Kirschen kommen. Man muss also die 1,5 kg = 1500 g Konfitüre in 5 Teile aufteilen: 1500 g : 5 = 300 g. Somit benötigt man 2 · 300 g = 600 g Gelierzucker und 3 · 300 g = 900 g Kirschen.

9
a)

tägliche Fahrstrecke (in km)	benötigte Dauer (in Tagen)
56 :56→ 1 ·84→ 84	6 ·56→ 336 :84→ 4

Wenn man täglich 84 km fährt, benötigt man 4 Tage.

b)

tägliche Fahrstrecke (in km)	benötigte Dauer (in Tagen)
56 :6→ 336 ·7→ 48	6 :6→ 1 ·7→ 7

Wenn 7 Tage zur Verfügung stehen würden, müssten pro Tag durchschnittlich 48 km gefahren werden.

Kapitel V, Kannst du das noch?, Seite 163

21
a) $\frac{7}{10}$ b) $\frac{48}{100}$ c) $\frac{12}{1000}$ d) $\frac{425}{100}$

e) $\frac{234}{100}$ f) $\frac{73}{1000}$ g) $\frac{3}{100}$ h) $\frac{50}{10}$

3 Lösungen

Kapitel V, Training Runde 1, Seite 169

1
a) Graph (2); die Höhe der brennenden Kerze nimmt gleichmäßig ab.
b) Graph (3); die Körpergröße nimmt bis zum Erwachsenenalter zu und bleibt dann annähernd konstant.
c) Graph (1); die Höhe der Schaukel nimmt periodisch immer wieder zu und wieder ab.
d) Graph (4); die Temperatur nimmt ab und nähert sich an die Umgebungstemperatur an.

2
a) Preis für fünf Brezeln: 1,20 € + 2 · 0,50 € = 2,20 €
b)

Anzahl Brezeln	1	2	3	4	5
günstigster Preis (in €)	0,50	1,00	1,20	1,70	2,20

Anzahl Brezeln	6	7	8	9	10
günstigster Preis (in €)	2,40	2,90	3,40	3,60	4,10

c)

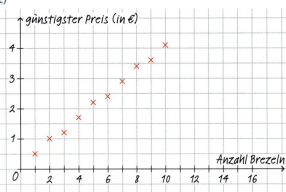

3
a)

Erdaushub (in t)	Preis (in €)
:18 ↓ 18	64,80 ↓ :18
·24 ↓ 1	64,80 : 18 ↓ ·24
24	86,40

Herr Heidjer muss für die 24 t Erdaushub 86,40 € bezahlen.
b) 24 · 0,30 € = 7,20 €; 86,40 € + 7,20 € = 93,60 €
Herr Heidjer muss 93,60 € bezahlen.

4
a) Der Winkel des Kreisausschnitts für Herrn Mohn beträgt etwa 90°.
Die Größe des Winkels im Kreisdiagramm ist proportional zur Stimmenanzahl.

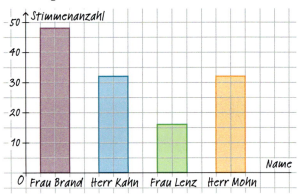

Herr Mohn erhielt etwa 32 Stimmen.
b) Für die drei anderen Personen liest man ebenso die Winkelgrößen aus dem Kreisdiagramm ab und berechnet mithilfe des Dreisatzes die entsprechenden Stimmenanzahlen. Man erhält:

Name	Winkelgröße	Stimmenanzahl
Frau Brand	135°	48
Herr Kahn	90°	32
Frau Lenz	45°	16

Säulendiagramm:

Kapitel V, Training Runde 2, Seite 169

1
a) Wertetabelle:

Jahreszahl v. Chr.	90 000	80 000	70 000	60 000	50 000
mittlere Jahrestemperatur (in °C)	8	8	4	3,6	−0,8

Jahreszahl v. Chr.	40 000	30 000	20 000	10 000	0
mittlere Jahrestemperatur (in °C)	−4	−4,2	−4,2	4	8

b) Beim Graphen kann man Zwischenwerte direkt ablesen. Weiterhin lässt sich der Temperaturverlauf besser überblicken.

2
Insgesamt wurden 18 Stimmen abgegeben.
Im Kreisdiagramm ist die Größe des Winkels proportional zur Stimmenanzahl. Mithilfe des Dreisatzes kann man berechnen, wie groß die Winkelgröße im Kreisdiagramm für jede der vier Personen ist.

232

Name	Stimmenanzahl	Winkelgröße
Frau Budde	3	60°
Frau Krämer	5	100°
Herr Pahl	8	160°
Frau Ruf	2	40°

Kreisdiagramm:

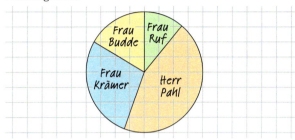

3
a) Mindestgewicht für 8 ct: 3,92 g + 3,06 g + 2,30 g = 9,28 g
(Aufteilung: 5-Cent-Münze, 2-Cent-Münze und 1-Cent-Münze)
Höchstgewicht für 8 ct: 8 · 2,30 g = 18,40 g
(Aufteilung: acht 1-Cent-Münzen)
b)

Geldbetrag (in ct)	1	2	3	4	5	6	7	8	9
Mindestgewicht (in g)	2,30	3,06	5,36	6,12	3,92	6,22	6,98	9,28	10,04

4
Die Zuordnung *Anzahl der Kühe → Zeit* ist antiproportional.
Nach zwei Wochen würde der Futtervorrat für sechs Kühe noch für 16 Tage reichen.

Anzahl der Kühe	Zeit
6	16
1	96
8	12

Das Futter ist nach zwölf Tagen verbraucht.

Kapitel VI, Bist du schon sicher?, Seite 176

11
a) 62,5 % b) 6,25 % c) 12 %
d) 31,25 % e) 45,45 % f) 18,18 %

12
Trefferquote von Sven: $\frac{19}{30}$ ≈ 63,3 %
Trefferquote von Svenja: $\frac{12}{20}$ = 60 %
Sven hat die höhere Trefferquote.

Kapitel VI, Kannst du das noch?, Seite 176

19
a) 9,3 b) −0,7 c) 35,4
d) 5 e) 0,16 f) 4

Kapitel VI, Bist du schon sicher?, Seite 178

7
a) 4 % b) 87,5 %

8
Anteil an Einzelkindern in der Klasse 6 a: $\frac{12}{30}$ = 40 %
Anteil an Einzelkindern in der Klasse 6 b: $\frac{7}{28}$ = 25 %
In der Klasse 6 a ist der Anteil an Einzelkindern größer.

Kapitel VI, Kannst du das noch?, Seite 179

14
a) Fig. 4: $\overline{AC} = \overline{AB}$; α = β
Fig. 5: $\overline{AD} = \overline{BC}$; α = β und γ = δ
Fig. 6: $\overline{AB} = \overline{BC}$ und $\overline{AD} = \overline{CD}$ sowie $\overline{AB} = \overline{AD}$ und $\overline{BC} = \overline{CD}$ und damit $\overline{AB} = \overline{BC} = \overline{CD} = \overline{AD}$; α = γ und β = δ
b) Fig. 5 hat eine weitere Symmetrieachse (senkrecht zur ersten Symmetrieachse durch die Seitenmitten der kurzen Seiten), die beiden anderen Figuren nicht.
Fig. 5 und Fig. 6 sind jeweils punktsymmetrisch zum Schnittpunkt ihrer Diagonalen.
c) Fig. 4: gleichschenkliges Dreieck
Fig. 5: Rechteck
Fig. 6: Raute

Kapitel VI, Bist du schon sicher?, Seite 183

12
a) Es ist der Prozentwert gesucht.
Dreisatz:
100 % entsprechen 95 kg.
1 % entspricht 0,95 kg.
35 % entsprechen 33,25 kg.
kurz: 95 kg : 100 · 35 = 33,25 kg
b) Es ist der Prozentsatz gesucht.
$\frac{132\,km}{400\,km}$ = 33 %

c) Es ist der Grundwert gesucht.
Dreisatz:
75 % entsprechen 24 €.
1 % entspricht $\frac{24\,€}{75}$.
100 % entsprechen 32 €.
kurz: 24 € : 75 · 100 = 32 €

13
Der Anteil von 89,90 € an 145 € beträgt $\frac{89,90\,€}{145\,€}$ = 62 %.
Man spart also 100 % − 62 % = 38 %.
Der Anteil von 151,90 € an 98 € beträgt $\frac{151,90\,€}{98\,€}$ = 155 %.
Die Uhr ist also um 55 % teurer.

14
Es ist der Grundwert gesucht.
Dreisatz:

:119 ↓ 119 % entsprechen 38,08 €. ↓ :119
       1 % entspricht $\frac{38,08 €}{119}$.
·100 ↓ 100 % entsprechen 32 €. ↓ ·100

kurz: 38,08 € : 119 · 100 = 32 €

Kapitel VI, Kannst du das noch?, Seite 185

28
a) Es stehen 36 € (24 €, 20 €) zur Verfügung.
b)

Anzahl der Mitglieder	1	10	20	30	40
Geld pro Person (in €)	720	72	36	24	18

Es handelt sich um eine antiproportionale Zuordnung.

Kapitel VI, Bist du schon sicher?, Seite 188

7
1. Verstehen der Aufgabe:
gegeben: Normalpreis und reduzierter Preis für Kleidungsstücke
gesucht: Einsparung in Prozent im Vergleich zum alten Preis
2. Zerlegen in Teilprobleme:
(I) Gesamtpreis für alte und neue Preise ausrechnen
(II) Ersparnis in € berechnen
(III) Ersparnis in % berechnen
3. Rechenplan durchführen:
(I) Gesamtpreis alt: 2 · 69,50 € + 48,00 € + 4 · 17,00 € = 255 €
Gesamtpreis neu: 2 · 59,90 € + 39,95 € + 4 · 7,99 € = 191,71 €
(II) Ersparnis in €: 255 € – 191,71 € = 63,29 €
(III) Ersparnis in %:
Der eingesparte Betrag 63,29 € ist der Prozentwert und 255 € der Grundwert. Gesucht ist der Prozentsatz.
$\frac{63,29 €}{255 €} \approx 24,8 \%$
4. Rückschau und Antwort:
Bei den Jeans und dem Rock beträgt die Ermäßigung weniger als 25 %, bei den Schals aber deutlich mehr. Da vier Schals gekauft wurden, kann das Ergebnis stimmen.
Frau Luchs spart gegenüber dem alten Preis knapp 25 %.

Kapitel VI, Kannst du das noch?, Seite 189

12
a) Ja, das Quadrat wird auf sich selbst abgebildet.
b) A' = B(5|1), B' = C(5|5), C' = D(1|5), D' = A(1|1)

Kapitel VI, Bist du schon sicher?, Seite 192

11
a) Zinssatz: $\frac{13,70 €}{548 €}$ = 13,70 : 548 = 2,5 %
b) Die Jahreszinsen für 700 € lägen bei 2 % von 700 €, also 0,02 · 700 € = 14 €. Die 700 € liegen bis Ende August auf dem Sparbuch, dies sind 8 · 30 Tage = 240 Tage. Die Zinsen für diesen Zeitraum betragen damit $\frac{240}{360}$ · 14 € ≈ 9,33 €.

Ab September liegen noch 440 € auf dem Sparbuch. Die Zinsen dieses Guthabens von September bis Ende des Jahres berechnet man so wie oben die Zinsen bis Ende August. Sie betragen ≈ 2,93 €.
Am Ende des Jahres bekommt Maximilian
9,33 € + 2,93 € = 12,26 € Zinsen gutgeschrieben.

12
Gesucht ist das Guthaben.
Dreisatz:

:7,5 ↓ 7,5 % entsprechen 1200 €. ↓ :7,5
       1 % entspricht $\frac{1200 €}{7,5}$.
·100 ↓ 100 % entsprechen 16 000 €. ↓ ·100

kurz: 1200 € : 7,5 · 100 = 16 000 €
Herr Länge muss für 16 000 € Sparbriefe kaufen.

Kapitel VI, Kannst du das noch?, Seite 192

18
a)

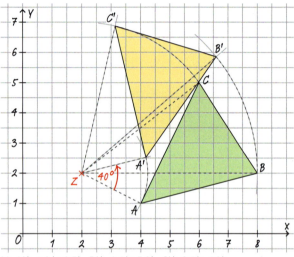

b) A'(≈ 4,2 | ≈ 2,5), B'(≈ 6,6 | ≈ 5,9), C'(≈ 3,1 | ≈ 6,9)

Kapitel VI, Bist du schon sicher?, Seite 194

5
a) $1,035^5$ · 20 000 € ≈ 23 753,73 €
b) nach einem Jahr: 1,035 · 20 000 € = 20 700 €
nach zwei Jahren: 1,035 · 20 700 € = 21 424,50 €
nach drei Jahren: 1,035 · 21 424,50 € ≈ 22 174,36 €
nach vier Jahren: 1,035 · 22 174,36 € = 22 950,46 €
nach fünf Jahren: 1,035 · 22 950,46 € = 23 753,73 €

6
Jahreszinsen für das erste Jahr: 2,5 % von 1200 € sind 0,025 · 1200 € = 30 €.
Guthaben zu Beginn des Folgejahres: 1230 €
Jahreszinsen im Folgejahr: 2,5 % von 1230 € sind 0,025 · 1230 € = 30,75 €.
Anlagezeit im Folgejahr in Tagen: 4 · 30 = 120
Zinsen im Folgejahr: $\frac{120}{360}$ · 30,75 € = 10,25 €

Nach einem Jahr und vier Monaten ist das Guthaben auf 1240,25 € angewachsen.
Für eine Anlagezeit von zwei Jahren und 75 Tagen rechnet man in gleicher Weise. Es ergibt sich ein Guthaben von 1267,32 €.

Kapitel VI, Kannst du das noch?, Seite 195

14
a)

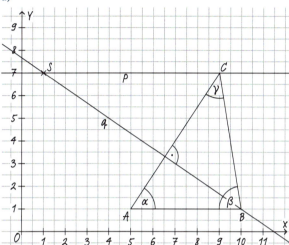

S(1|7)
b) $\alpha \approx 56°$, $\beta \approx 81°$, $\gamma \approx 43°$
∢ BSC ≈ 34°, ∢ CSB ≈ 326°. Man muss nur eine dieser beiden Winkelgrößen messen. Zusammen ergeben diese Winkel einen Vollwinkel. Wegen ∢ BSC + ∢ CSB = 360° lässt sich die eine Winkelgröße aus der anderen berechnen.

Kapitel VI, Training Runde 1, Seite 201

1
a) 11 % b) $\frac{1}{5}$ c) ≈ 61,5 %
d) $\frac{17}{20}$ e) $\frac{4}{5}$ f) 35 %

2
a) $\frac{7}{150} \approx 4{,}7\% < 5\%$ b) 22 % < 0,23 = 23 %
c) $\frac{7}{8} = 87{,}5\% > 87\%$

3

	a)	b)	c)
Prozentsatz	2 %	5 %	25 %
Prozentwert	8 €	45 m	250
Grundwert	400 €	900 m	1000

	d)	e)	f)
Prozentsatz	$3{,}\overline{3}\%$	$2{,}\overline{3}\%$	$2{,}\overline{3}\%$
Prozentwert	2,3 kg	69 kg	1,587 kg
Grundwert	69 kg	3000 kg	69 kg

4
Zinssatz: $\frac{18 €}{720 €} = 18 : 720 = 0{,}025 = 2{,}5\%$
Bei einem Zinssatz von 2,5 % erhält man 18 € Jahreszinsen für ein Guthaben von 720 €.

5
a) Bei Elektro Meier ist das Radio um $11\frac{1}{9}\%$ billiger als bei EloWest.
b) Bei EloWest ist das Radio um 12,5 % teurer als bei Elektro Meier.

Kapitel VI, Training Runde 2, Seite 201

1
a) $\frac{340}{625} = 0{,}544 = 54{,}4\%$
b) Gesucht ist der Prozentwert.
Dreisatz:

$$:100 \begin{cases} 100\% \text{ entsprechen } 220. \\ 1\% \text{ entspricht } 2{,}2. \\ 115\% \text{ entsprechen } 253. \end{cases} :100 \atop \cdot 115$$

kurz: 220 : 100 · 115 = 253
253 ist um 15 % größer als 220.
c) Wenn man eine Zahl um 35 % verkleinert, beträgt die neue Zahl noch 65 % der Ausgangszahl. Gesucht ist der Grundwert.
Dreisatz:

$$:65 \begin{cases} 65\% \text{ entsprechen } 162{,}5. \\ 1\% \text{ entspricht } \frac{162{,}5}{65}. \\ 100\% \text{ entsprechen } 250. \end{cases} :65 \atop \cdot 100$$

kurz: 162,5 : 65 · 100 = 250
Wenn man 250 um 35 % verringert, erhält man 162,5.

2
18 %; $\frac{39}{200} = 19{,}5\%$; 0,19 = 19 % und $\frac{7}{16} = 43{,}75\%$.
also: 18 % < 0,19 < $\frac{39}{200}$ < $\frac{7}{16}$

3
Bei (1) wird für jede Jeans der gleiche Betrag abgezogen, bei (2) kommt es auf den alten Preis der Hose an. Wenn eine Hose vorher z. B. 60 € gekostet hat, werden bei (2) 18 € Nachlass gewährt. Nur für eine Hose mit dem alten Preis 100 € würde man bei (1) und bei (2) den gleichen Betrag sparen, nämlich jeweils 30 €.

4
Jahreszinsen:
3,5 % von 2000 € sind 0,035 · 2000 € = 70 €.
Das Guthaben wächst in einem Jahr auf 2070 € an.

5
Das gesamte Grundstück ist 16 m · 25 m = 400 m². groß.
Die Grundfläche des Hauses beträgt 11 m · 14 m − 6 m · 9 m = 100 m². Also werden $\frac{100\,m^2}{400\,m^2} = \frac{1}{4} = 25\%$ des Grundstücks bebaut.

6
1. Verstehen der Aufgabe:
gegeben: alte Preise und Rabatte
gesucht: Einsparung in Prozent im Vergleich zum alten Preis
2. Zerlegen in Teilprobleme:
(I) neue Preise für alle Artikel berechnen

(II) Gesamtpreis für alte und neue Preise ausrechnen
(III) Ersparnis in € berechnen
(IV) Ersparnis in % berechnen
3. Rechenplan durchführen:
(I) Es ist jeweils der Prozentwert gesucht. Der neue Preis für ein Heft kann mithilfe des Dreisatzes berechnet werden:

$$:100 \Big\downarrow \begin{array}{l} 100\,\% \text{ entsprechen } 0{,}72\,\text{€}. \\ 1\,\% \text{ entspricht } 0{,}0072\,\text{€}. \\ 75\,\% \text{ entsprechen } 0{,}54\,\text{€}. \end{array} \Big\downarrow :100$$
$$\cdot 75 \qquad\qquad\qquad\qquad\qquad\qquad\qquad \cdot 75$$

kurz: 0,72 € : 100 · 75 = 0,54 €

Ein Heft kostet noch 0,54 €. Genauso kann man die neuen Preise für einen Radierer und einen Stift berechnen: 0,57 € (Radierer) und 0,56 € (Stift).
(II) Gesamtpreis alt: 6 · 0,72 € + 2 · 0,95 € + 3 · 1,40 € = 10,42 €
Gesamtpreis neu: 6 · 0,54 € + 2 · 0,57 € + 3 · 0,56 € = 6,06 €
(III) Ersparnis in €: 10,42 € − 6,06 € = 4,36 €
(IV) Ersparnis in %:
Der eingesparte Betrag 4,36 € ist nun der Prozentwert und 10,42 € der Grundwert. Gesucht ist der Prozentsatz.
$\frac{4{,}36\,\text{€}}{10{,}42\,\text{€}} \approx 41{,}8\,\%$

4. Rückschau und Antwort:
Die Rabatte liegen zwischen 25 % und 60 %. Das Ergebnis kann also stimmen. Jens spart gegenüber dem alten Preis knapp 42 %.

Sicher ins Kapitel I, Seite 203

1
a) 2431 b) 247,3 km c) 6822 d) 148,55 €

2
a) 180 b) 1824 c) 88 608 d) 836 772
e) 53 f) 121 g) 89 h) 907

3
a) gefärbt: $\frac{3}{4}$; nicht gefärbt: $\frac{1}{4}$
b) gefärbt: $\frac{2}{8} = \frac{1}{4}$; nicht gefärbt: $\frac{3}{4}$
c) gefärbt: $\frac{4}{6} = \frac{2}{3}$; nicht gefärbt: $\frac{1}{3}$
d) gefärbt: $\frac{3}{10}$; nicht gefärbt: $\frac{7}{10}$

4
a) (1) $\frac{14}{21}$ (2) $\frac{5}{25}$ (3) $\frac{33}{55}$ (4) $\frac{42}{54}$
b) (1) $\frac{2}{5}$ (2) $\frac{5}{6}$ (3) $\frac{3}{5}$ (4) $\frac{1}{2}$

5
a) (1) $\frac{1}{7} < \frac{1}{6} < \frac{1}{3}$ (gleiche Zähler; Nenner vergleichen)
(2) $\frac{1}{2} = \frac{6}{12}$, $\frac{2}{3} = \frac{8}{12}$, $\frac{1}{4} = \frac{3}{12}$, also $\frac{1}{4} < \frac{1}{2} < \frac{2}{3}$
(3) $\frac{4}{6} = \frac{8}{12}$, $\frac{3}{4} = \frac{6}{8} = \frac{9}{12}$, also $\frac{4}{6} < \frac{3}{4} = \frac{6}{8}$
(4) $\frac{5}{6} = \frac{50}{60}$, $\frac{13}{15} = \frac{52}{60}$, $\frac{7}{10} = \frac{42}{60}$, also $\frac{7}{10} < \frac{5}{6} < \frac{13}{15}$

b) $\frac{2}{5} = \frac{12}{30} = \frac{6}{15}$
$\frac{4}{12} = \frac{7}{21} = \frac{1}{3}$
$\frac{18}{72} = \frac{2}{8}$

Sicher ins Kapitel II, Seite 204

1
Die Figuren (1), (2) und (3) haben jeweils vier Ecken. Hier sind je zwei Paare von Seiten parallel zueinander und gleich lang.
In den Figuren (3) und (5) sind jeweils alle Seiten gleich lang.
In den Figuren (1), (2) und (3) sind jeweils gegenüberliegende Winkel gleich groß.
In den Figuren (2), (3) und (5) sind jeweils alle Winkel gleich groß (in (2) und (3) 90°, in (5) 60°).
Die Figuren (2) und (3) haben je zwei Symmetrieachsen, Figur (5) hat fünf Symmetrieachsen.
Die Figuren (1), (2) und (3) sind jeweils punktsymmetrisch zum Schnittpunkt ihrer Diagonalen.
Figur (4) ist ebenfalls punktsymmetrisch. Sie hat unendlich viele Symmetrieachsen und keine Ecken.
Wenn man die Figuren um einen bestimmten Winkel um ihren „Mittelpunkt" dreht, erhält man wieder die Ausgangsfigur. Diese Winkel sind bei den Figuren teils verschieden.

2
a), b) und c)

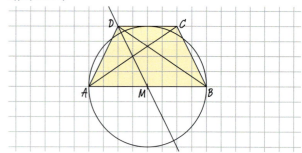

3
a) und b)

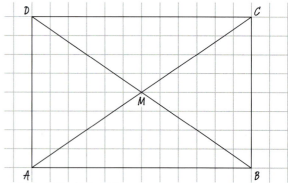

b) $\overline{AM} = \overline{BM} = \overline{CM} = \overline{DM} \approx 3{,}6$ cm
Alle vier Strecken sind gleich lang.

4
a) ∢ AMD = ∢ CMB ≈ 293°
Die beiden Winkel sind gleich groß.
b) ∢ BAM ≈ 34°, ∢ MAD ≈ 56°
Die beiden Winkel ergeben zusammen einen rechten Winkel.

c)
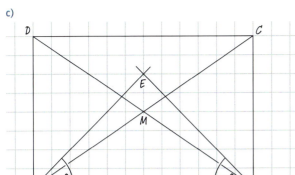

5
a)
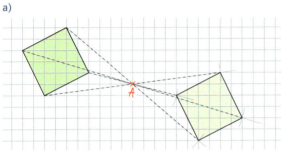

b)
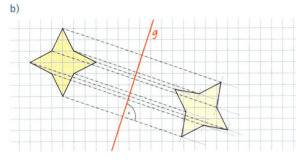

Sicher ins Kapitel III, Seite 205

1
A: $\frac{4}{5} = 0{,}8$ B: $\frac{7}{5} = 1{,}4$
C: $\frac{2}{5} = 0{,}4$ D: $\frac{19}{10} = 1{,}9$
E: $\frac{25}{10} = 2{,}5$

2
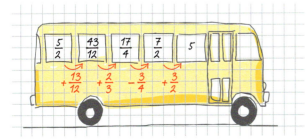

3
a)
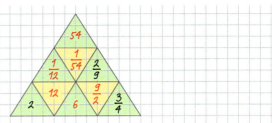

b)
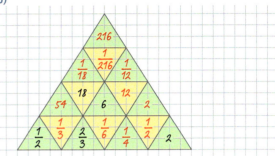

4
a) 10,1   b) 8,89   c) 0,63   d) 120

5
a) $\frac{3}{5} \cdot 17{,}7 \cdot \frac{10}{6} = \frac{3}{5} \cdot \frac{10}{6} \cdot 17{,}7 = 17{,}7$
b) $2{,}55 \cdot 21{,}9 + 2{,}55 \cdot 78{,}1 = 2{,}55 \cdot (21{,}9 + 78{,}1) = 2{,}55 \cdot 100 = 255$
c) $\frac{3}{7} - \frac{1}{9} + \frac{1}{3} + \frac{4}{7} = \frac{3}{7} + \frac{4}{7} + \frac{1}{3} - \frac{1}{9} = 1 + \frac{1}{3} - \frac{1}{9} = 1 + \frac{2}{9} = \frac{11}{9}$
d) $5 \cdot \left(\frac{3}{5} - \frac{7}{35}\right) = 5 \cdot \frac{3}{5} - 5 \cdot \frac{7}{35} = 3 - 1 = 2$

Sicher ins Kapitel IV, Seite 206

1
Tabelle:

	Alena	Tobias	Ann-Kristin	Jonas	Leah
Stimmenanzahl	7	4	8	10	2

Säulendiagramm:
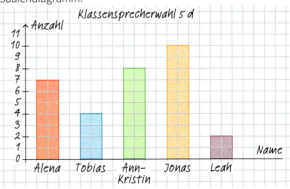

3 Lösungen

2
a) $\frac{2}{5} \cdot 400\,g = 160\,g$ b) $\frac{3}{4} \cdot 20\,€ = 15\,€$
c) $\frac{1}{3} \cdot 36\,\text{Tage} = 12\,\text{Tage}$ d) $\frac{5}{8} \cdot 72\,km^2 = 45\,km^2$

3
a) $\frac{9}{25} = \frac{9 \cdot 4}{25 \cdot 4} = \frac{36}{100}$ b) $\frac{91}{63} = \frac{91:7}{63:7} = \frac{13}{9}$
c) $\frac{105}{45} = \frac{105:15}{45:15} = \frac{7}{3}$
d) $\frac{7}{10} < \frac{5}{6} < \frac{13}{15}$, denn $\frac{7}{10} = \frac{21}{30}$, $\frac{5}{6} = \frac{25}{30}$ und $\frac{13}{15} = \frac{26}{30}$

4
a) $\frac{9}{100} = 0{,}09$ b) $\frac{13}{20} = \frac{65}{100} = 0{,}65$
c) $\frac{11}{8} = 11{,}0 : 8 = 1{,}375$
d) $\frac{7}{12} = 7{,}0 : 12 = 0{,}58333\ldots = 0{,}58\overline{3}$

5
a) $7\% = \frac{7}{100}$ b) $\frac{3}{5} = \boxed{60}\,\%$
c) $25\% = \frac{25}{100} = \frac{1}{4}$ d) $\frac{3}{2} = \boxed{150}\,\%$

6
a) $\alpha = 90°$, $\beta = 360° - \alpha = 360° - 90° = 270°$
b)

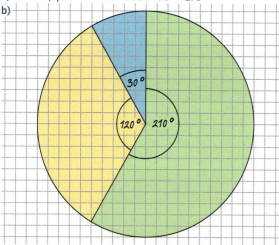

Messung: $\gamma = 210°$
Rechnung:
$\gamma = 360° - \alpha - \beta = 360° - 30° - 120° = 210°$

Sicher ins Kapitel V, Seite 207

1
a) $\frac{4}{3} = 1{,}\overline{3}$ b) $\frac{5}{8} = 0{,}625$ c) $\frac{3}{4} = 0{,}75$ d) $\frac{13}{4} = 3{,}25$

2
a)

Land	Einwohnerzahl
Deutschland	180 Millionen
Dänemark	5 Millionen
Frankreich	60 Millionen
Polen	40 Millionen
Spanien	45 Millionen

b)

3
Es handelt sich um die Krone.

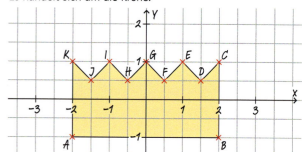

4
Rechteck ABCD:
U = 18 Längeneinheiten, A = 20 Flächeneinheiten
Rechteck EFGH:
U = 22 Längeneinheiten, A = 28 Flächeneinheiten

5
a) $V = 12\,m \cdot 25\,m \cdot 3{,}5\,m = 1050\,m^3 = 1\,050\,000\,l$
b) Größe der Fläche, die mit Fliesen versehen wird:
$2 \cdot 12\,m \cdot 3{,}50\,m + 2 \cdot 25\,m \cdot 3{,}50\,m = 259\,m^2$
Je Quadratmeter benötigt man $5 \cdot 5 = 25$ Fliesen. Also benötigt man insgesamt $259 \cdot 25 = 6475$ Fliesen.

Sicher ins Kapitel VI, Seite 208

1
a) (1) $4\% = \frac{4}{100} = \frac{1}{25}$
(2) $10\% = \frac{10}{100} = \frac{1}{10}$
(3) $70\% = \frac{70}{100} = \frac{7}{10}$
(4) $95\% = \frac{95}{100} = \frac{19}{20}$
b) (1) $\frac{1}{4} = 25\%$
(2) $\frac{2}{5} = 40\%$
(3) $\frac{1}{2} = 50\%$
(4) $\frac{2}{3} = 66{,}\overline{6}\%$

2

a) Die Zuordnung ist nicht proportional, da nicht jedes Schulbuch gleich viel wiegt. (Die Zuordnung ist jedoch eine Je-mehr-desto-mehr-Zuordnung.)
b) Die Zuordnung ist nur dann proportional, wenn jede Kinokarte gleich viel kostet. Gibt es Plätze, die unterschiedlich teuer sind, ist die Zuordnung nicht proportional. (Die Zuordnung ist jedoch eine Je-mehr-desto-mehr-Zuordnung.)
c) Die Zuordnung ist proportional, da bei einer Tankfüllung jeder Liter Benzin gleich viel kostet.

3

a) mögliche Zuordnung:
Zeit beim Wandern (in h) → zurückgelegte Strecke (in km)

Zeit beim Wandern	zurückgelegte Strecke
:27 ⌈ 27 h	60 km ⌉ :27
·33 ⌊ 1 h	60 km : 27 ⌋ ·33
33 h	73,3̄ km

b) mögliche Zuordnung:
Wandfläche (in m²) → Farbverbrauch (in l)

Wandfläche	Farbverbrauch
:9 ⌈ 40 m²	9 l ⌉ :9
·54 ⌊ 40 m² : 9	1 l ⌋ ·54
240 m²	54 l

c) mögliche Zuordnung:
getankte Benzinmenge (in l) → Preis (in €)

getankte Benzinmenge	Preis
:15 ⌈ 15 l	24 € ⌉ :15
·35 ⌊ 1 l	1,6 € ⌋ ·35
35 l	56 €

d) mögliche Zuordnung:
zurückgelegte Sprintstrecke (in m) → benötigte Zeit (in s)

zurückgelegte Sprintstrecke	benötigte Zeit
:75 ⌈ 75 m	9,3 s ⌉ :75
·100 ⌊ 1 m	9,3 s : 75 ⌋ ·100
100 m	12,4 s

4

a) Die Zuordnung *getankte Benzinmenge (in l) → Preis (in €)* ist proportional.

getankte Benzinmenge	Preis (in €)
:36 ⌈ 36	57,60 ⌉ :36
·45 ⌊ 1	57,60 : 36 ⌋ ·45
45	72

Herr Frey müsste 72 € bezahlen.

b) Die Zuordnung *Benzinmenge (in l) → zurücklegbare Strecke (in km)* ist proportional.

Benzinmenge (in l)	zurücklegbare Strecke (in km)
:45 ⌈ 45	630 ⌉ :45
·4 ⌊ 1	14 ⌋ ·4
4	56

Mit der Tankreserve von 4 l kann man 56 km fahren.

Register

A

absolute Häufigkeit 120
Achsenspiegelung 59
Achsensymmetrie 212
Addieren einer negativen Zahl 95
Addieren einer positiven Zahl 91
Addieren von Brüchen 8
Addieren von Dezimalbrüchen 12
Addieren, schriftliches 210
ägyptische Bruchrechnung 42
Anordnung rationaler Zahlen 88
Anteil 211
Anteile von Anteilen 19
antiproportionale Zuordnung 155
antiproportionale(n) Zuordnung,
   Dreisatz bei einer 159
arithmetisches Mittel 124, 132
Assoziativgesetz 37, 106, 210
Ausgangswerte 140
ausklammern 37, 106
ausmultiplizieren 37, 106
Außenwinkel 58

B

Bandornament 68
Basis 69
Basiswinkel 69
Basiswinkelsatz 69
Betrag 88
Bildpunkt 59
Bruch 211
Brüche, Dividieren durch 24
Brüche(n), Addieren von 8
Brüche(n), Multiplizieren von 19
Brüche(n), Subtrahieren von 8
Bruchrechnung ägyptisch 42
Bruchzahlen vergleichen 211

C

Cantor, Georg 112

D

Dezimalbruch 211
Dezimalbrüche, Dividieren
   durch 33
Dezimalbrüche(n), Addieren
   von 12
Dezimalbrüche(n), Multiplizieren
   von 27

Dezimalbrüche(n), Subtrahieren
   von 12
DGS 76
Distributivgesetz 37, 106, 210
Dividieren durch Brüche 24
Dividieren durch Dezimal-
   brüche 33
Dividieren eines Bruches durch
   eine natürliche Zahl 16
Dividieren eines Dezimalbruches
   durch eine natürliche Zahl 30
Dividieren von rationalen
   Zahlen 104
Dividieren, schriftliches 210
Drachen 70
Drachen, symmetrischer 70
drehsymmetrisch 62
Drehung 62
Drehwinkel 62
Drehzentrum 62
Dreieck 211
Dreieck, Winkelsumme im 54
Dreieck, gleichschenkliges 69, 211
Dreieck, gleichseitiges 69, 211
Dreisatz 159
Dreisatz bei antiproportionalen
   Zuordnungen 159
Dreisatz bei proportionalen
   Zuordnungen 159
Durchschnitt 124

E

erweitern 211
Erweiterung des Koordinaten-
   systems 87

F

Faktoren vertauschen 37, 106, 210
Flächeneinheiten 214

G

ganze Zahlen 84
Gegenzahl 88
Gerade 212
Geradenspiegelung 59
Gewichtseinheiten 214
gleichschenkliges Dreieck 69, 211
gleichseitiges Dreieck 69, 211
Graph einer Zuordnung 143
großes Haus der Vierecke 70

Grundaufgaben der Prozent-
   rechnung 180
Grundwert 177
Guthaben 190

H

Häufigkeit, absolute 120
Häufigkeit, relative 120
Haus der Vierecke, großes 70
Haus der Vierecke, kleines 69

I

Innenwinkel 52

J

Jahreszinsen 190
Je-mehr-desto-mehr-
   Zuordnung 151
Je-mehr-desto-weniger-
   Zuordnung 156

K

Kapital 190
Kehrwert 23
kleines Haus der Vierecke 69
Kommutativgesetz 37, 106, 210
konkav 54
konvex 54
Koordinatensystem 87, 213
Koordinatensystem(s), Erweiterung
   des 87
Kreis 213
Kreisdiagramm 121, 132
kürzen 211

L

Längeneinheiten 214

M

Minusklammer 106
Mittel, arithmetisches 124, 132
Mittelwert 124, 132
Modalwert 124, 132
Multiplizieren eines Bruches mit
   einer natürlichen Zahl 15
Multiplizieren von Brüchen 19

Multiplizieren von Dezimal-
brüchen 27
Multiplizieren von rationalen
Zahlen 101
Multiplizieren, schriftliches 210

N

$\mathbb{N}$ 84
natürliche Zahlen 84
Nebenwinkel 50
negative Zahlen 84
negative(n) Zahl, Addieren
einer 95
negative(n) Zahl, Subtrahieren
einer 95
Nenner 211

P

Parallelogramm 69, 212
Parkettierung 75
Plusklammer 106
Pólya, George 187
positive Zahlen 84
positive(n) Zahl, Addieren einer 91
positive(n) Zahl, Subtrahieren
einer 91
produktgleich 155
Promille 197
proportionale Zuordnung 151
proportionale(n) Zuordnung,
Dreisatz bei einer 159
Proportionalitätsfaktor 151
Prozentrechnung,
Grundaufgaben der 180
Prozentsatz 177
Prozentschreibweise 174
Prozentwert 177
Punktrechnung 210
Punktspiegelung 63
Punktsymmetrie 212

Q

$\mathbb{Q}$ 84
Quadrat 69, 212
quotientengleich 151

R

rationale Zahlen 84
rationale Zahlen dividieren 104

rationale Zahlen multiplizieren 101
rationale(r) Zahlen, Anordnung 88
Raute 69, 212
Rechenregeln 37, 106, 210
Rechteck 69, 212, 215
relative Häufigkeit 120

S

Säulendiagramm 121, 131, 215
Scheitelwinkel 50
Schenkel 69
schriftliches Addieren 210
schriftliches Dividieren 210
schriftliches Multiplizieren 210
schriftliches Subtrahieren 210
Seitenlinie 60
Skonto 188
Sonnenuhr 166
Spannweite 124, 132
Spiegelachse 59
Stammbruch 42
Statistik mit dem Computer 131
Strecke 212
Streifendiagramm 121
Strichrechnung 210
Stufenwinkel 50
Subtrahieren einer negativen
Zahl 95
Subtrahieren einer positiven
Zahl 91
Subtrahieren von Brüchen 8
Subtrahieren von Dezimal-
brüchen 12
Subtrahieren, schriftliches 210
Summanden vertauschen 37, 106,
210
Symmetrieachse 212
Symmetriezentrum 212
symmetrischer Drachen 70
symmetrisches Trapez 70

T

Term 210
Terme mit Klammern 210
Translation 66
Trapez 70
Trapez, symmetrisches 70

V

Verschiebung 66

Verschiebungspfeil 66
Vieleck, Winkelsumme im 58
Viereck, Winkelsumme im 54
Volumeneinheiten 214
Vorteile beim Rechnen 37, 106
Vorzeichen 84

W

Winkel 214
Winkelhalbierende 53
Winkelsumme im Dreieck 54
Winkelsumme im Vieleck 58
Winkelsumme im Viereck 54

X

x-Wert 149, 153

Y

y-Wert 149, 153

Z

$\mathbb{Z}$ 84
Zahlen, ganze 84
Zahlen, natürliche 84
Zahlen, negative 84
Zahlen, positive 84
Zahlen, rationale 84
Zahlengerade 84
Zähler 211
Zinsen 190
Zinseszinsen 193
Zinsrechnung 190
Zinssatz 190
zugeordnete Werte 140
Zuordnung 140
Zuordnung, antiproportionale 155
Zuordnung, Graph einer 143
Zuordnung, proportionale 151
Zuordnungsvorschrift 147

Text- und Bildquellen

Textquellen

6 „Der Mathematiker" aus: Der große Heinz Erhardt, Autor: Heinz Erhardt, © 2009 Lappan Verlag GmbH, Oldenburg; **7** „Das Lummerlandlied", Musik&Text: Hermann Amann, Manfred Jenning, © Discoton Musik Ed. GmbH, Macht Die Musik Musikverlag GmbH (Universal Music Publishing Group), T hier: Ernst Klett Verlag mit Genehmigung von Universal Music Publishing Group Germany; **46** „lichtung" aus: Gesammelte Werke, 1. Band, Autor: Ernst Jandl, Verlag: Luchterhand Literaturverlag , München; **165** „Die Steinlaus" aus: Loriot: Möpse&Menschen, Autor: Vicco von Bülow, © 1983 Diogenes Verlag AG, Zürich; **179** „Jeder dritte Schüler hat Angst", Deutsche Presse-Agentur; **185** „Eine Brille tragen nahezu zwei Drittel der Erwachsenen …", © Alle Rechte vorbehalten. Frankfurter Allgemeine Zeitung GmbH, Frankfurt

Bildquellen

U1.1 The interior of the Solomon R. Guggenheim Museum, New York. © The Solomon R. Guggenheim Foundation, New York./Foto: Corbis (Jens Lucking/Cultura), Düsseldorf; **U1.2** Masterfile Deutschland GmbH, Düsseldorf; **2.1** Corbis (zefa/JLP/Jose Luis Pelaez), Düsseldorf; **2.2** Masterfile Deutschland GmbH, Düsseldorf; **2.3** NASA, Washington, D.C.; **2.4** Getty Images RF (Design Pics), München; **3.1** shutterstock (Subbotina Anna), New York, NY; **3.2** Fotolia.com (Nick Biemans), New York; **4** Masterfile Deutschland GmbH, Düsseldorf; **5** Masterfile Deutschland GmbH, Düsseldorf; **6.1** Avenue Images GmbH, Hamburg; **6.2** Klett-Archiv (Simianer&Blühdorn), Stuttgart; **6.3** Klett-Archiv (Simianer&Blühdorn), Stuttgart; **8.1** creativ collection Verlag GmbH, Freiburg; **8.2** Corel Corporation Deutschland, Unterschleissheim; **8.3** Avenue Images GmbH (PhotoDisc), Hamburg; **8.4** Corel Corporation Deutschland, Unterschleissheim; **8.5** Corel Corporation Deutschland, Unterschleissheim; **8.6** creativ collection Verlag GmbH, Freiburg; **8.7** MEV Verlag GmbH, Augsburg; **8.8** Avenue Images GmbH (PhotoDisc), Hamburg; **11** Corbis (Richard T. Nowitz), Düsseldorf; **12** Ullstein Bild GmbH (Sven Simon), Berlin; **14** Corbis (Ocean), Düsseldorf; **15** PantherMedia GmbH (Frank W.), München; **17** Picture-Alliance (Roland Weihrauch), Frankfurt; **18** Corbis (zefa/JLP/Jose Luis Pelaez), Düsseldorf; **19** Dieter Schmidtke, Schorndorf; **20** PantherMedia GmbH (Hans-Joachim Arndt), München; **22** MEV Verlag GmbH, Augsburg; **23** iStockphoto (Michal Krakowiak), Calgary, Alberta; **26** dreamstime.com (Kwantse), Brentwood, TN; **27** Corbis (Emely), Düsseldorf; **29** Avenue Images GmbH (PhotoDisc), Hamburg; **32.1** Ullstein Bild GmbH, Berlin; **32.2** shutterstock (Pierre-Yves Babelon), New York, NY; **34** PantherMedia GmbH (Nicolaas Traut), München; **35.1** ddp images GmbH (AP/JOERG SARBACH), Hamburg; **35.2** iStockphoto (Andrew Howe), Calgary, Alberta; **35.3** iStockphoto (Alan Merrigan), Calgary, Alberta; **36.1** TV-yesterday, München; **36.2** f1 online digitale Bildagentur (Zierhut), Frankfurt; **40** shutterstock (Kitch Bain), New York, NY; **46.1** Masterfile Deutschland GmbH, Düsseldorf; **46.2** Masterfile Deutschland GmbH (Bill Brooks), Düsseldorf; **46.3** M.C. Escher's "Reptile2" © 2012 The M.C. Escher Company-Holland. All rights reserved. www.mcescher.com; **47** Masterfile Deutschland GmbH, Düsseldorf; **48.1** Mercedes Benz, Niederlassung, Stuttgart; **48.2** Volkswagen Aktiengesellschaft; **48.4** Adam Opel AG, Rüsselsheim; **48.5** Renault Deutschland AG, Brühl; **48.6** BMW AG, München; **48.7** MEV Verlag GmbH, Augsburg; **48.8** Avenue Images GmbH (Brand X Pictures), Hamburg; **48.9** Picture-Alliance (Reinhard/Okapia), Frankfurt; **48.10** Blickwinkel (H. Schmidbauer), Witten; **48.11** Corbis RF (RF), Düsseldorf; **48.12** MEV Verlag GmbH, Augsburg; **49.1** Klett-Archiv (Simianer&Blühdorn), Stuttgart; **49.2** Klett-Archiv (Simianer&Blühdorn), Stuttgart; **49.3** Klett-Archiv (Simianer&Blühdorn), Stuttgart; **49.4** Klett-Archiv (Simianer&Blühdorn), Stuttgart; **49.5** Klett-Archiv (Simianer&Blühdorn), Stuttgart; **49.6** Klett-Archiv (Simianer&Blühdorn), Stuttgart; **49.7** Klett-Archiv (Andreas Büchter), Stuttgart; **49.8** Klett-Archiv (Andreas Büchter), Stuttgart; **50** plainpicture GmbH&Co. KG (Johner/Andreas Kindler), Hamburg; **59** Klett-Archiv (Jörg Adrion), Stuttgart; **62.1** Klett-Archiv (Prof. Dr. Hinrich Lorenzen), Stuttgart; **62.2** iStockphoto (Pgiam), Calgary, Alberta; **65.1** Mauritius Images (Frei), Mittenwald; **65.2** iStockphoto (Dean Turner), Calgary, Alberta; **66** © 2012 The M.C. Escher Company - Holland. All rights reserved. www.mces; **69** Fotolia.com (Christoph Hähnel), New York; **72** Fotolia.com (Peter Atkins), New York; **80** Getty Images, München; **81.1** Corbis (W. Geiersperger), Düsseldorf; **81.2** CC-BY-SA-3.0 (C. Löser), siehe *3; **84** Thinkstock (iStockphoto), München; **86** iStockphoto (Martin Isaac), Calgary, Alberta; **88** NASA, Washington, D.C.; **89** Fotolia.com (Jiri Foltyn), New York; **92** Fotolia.com (The Photos), New York; **94** iStockphoto (Mikadx), Calgary, Alberta; **95** Picture-Alliance (Matthias Toedt), Frankfurt; **98** Mauritius Images, Mittenwald; **100** Mauritius Images (Alamy), Mittenwald. © VG Bild-Kunst, Bonn 2013 [Louis Derbré: le proph.te]; **101** Getty Images (David Redferns), München; **102** Fotolia.com (Henrie), New York; **104** Imago, Berlin; **106** Klett-Archiv (Thomas Weccard), Stuttgart; **112.1** Reinhard Ihle, Halle; **112.2** gemeinfrei; **116.1** Masterfile Deutschland GmbH, Düsseldorf; **116.2** Getty Images (Food Pix), München; **117** Corbis (Scott Barrow), Düsseldorf; **118** Corbis (Ocean), Düsseldorf; **119** Masterfile Deutschland GmbH, Düsseldorf; **120** Humboldt-Universität, Berlin; **123** Fotolia.com (Yuri Arcurs), New York; **124** Klett-Archiv, Stuttgart; **126** Getty Images (Design Pics), München; **128** Ullstein Bild GmbH (contrast/Pollack), Berlin; **130** Klett-Archiv (Simianer&Blühdorn), Stuttgart; **133** Masterfile Deutschland GmbH (Uwe Umstätter), Düsseldorf; **136.1** Klett-Archiv (Thomas Gremmelspacher), Stuttgart; **136.2** Masterfile Deutschland GmbH, Düsseldorf; **137** Corbis (Paulo Whitaker/Reuters), Düsseldorf; **138** iStockphoto (Skynesher), Calgary, Alberta; **143** Getty Images (Taxi), München; **144** PantherMedia GmbH, München; **145** Fotolia.com (Fotowerk), New York; **148** ddp images GmbH (INSADCO/Bilderbox), Hamburg; **151.1** dreamstime.com (Lightpoet), Brentwood, TN; **151.2** shutterstock (Subbotina Anna), New York, NY; **152** Picture-Alliance (Daniel Karmann), Frankfurt; **155.1** shutterstock (Jordan Tan), New York, NY; **155.2** Klett-Archiv (Simianer&Blühdorn), Stuttgart; **157** PantherMedia GmbH (iStockphoto), München; **162.1** shutterstock (E. O.), New York, NY; **162.2** ddp images GmbH (AP/Vahram Baghdasarya), Hamburg; **163.1** Fotolia.com (Jérôme FOVIS), New York; **163.2** Fotolia.com (Osterland), New York; **165.1** Picture-Alliance (epa/Rick Tomlinson), Frankfurt; **165.2** CC-BY-SA-3.0 (Rupert Pupkin), siehe *3; **166.1** Getty Images, München; **166.2** Klett-Archiv, Stuttgart; **167.1** Klett-Archiv, Stuttgart; **167.2** Klett-Archiv, Stuttgart; **167.3** Klett-Archiv, Stuttgart; **170** ddp images GmbH (AP Photo/Alastair Grant), Hamburg; **171.1** Picture-Alliance, Frankfurt; **171.2** Avenue Images GmbH, Hamburg; **172.1** Klett-Archiv (Thomas Gremmelspacher), Stuttgart; **172.2** Klett-Archiv (Thomas Gremmelspacher), Stuttgart; **172.3** Klett-Archiv (Simianer&Blühdorn), Stuttgart; **173** Corbis, Düsseldorf; **174** Corbis (Blasius Erlinger/Zefa), Düsseldorf; **178.1** Corel Corporation Deutschland, Unterschleissheim; **178.2** MEV Verlag GmbH, Augsburg;

Anhang

178.3 Getty Images RF (PhotoDisc), München; **180.1** MEV Verlag GmbH, Augsburg; **180.2** MEV Verlag GmbH, Augsburg; **180.3** Fotosearch Stock Photography (Stockbyte), Waukesha, WI; **182** Picture-Alliance, Frankfurt; **183** Imago (Imagebroker), Berlin; **184** Thinkstock (iStockphoto), München; **186** Getty Images (AFP), München; **187** ddp images GmbH, Hamburg; **190** Corbis RF (RF), Düsseldorf; **196** Fotolia. com (Alexander Kaludov), New York; **197** Thinkstock (iStockphoto), München; **199.1** Fotolia.com (Nick Biemans), New York; **199.2** Masterfile Deutschland GmbH (AWL Images), Düsseldorf; **202** Getty Images, München; **208** PantherMedia GmbH (Arne Trautmann), München

*3 Lizenzbestimmungen zu CC-BY-SA-3.0 siehe: http://creativecommons.org/licenses/by-sa/3.0/de/

Sollte es in einem Einzelfall nicht gelungen sein, den korrekten Rechteinhaber ausfindig zu machen, so werden berechtigte Ansprüche selbstverständlich im Rahmen der üblichen Regelungen abgegolten.

Text- und Bildquellen